通信与导航专业系列教材

无线电导航系统

（第2版）

◎吴德伟　主　编
◎赵修斌　田孝华　赵颖辉　何　晶　张　斌　副主编

電子工業出版社
Publishing House of Electronics Industry
北京·BEIJING

内 容 简 介

无线电导航是在 20 世纪初发展起来的导航门类。第二次世界大战以后，尤其是进入 21 世纪后，由于军、民用航空导航的需求日益增多和电子技术的飞速发展，无线电导航成为各种导航手段中应用最广、发展最快的一种，成为导航中的支柱门类。本书从系统的角度完整地介绍了军、民用现代无线电导航系统，内容包括导航的基本概念、相关知识，无线电导航系统的任务、构成、性能和发展；用于近程航空导航的中波导航系统、超短波定向系统、伏尔系统、地美仪系统、塔康系统、俄制近程导航系统；用于远程航空导航的罗兰-C 系统、卫星导航系统和自主无线电导航系统；用于飞机着陆引导的米波仪表着陆系统、分米波仪表着陆系统、微波着陆系统和精密进场雷达系统。

本书可作为导航专业课程教学的教材，也可供其他相关专业学生和工程技术人员阅读参考，还可作为导航理论的培训教材。

图书在版编目（CIP）数据

无线电导航系统 / 吴德伟主编. —2 版. —北京：电子工业出版社，2022.3
ISBN 978-7-121-43120-3

Ⅰ. ①无…　Ⅱ. ①吴…　Ⅲ. ①无线电导航－导航系统－高等学校－教材　Ⅳ. ①TN96

中国版本图书馆 CIP 数据核字（2022）第 047351 号

责任编辑：赵玉山
印　　刷：北京捷迅佳彩印刷有限公司
装　　订：北京捷迅佳彩印刷有限公司
出版发行：电子工业出版社
　　　　　北京市海淀区万寿路 173 信箱　　邮编：100036
开　　本：787×1 092　1/16　印张：14.75　字数：374 千字
版　　次：2015 年 5 月第 1 版
　　　　　2022 年 3 月第 2 版
印　　次：2025 年 2 月第 3 次印刷
定　　价：49.00 元

凡所购买电子工业出版社图书有缺损问题，请向购买书店调换。若书店售缺，请与本社发行部联系，联系及邮购电话：（010）88254888，88258888。

质量投诉请发邮件至 zlts@phei.com.cn，盗版侵权举报请发邮件至 dbqq@phei.com.cn。

本书咨询联系方式：zhaoys@phei.com.cn。

前　言

回顾近一个世纪的无线电导航发展史，先后诞生了几十种实用无线电导航系统，至今在世界范围内得到广泛应用的就有十几种。如 20 世纪 20 年代投入使用的中波导航系统，40 年代研制的伏尔（VOR）系统、地美仪（DME）系统、罗兰-A（Loran-A）导航系统、仪表着陆系统（ILS）、多普勒导航系统等，50 年代开发的塔康（TACAN）系统、勒斯波恩（PCБH）系统、罗兰-C（Loran-C）导航系统等，60 年代研制的奥米加（OMEGA）导航系统、子午仪（TRANSIT）卫星导航系统，70 年代开始研制的导航星全球定位系统（NAVSTAR-GPS）、微波着陆系统（MLS）及我国的北斗卫星导航系统等，它们在军用与民用航空导航中都发挥了巨大的作用，有的早已成为国际民航组织的标准系统（如 VOR、DME、ILS、MLS），有的成为军用标准系统（如 TACAN）。上述导航系统虽然有的已经被淘汰，但大部分都仍在继续应用。当今无线电导航的发展，特别是星基无线电导航系统的应用，如美国的全球定位系统（GPS）、我国的北斗卫星导航系统（BDS），由于可以提供全球覆盖能力的高精度三维位置、三维速度、时间基准等参量，其应用范围已远远超出传统的航空、航海导航范畴，深入到航天器导航、武器制导、天文授时、大地测绘、物矿勘探、车辆行驶引导等十分广泛的军、民用领域。现今，无线电导航系统作为电子信息系统之一，仍然是军、民用航空领域的主要导航手段，而且正深入空天战场，渗透到各种航空航天兵器，成为现代战争的行动向导，空天战场上的北极星。各种导航系统各显神通，更迭交替，改进优化，组合并用，优势互补。导航技术如斗转星移，更新发展，飞速进步。导航战此起彼伏，波澜汹涌，尽显信息作战的神威。导航系统与指挥控制系统密切交融，战争巨人更加耳聪目明。

为了从系统的角度完整地展示现代军用与民用无线电导航系统知识的全貌，更加增强知识的体系性，我们在《无线电导航系统》第 1 版的基础上对相关内容进行了以下修订完善：

（1）概念表述进一步统一规范。结合《中国大百科全书》测绘导航分支条目的内容，进一步规范了全书的导航相关概念术语，对部分章节的图表进行了规范处理，为读者的学习提供了规范的内容。

（2）内容体系重新梳理和更新。增加了航图等航空飞行与导航中的基本知识，便于读者对航空无线电导航体系的理解；结合当前无线电新技术发展与应用，对部分章节的内容进行了更新，更便于读者对当前无线电导航领域新技术应用和发展的了解。

（3）对第 1 版中有些内容和印刷错误进行了调整和修正。全书共分 14 章。第 1 章是绪论，介绍了导航的基本概念、相关知识，无线电导航系统的任务、构成、性能和发展；第 2 章至第 7 章介绍了近程无线电导航系统，包括中波导航系统、超短波定向系统、伏尔系统、地美仪系统、塔康系统、俄制近程导航系统；第 8 章至第 10 章介绍了中远程无线电导航系统，包括罗兰-C 系统、卫星导航系统和自主无线电导航系统等；第 11 章至第 14 章介绍了飞机无线电着陆引导系统，包括米波仪表着陆系统、分米波仪表着陆系统、微波着陆系统和精密进场雷达系统。

本书的再版工作是在吴德伟教授为主编、赵修斌教授和田孝华教授为副主编的第 1 版基础上，由赵颖辉副教授、何晶副教授、张斌教授修订完成的。其中，吴德伟教授修编了第 1

章绪论的内容，赵颖辉副教授补充了第 2 章中波导航系统中数字化无线电罗盘测角原理内容，何晶教授重新编写了第 9 章卫星导航系统部分，张斌教授增添了附录 A 航空飞行与导航内容，赵颖辉副教授、何晶教授进行了全书的文字梳理、整改统稿工作。

受作者能力与水平的限制，本书所介绍的无线电导航系统，可能无法满足各类读者对导航系统知识亟待认识的需求，内容编排方式可能更适合于大专院校导航专业教学及有关导航技术人员的学习，当然也力求照顾非专业人员。

本书的再版编撰工作还得到了苗强、代传金、刘志军等的大力支持与帮助，在撰写过程中参考了大量的文献资料。谨向所有关心和帮助此书出版的人员和文献资料的作者表示诚挚的谢意。对书中的错误与疏漏之处，敬请读者不吝批评指正。

作 者

2022 年 1 月

目　录

第1章 绪　论

1.1 引　　言

1.1.1 导航与导航系统

1．导航

导航就是引导航行，其确切的定义就是引导运行体安全航行的过程。

导航是服务于运行体的一项专门技术，其基本目的是解决运行体“身在何处？去向哪里？”的问题，强调的是对继续运动的指引。导航之所以定义为一个过程，是因为它贯穿运行体行动始终，遍历各个阶段，直至确保运行达成目的。

人们经常将导航与定位并列提出。应当说，导航是针对运行体的运动控制技术，而定位则是一种公共的泛在信息服务。就导航而言，由定位系统获得的位置坐标是一种时空信息，可以通过转换获得角度、距离、速度等导航参量。定位系统可以用于导航、授时，而导航系统却不一定能用于定位和授时。

美国航空无线电委员会（RTCA）对航空导航的定义是：“导航是引导航空器从一个已知位置到另一个已知位置进行航行的技术，使用的方法包括给定航空器相对希望航线的真实位置。”从该定义可以明确看出，导航的基本任务之一是实时定位，需要解决的三个基本问题是：确定运行体的位置、航向以及飞行（待飞）时间。

2．导航系统

导航系统是用于对运行体实施导航的专用设备组合或设备的统称。导航系统是侧重于实现特定导航功能的设备组合体，组合体内的各部分必须按约定的协同方式工作才能实现系统功能；而导航设备一般是指导航系统中某一相对独立部分或产品，或实现某一导航功能的单机。

导航系统是运行体必备的部分，它与结构、动力等构成了运行体的基本组成。导航系统通常包含测量与控制两部分。测量是指通过传感器对参考点或运行体的运动状态进行观测，再通过信号变换和数据处理得到导航与制导信息；控制是指在获取的导航与制导信息指示或直接作用下，由人或自动控制系统依据经验或一定的控制律算法对控制部件实施调节、动作，以达成任务所需的运动目的。作为导航服务的运行体，以往主要是以有人驾驶形式出现的，驾驶员作为测量与控制部分的界面，测量获得的导航信息主要是给驾驶员提供指示，再由驾驶员做出控制决策，实施操控运行体的控制动作，最终完成导航的引导控制过程。正因如此，传统的导航系统（又称人在回路的导航系统）通常分为信息获取和决策控制两部分，如图 1-1 所示。信息获取和决策控制两部分以驾驶员为纽带相对独立地联系在一起，这就导致导航系统的信息获取和决策控制两个部分基本处于独立发展的状态。伴随着运行控制自动化程度的提高，特别是无人化运行平台的发展，人逐渐退出回路，传统的按照信息获取和决策控制划分导航系统的界限被打破，两部分直接结合实现了一体化发展，形成导航与制导走向一致的趋向，导航与制导的界限越来越淡化。

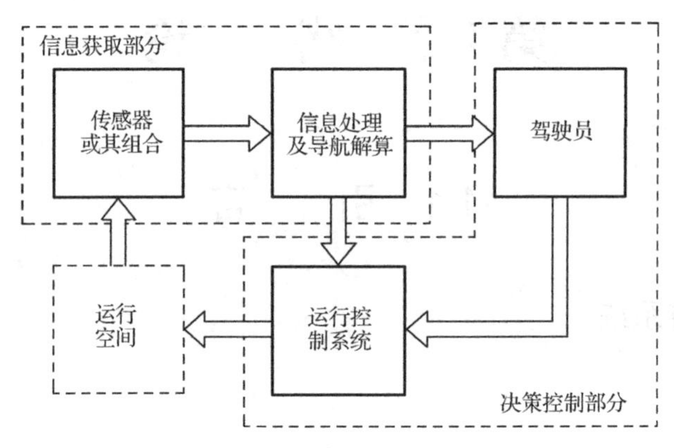

图 1-1　人在回路的导航系统组成部分

所谓制导就是控制引导的意思，即保证运行体按照一定的运动轨迹或根据所给予的指令运动，到达预定的目的地或攻击预定的目标。制导是由导航发展延伸而来的，是针对无人驾驶运行体的导航技术。在最初运行体都是由人来操纵的情况下，导航主要是为驾驶员的操控提供导航信息。而当自动驾驶仪出现之后，导航信息通过自动控制系统就可直接作用于运行体受控部件，实现人退出回路的自主运行控制，这也是无人运行体的主要工作方式，这时的导航就成了制导。

1.1.2　运行体及其类别

运行体是导航服务的对象，且主要是无轨运行体（有轨运行体有火车、卫星等）。运行体是人员和各类运动载体的统称，按其活动范围可分为五大类。

1．航天器或宇航运行体

这类运行体的活动范围是高度 100km 以上的太空空间，如宇宙飞船、航天飞机、深空探测器等宇航运载工具。

2．航空器或航空飞行器

这类运行体的主要活动范围是高度 20km 以下的近地空间，如各类飞机、导弹、飞艇、浮空气球等航空飞行器。

3．临近空间飞行器

这类运行体的主要活动范围是高度 20～100km 的所谓临近空间，如静浮力的飞艇、低速的太阳能无人飞行器、超高声速无人飞行器等。

4．车辆或陆上运行体

这类运行体的主要活动环境是陆地表面，如各类人员、车辆和坦克等陆上运行体。

5．舰艇或水面及水下运行体

这类运行体的主要活动环境是水中，如各类水面上的舰船和专用漂浮工具，水下潜艇及其他专用下潜运载工具等水中运行体。

1.1.3 导航的分类

导航是一门基于“声、光、电、磁、力”等物理基础的综合性应用学科。实现导航的技术手段很多，按其工作原理或主要应用技术可分为下述类别：

（1）惯性导航——惯性导航是通过感知运行体单位时间内在直线和方向上的位移，获取运动速度以及转向角度，通过计算行进距离，依据测角、测距定位原理推算当前运行体位置的导航技术。

（2）无线电导航——无线电导航是利用无线电波在均匀媒质和自由空间按直线和恒速传播两大特性实现的导航，就是利用无线电技术进行测角、测距、测速、定位等，对运行体（飞机、船舶、车辆等）航行及个人运动的全部（或部分）过程实施导引的技术和方法。

（3）天文导航——天文导航是以确知空间位置的自然天体为基准，通过天体测量仪器被动探测天体位置，经解算确定运行体的位置与姿态信息，即以太阳、月球、行星和恒星等自然天体作为导航信标，确定运行体位姿的技术和方法。

（4）匹配导航——匹配导航是运用匹配算法对在航实测数据与事先存储在系统内的数据库数据进行匹配，以确定载体位姿信息的自主导航技术。根据匹配信息特征的不同，匹配导航可分为地形匹配导航、景象匹配导航、地磁匹配导航和重力匹配导航等。

（5）视觉导航——视觉导航是通过对视觉传感器获得的图像进行各种几何参数和其他参数的测量，从而得到运行体导航参量的一种技术。视觉导航采用的机器视觉能够感知环境中物体的形状或者位置、姿态等，是研究用计算机模拟视觉功能的科学和技术。

（6）复合导航——复合导航是利用两类或两类以上物理基础实现的导航，如视觉导航、匹配导航和无线电导航等。

1.1.4 航空导航基本任务

航空导航主要是服务于各种军、民用飞机的导航。飞机从一个机场飞到另一个机场，均要按照严格的计划程序飞行。首先是起飞，按特定出口离港（脱离机场）进入计划航线，经历航线阶段的巡航过程，而后到达目的地脱离航线，按特定入口进港，依照指定着陆跑道下滑路径进近和着陆，最后降落到跑道上直至滑行到停机坪，完成一次完整的飞行。图 1-2 是整个飞行过程的示意图。

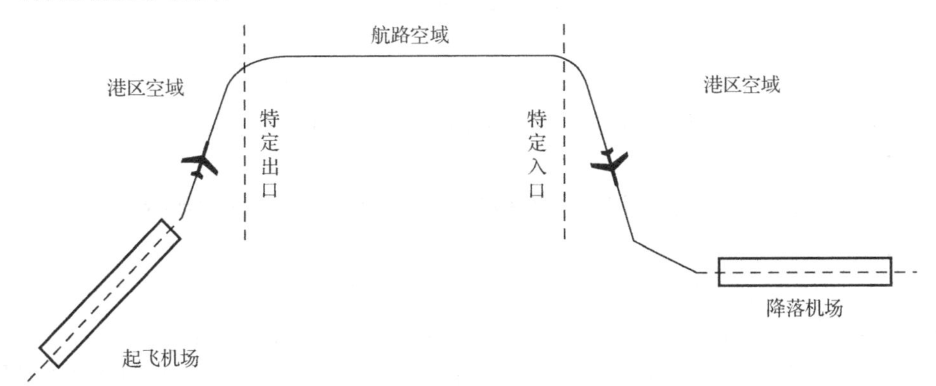

图 1-2　飞行过程示意图

从图中可见，整个飞行过程可分为两类空域：港区（或机场）空域和航路空域。飞机在这两类空域均需要导航，特别是复杂气象条件下的航路飞行及进场着陆对导航的需求更加迫切，并且它们的具体要求也有很大区别，使用的是不同的系统或设备。有时把完成航路导航任务的系统称为航路导航系统，把完成进场着陆引导的系统叫着陆引导系统。另外，随着航空事业的发展，空域中飞机密度增高，特别是港区空域更加突出，空中航行管制显得非常必要，这也是导航业务的一个重要方面，专门用于空中航行管制的系统称为空中交通管制系统。除上述任务外，导航还有其他目的，如空中防撞、空中侦察、武器投放、救生、救灾等。

综上所述，可以把航空无线电导航的主要任务归结成下列几点。

（1）引导飞机按计划航线飞行。

（2）确定飞机实时位置及航行参量（如航向、速度等）。

（3）引导飞机在各种气象条件下进近着陆。

（4）为空中交通管制和飞机防撞提供有关信息。

（5）提供其他航行有关的引导信息。

1.2 导航参量和专用术语

导航参量和术语很多，作为学习无线电导航系统的基础知识，本节选出一些基本的参量和术语进行概念介绍。

1.2.1 实时位置

1. 概念

实时位置系指运行体（如飞机、舰船等）在某一确知时刻所处的实际位置坐标，它是用时间和空间坐标参量的数组来表达的，可见它联结了时间和位置坐标两类参量。

2. 时间

时间的度量单位来源于地球自转和公转。通常把地球自转一周的时间称为一日，公转一周的时间称为一年。一日分为24小时，1小时分为60分，1分分为60秒，秒还可分为毫秒、微秒、毫微秒。一日的起计时刻称为子夜零点零分零秒，按24小时进行循环。由于地球自转和公转同时进行，其周期虽然比较稳定，但也不是绝对不变，因此引出各种时间概念。

1）地方时

由于地球自转和公转，所以不同地方的子夜时刻是不同的，地球每一个区域有一个地方时。一个国家或地区的地方时通常以其首都或中心城市地方时作为基准，如中国的北京时。

2）世界时（或格林时GMT）

零度经度线的地方时称为世界时，又叫格林时（GMT），世界时作为世界通用的时间基准。

3）原子时（AT）

原子时是以原子秒作为秒单位的计时系统。一个原子秒等于9192631770个铯周期（即“铯133”谐振器谐振周期），它和世界时秒单位极接近，1972年1月1日起采用原子时作为计时，1958年1月1日0时0分0秒世界时和原子时相一致。当今作为原子时时间基准的计时系统统称原子钟，其典型的原子钟有铯钟和铷钟，稳定度可达10^{-13}量级。

4）协调世界时（UTC）

协调世界时简称协调时。由于世界时与地球自转有关，地球自转速度的不均匀及变慢趋势导致世界时每年大约比原子时少 1 秒。原子时虽然非常稳定，但与世界时不能准确同步。因而国际天文学会和无线电咨询委员会于 1971 年决定采用协调世界时，该时统用原子时的秒作秒单位，利用跳秒的调整方法使协调时与世界时之差保持在±0.9 秒之间（小于 1 秒）。协调工作由国际标准时间局在二月之前通知各国授时台，一般情况下，在每年 6 月 30 日或 12 月 31 日最后 1 秒进行。

5）系统时

某一个实用系统具体采用的（或规定的）统一时间基准称为该系统的系统时。一般来说，全球覆盖的系统要采用世界时或协调世界时，局部地域性的系统要采用地方时或专门为本系统设置的专用时间基准（或专用钟）。

3. 位置

导航中运行体位置是用坐标参量来具体表示的。在实用导航系统中，为了使用方便，采用的坐标系也不一样。现代导航系统中常具有多种坐标系转换能力，以方便用户使用。导航中常采用的坐标系有下列几种：极坐标系，采用方位角和距离值来表示位置；平面直角坐标系，采用（X，Y）值来表示位置；空间直角坐标系，采用（X，Y，Z）值来表示位置；地理坐标系，采用经度、纬度、高度值来表示位置。

1.2.2　航线和航迹

1. 基本概念

1）航线

运行体从地球表面一点（起点）到另一点的预定航行路线叫航线，也称预定航迹。或者定义为给运行体预定的航行路线在水平面（或铅垂面）内的投影。该定义适用于近地空间的导航，而在深空导航情况下则要用三维坐标系下的导航点连线来描述航线。

2）航迹

运行体重心实际的航行轨迹在水平面（或铅垂面）内的投影称为航迹或航迹线。同样，这种定义适用于近地空间的导航，而在深空导航情况下运行体航迹需要用三维坐标系下的实际航迹来描述。

3）航路

航路是指为运行体航行划定的具有一定宽度和高度范围，设有导航设施或者对运行体有导航需求的运行通道。航路平面的中心线便是航线。

对于航线与航迹而言，前者是计划航行设计的路线在水平面（或铅垂面）内的投影，后者是实际航行得到的路线投影。导航的目的就是使航迹始终保持在航线上，以达到准确安全运行的目的。航线通常由连接两个相邻航路点之间的线段构成，这些线段称为航段。

4）航图

航图是表示各种航空要素及必要的自然地理和人文要素的专用地图，是表现机场、导航台、航线及各种助航设施等一些航行要素的空间分布图，全称为航空地图。

通过航图可以快速地查阅通信导航设施、仪表飞行程序、机场等相关信息，为航行中得到现行、全面和权威性的航行数据提供了保障。在航空事业高度发达的今天，航图以其使用方便、资料信息集中等特点，成为保证飞行安全的重要工具。

2. 大圆航线

假定地球是一个理想的圆球，过地心的任何平面与地球表面相交的圆均为最大的圆（与不过地心的平面相交的圆比），简称大圆。地球上任意两点总是把它所在的大圆分为两段大圆弧线，其中较短一段大圆弧线是该两点间在地球表面最短的弧段。

沿最短大圆弧线航行的航线，称为大圆航线，它是两点间最短的航线，所以又叫经济航线。

3. 恒向航线

保持航向恒定不变航行的航线称为恒向航线。这种航线与所经历的各地子午线交角保持相等，对于航行操纵者非常方便，但在相同两点航行中，恒向航线要比大圆航线长。

1.2.3 导航中常用的角度参量

导航中常用的角度参量很多，例如方位角、相对方位角、航向角、俯仰角、姿态角和偏流角等。

1. 方位角

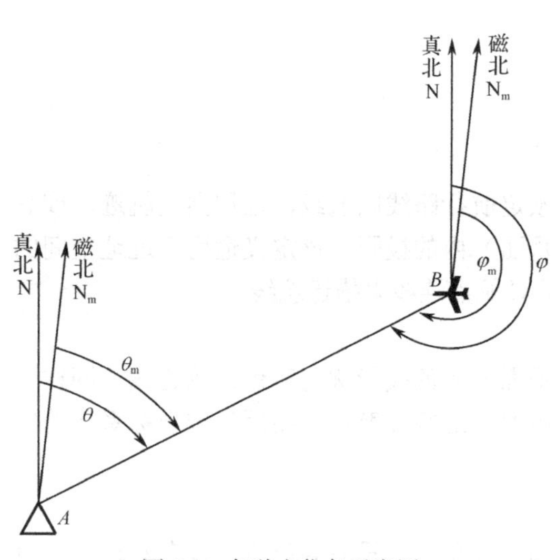

图 1-3 各种方位角示意图

方位角就是由观测点（见图 1-3 中的导航台 *A* 点或飞机所在位置 *B* 点）基准方向顺时针转到与目标点连线水平投影之间的夹角，是表示观测点与目标点两点间相对方向的量，简称为方位角。观测点不同或基准方向不同，便引出不同名称的方位角。在无线电导航中，通常 *A*、*B* 两点中的一点指的是导航台，另一点指的是运行体。

1）运行体真方位角

由导航台（观测点）真北向为基准，顺时针转到导航台与运行体（目标）连线水平投影之间的夹角，称为运行体真方位（如飞机真方位，舰船真方位等）角，如图 1-3 中的 θ。

2）运行体磁方位角

由导航台磁北向为基准，顺时针转到导航台与运行体连线水平投影之间的夹角，称为运行体磁方位角，如图 1-3 中的 θ_m。

3）导航台真方位角

由运行体真北向为基准，顺时针转到运行体与导航台连线水平投影之间的夹角，称为导航台真方位角，如图 1-3 中的 φ。

4）导航台磁方位角

由运行体磁北向为基准，顺时针转到运行体与导航台连线水平投影之间的夹角，称为导航台磁方位角，如图 1-3 中的 φ_m。

5）相对方位角

以指定的方向为基准方向，顺时针转到运行体与导航台连线之间夹角的水平投影称为相对方位角，图 1-4 中的 β_e 即为飞机与导航台之间的相对方位角，它以飞机纵轴首向为基准，有时也叫导航台相对方位角。

需要指出的是，除相对方位外，在没有特定说明的情况下，一般所说的航向或方位都是指磁航向或磁方位，这是因为磁北是惯用基准。

2. 航向角

航向角由选定的基准方向顺时针转到运行体首向的夹角在水平面的投影来定量标度，也就是它表示运行体纵轴首端的水平指向，如图 1-4 所示。由于采用的基准方向不同，便引出了不同的航向概念。

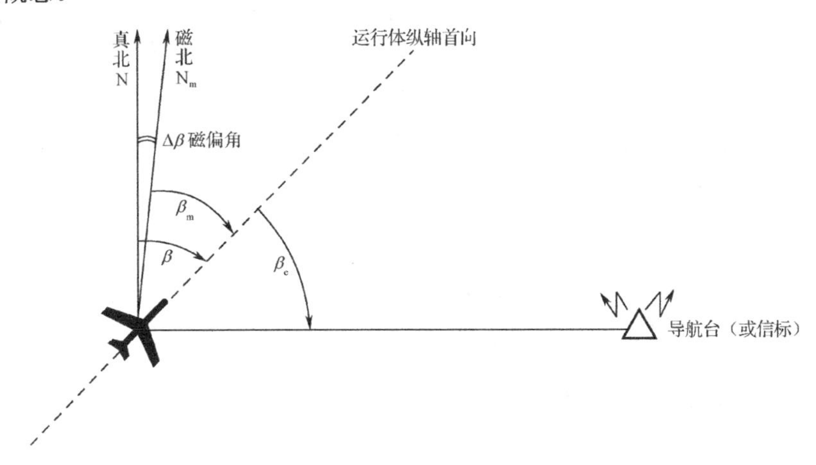

图 1-4　航向角示意图

1）真航向角

以地球地轴北向为基准方向定义的航向称为真航向，图 1-4 中的 β 为飞机真航向角，即真子午线（地理经线）与运行体纵轴在水平面上的夹角。真航向的 0°、90°、180°、270° 方向即为正北、正东、正南和正西。

2）磁航向角

以地磁场确定的磁北向为基准方向定义的航向称为磁航向，图 1-4 中的 β_m 为飞机磁航向角，即磁子午线（地球磁经线）与运行体纵轴在水平面上的夹角。磁航向的 N（0°）、E（90°）、S（180°）、W（270°）分别代表磁北、磁东、磁南和磁西。因为磁子午线与真子午线方向不一致而形成的磁偏角称为磁差，图中的 $\Delta\beta$ 是磁北与真北间的磁偏角。规定磁子午线北端与真子午线东侧磁差为正，西侧为负。地球磁差随时间、地点不同而异。

例 1.2-1　已知某飞机航向角 60°，导航台方位角 240°，试计算导航台相对方位角和飞机方位角，并画图表示。

解： 如图 1-5 所示。

飞机方位角=导航台方位角−180°=240°−180°=60°

导航台相对方位角=导航台方位角−飞机航向角

=240°−60°

=180°

3．姿态角

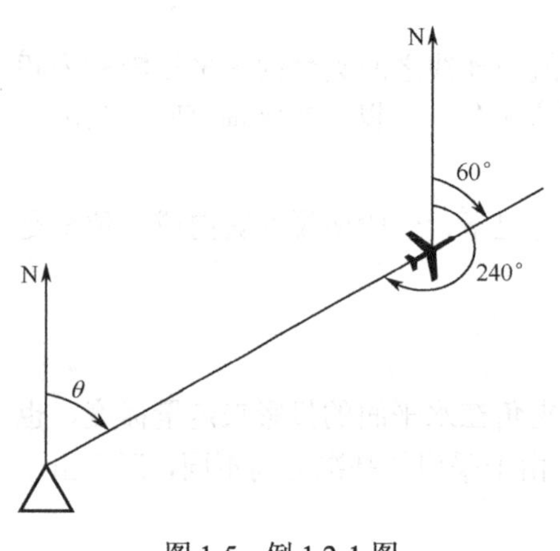

图 1-5　例 1.2-1 图

飞行器的姿态角包括航向角、俯仰角和横滚角，用于表示飞行器的飞行姿态。其中，航向角的定义与前面相同，俯仰角和横滚角的定义如下。

1）俯仰角

俯仰角指的是飞行器绕横轴（机翼两端连线）水平转动时，飞行器纵轴（首尾连线）和水平面的夹角，记为θ。俯仰角从水平面算起，向上为正，向下为负，其定义域为$-90°\sim+90°$。

2）横滚角

横滚角是指飞行器纵轴对称平面与纵向铅垂平面之间的夹角，有时也称为倾斜角，记为γ。横滚角从铅垂平面算起，右倾为正，左倾为负，其定义域为$-180°\sim+180°$。

精确地测量飞机的姿态角，对于飞控系统控制飞行姿态，以及保证其他机载设备工作的精确性等，都具有极其重要的意义。

4．偏流角

运行体纵轴首向的水平指向与其质心水平运动方向间的夹角称为偏流角。偏流角反映了运行体因受外力作用而使其不能按首向运行的程度。

1.2.4　导航中常用的距离参量

1．垂直距离（高度）

垂直距离（高度）主要包括绝对高度、相对高度和真实高度等，具体情况如图 1-6 所示。

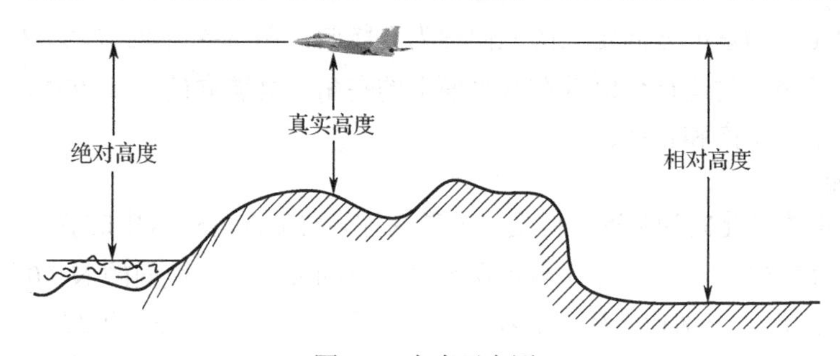

图 1-6　高度示意图

1）绝对高度

运行体重心到海平面的垂直距离称为该运行体（或目标）的绝对高度。

2）相对高度

运行体重心到某一指定参考平面（如机场跑道平面）的垂直距离称为该运行体的相对高度。

3）真实高度

运行体重心到实际地面的垂直距离称为真实高度。

2. 斜距

不在同一高度层或同一铅垂线上的两点（如飞机到地面导航台）之间的距离称为斜距。通常空中运行体到地面导航台之间的距离均为斜距。

3. 距离差

距离差是指空中运行体到两已知参考点（如两个地理位置精确已知的导航台）斜距的差值。

1.2.5　导航中常用的速度参量

1. 空速

在大气层中运动的运行体（如飞机），相对于周围无扰动空气的速度称为空速。

2. 地速

运行体相对于地球表面（或水平面）的运动速度称为地速，其方向和航迹一致。

3. 风速（或流速）

大气（或水流）的流动速度称为风速（或流速）。

4. 航行速度三角形

在航行中，若空速矢量和风速矢量在地面的投影不重合（即存在非 0° 或非 180° 夹角），则对于一个运行体来说，空速、风速在地面的投影（或水平分量）与地速构成一个三角形，称为航行速度三角形，有时称为导航三角形，如图 1-7 所示。其中空速矢量与地速矢量间的夹角即为偏流角，它是由风速矢量影响造成的。导航中常利用这种三角形关系，由其中的已知量来导出未知量。

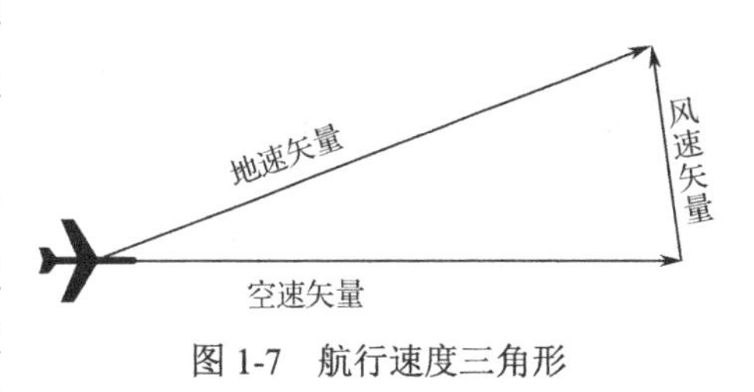

图 1-7　航行速度三角形

1.3　无线电导航系统

1.3.1　无线电导航系统的基本任务

无线电导航系统的基本任务就是建立无线电导航信号场，在飞行器运行领域中以无线方式提供导航信息（或数据、参量）。从这一角度上来说，如果在运行体的整个活动范围中，能够建立无线电导航信号场并能有效地检测和识别，便可以实现对运行体的无线电导航。这一概念在考虑为某种运行体设计和选用无线电导航装备时尤为重要，它主要包含下述两个要点：

（1）无线电信号场并不是在任何运行体的活动环境中都能建立起来的。如潜艇在深水下潜后，由于无线电信号场不能在深水下建立，所以在深水下的潜艇就不能使用无线电导航，如果迫不得已要用，则必须有漂浮天线。中波以下频段（波段）的无线电信号场由于不能穿透电离层，所以，穿过电离层或在电离层之上活动的运行体就不能利用地基的中波波段以下的无线电导航系统。

（2）在运行体活动环境中建立的无线电导航信号场还必须满足有效检测和识别的条件，否则也无法实现导航。

这就要求无线电导航信号场有足够的强度、明显的识别特性、良好的电磁环境或抗电磁干扰（含人为干扰）能力。

1.3.2 无线电导航系统的构成

无线电导航系统要为运行体的行动提供实时位置和有关运动参量，它依存的物理基础是无线电信号：

$$e(t) = A\sin(\omega t + \varphi_0) \tag{1-1}$$

式中，A 为幅度，ω 为角频率，t 为时间，φ_0 为相位（初相）。

可以说，任何一个实用无线电导航系统都由三个基本部分构成：

（1）数理模型部分。它是系统电信号参量中的某一个或几个与它提供的导航参量（如实时位置、速度和方向等）之间的对应或转换关系，涉及的是系统基本数学模型（或基本导航定位方法）以及物理基础和几何原理，是系统的最基础部分。

（2）信号格式部分。它指的是系统电信号波形、产生和处理的规范（或约定）。每一种实用无线电导航系统都有它自身特定的信号形式、规定、标准，形成独特的信号格式。

数理模型和信号格式构成了无线电导航系统体制，它确定了该系统导航方法、辐射电信号的形式，以及电信号产生和处理的规范。

（3）实现技术部分。它是实现组成系统的各设备过程中采用的电路、工艺、材料以及集成方法等，是一个系统的原理得以实现从而保证导航功能完成的电子技术基础。

综上所述，可以把实用无线电导航系统的基本构成写成一个简要的表达式：

系统构成=数理模型+信号格式+实现技术

由此可以看出，无线电导航系统的更新或新系统的产生，应当是系统采用的“数理模型”和“信号格式”的变化，也就是系统体制的变化，而相同体制的系统却可以采用不同的“实现技术”，换句话说，系统采用技术的更新不足以动摇系统体制。一个实用系统的体制更新周期可能会较长，而技术更新可能是很快的，如某无线电导航系统或设备的电子管设备更新为全晶体管设备、模拟电路的数字化，以及微处理器应用等，这些都属于技术更新。只要保持原系统的“数理模型”和“信号格式”不变，不管技术上如何更新，其系统体制仍归宿于原来的系统类别。

在系统课程学习阶段，重点应放在对无线电导航系统“数理模型”和“信号格式”即系统体制的学习上，只有深刻理解了系统的体制，全面认识系统的组成、工作原理、工作过程及其运用方式，才能掌握系统的关键知识内容，达到事半功倍的学习效果。

1.3.3 无线电导航系统的分类

无线电导航是导航中的一大分支，是当今应用最广、发展最快、在导航家族中占主导地位的一类导航技术。下面介绍几种常用的无线电导航系统分类。

1. 按用户使用时相对依从关系分类

（1）自备式（或自主式）导航系统。这类导航系统仅靠装在运行体上的导航设备就能独立自主地为该运行体提供导航服务。

（2）他备式（非自主式）导航系统。这类导航系统必须由运行体以外且安装位置已知的导航设备相互配合工作才能实现对该运行体的导航。这些居于运行体之外配合实现导航功能的导航设备及其附属设施通常称为导航台站，而装在运行体上的导航设备通常称为该导航系统的用户设备或载体设备。可见，他备式导航系统是由台站和用户设备共同组成的，所以它的用户设备必须依赖于台站，这与自备式明显不同。

2. 按无线电导航台站安装地点分类

（1）地基无线电导航系统。这种导航系统的导航台站安装在地球表面的某一确知位置上。

（2）空基无线电导航系统。这种导航系统的导航台站安装在空中某一特定载体上。

（3）星基无线电导航系统。这种导航系统的导航台站安装在人造地球卫星或自然星体上。

3. 按无线电导航系统最大作用距离分类（参考数据以航空导航为主）

（1）近程导航系统。作用距离在 500km 以内。

（2）远程导航系统。作用距离在 500km 以上，甚至地球上任何地点都是该系统的有效作用范围。

4. 按系统提供的导航参量（或位置线形状）分类

（1）无线电测角导航系统（直线位置线）。

（2）无线电测距导航系统（圆位置线）。

（3）无线电测距差导航系统（双曲线位置线）。

（4）复合式（测角/测距，测距/测距差）无线电导航系统。

5. 按系统中主要观测的电信号参量分类

（1）振幅式无线电导航系统。

（2）频率式无线电导航系统。

（3）相位式无线电导航系统。

（4）时间式无线电导航系统。

（5）复合式无线电导航系统。

1.3.4　无线电导航系统性能要求

性能是系统性质与效用的度量，是系统优劣的标志。一般来说，要认识一个无线电导航系统，必须首先了解其精度、可用性、可靠性、作用区域、信息更新率、系统容量、完好性等性能参数。

1. 精度

导航系统的精度指系统为运行体所提供的导航参量（角度、距离、位置等）与运行体当时具有的真实参量之间的重合度。精度是导航系统最为重要的性能指标。一个系统设计得再好，如果其精度不能满足要求也无济于事。通常以导航参量测量误差的大小来反映导航系统精度的高低，误差越小则精度越高。受各种各样因素的影响，如发射信号的不稳定、接收设备的测量误差、气候及其他物理变化对电磁波传播媒介的影响等，无线电导航参量测量误差可能会不断变化，即误差是一个随机变化的量，因此必须用统计理论来描述，一般的导航参量测量误差以不超过一个数值的概率形式来给出。

导航误差分析理论表明，导航参量测量误差可近似看作一个正态分布的随机变量，这一随机变量的概率分布完全取决于它的前两阶统计矩——均值和方差。测量误差的均值称为系统误差，它是一个常量，可以通过系统校正得以消除。因此在分析中我们通常把导航系统电参量测量误差看成是零均值、方差为 σ 的正态随机变量。概率论中 σ 代表测量值与其数学期望值之差，或测量值偏离数学期望值的程度。如给出某测距系统距离测量误差为 200m（σ），这表明利用该系统测量距离实测值小于 200m 的概率可达到 68%；如给出测距误差为 200m（2σ）、200m（3σ），则表明实测值小于 200m 的概率可达到 95%、99%。

上述以方差的形式描述测量误差是常用的方法。有些用于定位的导航系统能直接给出运行体的二维位置，常常是水平位置，此时定位的精度用 2Drms 来描述。Drms 是距离误差均方根值的缩写。当用导航系统为运行体多次提供位置时，这些位置值总与其真实位置有一些偏差，如果不管偏差的方向而只管偏差的径向距离，用这些距离求均方根值便得到 Drms。如给出的定位误差为 100m（2Drms），表示实测位置偏离真实位置小于 100m 的概率为 95%。也有用圆概率误差 CEP 来描述两维定位误差的，如给出的定位误差为 100m（CEP），则表示实测位置偏离真实位置小于 100m 的概率为 50%。在无线电导航系统中，常发生偏差值在各个方向上不均匀的现象：在一个方向上误差大一些，在与这个方向相垂直的方向上则误差小一些，即误差分布是一个椭圆，该椭圆的长轴代表最大误差方向，短轴则代表最小误差方向。可见利用误差椭圆描述定位误差，既可以描述误差的大小，又可以反映误差的趋向。

2. 可用性与可靠性

交通运输是不间断进行的，这就要求无论在什么天气、地形和电波传播条件下都要能提供符合要求的导航服务。然而导航系统受各种各样因素的影响仍然可能有时要停止工作，比如有些导航台每年要有几天定期检修，太阳黑子活动有时会影响低频电波的传播，供电系统故障也有可能造成发射台不能发射信号。应想方设法减少这些因素对导航服务的影响，因此对导航系统提出了可用性这一指标。

系统可用性是它为运行体提供可用导航服务的时间的百分比。可用性是选定导航系统的指标之一，与之相关连的另一项指标就是系统的可靠性。系统的可靠性是系统在给定的使用条件下和在规定的时间内以规定的性能完成其功能的概率。可靠性的这个定义似乎有些不好理解，事实上它标志的是系统发生故障的频度。为了说明系统可用性与可靠性的差别，我们举出在实际中不大可能发生的极端的例子。比如有些导航系统每年有几天要停下来检修发射台的大型天线，这当然对其可用性有影响；然而除开停机的那几天，它的服务十分连续，发射台、用户设备工作和电波传播都很稳定，因此可靠性很高。相反有些系统每年不需要停机检修，因此可用性指标很高，但时不时要出点短期毛病，这就是可靠性不高。

3. 作用区域

作用区域有时也称覆盖范围，指的是导航系统发挥作用的一个面积或立体空间，在那里导航系统以规定的精度给运行体提供相应的导航参量。作用区域受电波传播条件、发射信号功率、接收机灵敏度、电磁环境以及几何关系（许多无线电导航系统，当运行体与导航台之间的距离或方位不一样时，导航精度便不同）等因素的影响。

4. 信息更新率

所谓信息更新率是指系统在单位时间内提供使用数据的次数。对导航信息更新率的要求与运行体的航行速度和所执行的任务有关，如对于航空来说，如果导航信息更新率不高，在两次提供定位数据之间的时段内，飞机的当前位置与上一次的位置有可能已相差很远，这就会使导航服务的实际精度大打折扣。另外，现代飞机常常依靠自动驾驶仪实现自动化飞行，这种情况下要求导航信息直接与自动驾驶仪交联，导航信息必须具有相当的更新率才能满足自动驾驶仪精确和平稳控制飞机的要求。

5. 系统容量

系统容量是指系统所能服务的用户数量。由于交通运输的发展，在一定范围内的运行体数量越来越多。对那些导航台发射信号、运行体上只需载有导航接收机就能获得导航信息的无线电导航系统，无论有多少运行体都没有关系，即可以为无限的用户提供导航服务，并且这种用户设备由于工作时不发射信号，所以属于一种无源的工作方式，在军事上还具有无线电静默保密的特点。有些导航系统则不然，一个导航台只能与数目有限的用户设备配合工作，即系统只能为数量有限的运行体服务。

6. 系统完好性

航空飞行最重要的是保证整个飞行过程中安全无事故。作为飞行操作的主要引导信息来源，导航系统必须保证导航信息具有极高的可信度。因此，航空导航系统不仅要提供高精度的导航引导信息，而且要对导航信息进行独立监测，一旦系统发生故障造成导航信息误差过大，就必须立即告知用户，令其停止当前的操作或切换到其他备用导航手段，航空导航系统的这一性能就称之为完好性，在一些文献中又称为“完善性”“完整性”或“完备性”。航空导航系统在工作过程中，当导航引导信息的误差大于某一门限值，即告警门限（Alarm Limit，AL）时，系统应能够在规定的时间内，即告警时间（Time-To-Alarm，TTA）及时向用户发出告警。如果系统在规定的告警时间内未能发出告警，就会造成完好性风险（Integrity Risk），用户可能接收到严重错误引导信息（Hazardously Misleading Information，HMI），从而引发严重的航空飞行事故。可见，完好性可通过告警时间（TTA）、告警门限（AL）以及严重错误引导信息发生概率（the Probability of HMI）来衡量。

对系统完好性的要求在飞机着陆阶段显得尤为必要，因为飞机向跑道下滑阶段的时间很短暂，如果导航系统发生了故障或误差超过了允许的范围而用户未及时发觉，继续按指示飞行，便有可能使飞机偏离或滑出跑道甚至撞击地面，造成飞行恶果。

导航是一种为交通运输和军事航行服务的技术，为了保证交通运输和军事航行的安全和连续进行，对导航的性能要求是特定的，也是多方面的，不能只根据一项或几项参数，比如精度或作用区域，便认定一种系统可用作导航，或以此对各导航系统进行比较与选择，而是应当全面了解系统的各项性能指标，综合评定系统的性能，做到对导航系统科学合理的运用。

1.3.5 无线电导航系统发展

无线电导航主要是在20世纪发展起来的导航门类，特别是“二战”期间，由于军、民用的需求日益增长和电子技术的发展，无线电导航成为各种导航手段中应用最广、发展最快的一种，成为导航中的支柱门类。

当今无线电导航的发展，特别是星基无线电导航系统的发展，如美国研制的全球定位系统（GPS），由于它可以提供覆盖全球的高精度三维位置、三维速度、时间基准等参量，以致其应用范围远远超出传统的航空、航海导航范畴，而深入到航天器导航、武器制导、天文授时、大地测绘、物矿勘探、车辆行驶引导等十分广泛的军用与民用领域。在军事应用中，飞机、舰艇、巡航武器和弹道武器、装甲车辆等离开了无线电导航几乎无法作战；民用航空航海运输离开了无线电导航也不能发挥其作用。总之，随着现代化的发展，无线电导航在军用与民用中的地位越来越重要。

近一个世纪以来，先后诞生了几十种实用无线电导航系统，至今在世界范围内得到广泛应用的就有十几种。如 20 世纪 20 年代投入使用的中波导航系统，40 年代研制的伏尔（VOR）系统、地美仪（DME）系统、罗兰-A（Loran-A）系统、仪表着陆系统（ILS）、多普勒导航系统等，50 年代开发的塔康（TACAN）系统、勒斯波恩（Р С Б Н）系统、罗兰-C（Loran-C）系统等，60 年代研制的奥米加（OMEGA）导航系统、子午仪（TRANSIT）卫星导航系统，70 年代开始研制的导航星全球定位系统（NAVSTAR-GPS）及微波着陆系统（MLS）等，它们在军用与民用导航中都发挥了巨大的作用，有的早已成为国际民航组织的标准系统（如 VOR、DME、ILS、MLS），有的作为军用标准系统（如 TACAN）。上述导航系统虽然有的已经被淘汰，但大部分仍在继续应用。

纵观无线电导航的历史，可归结为下述几个方面的发展趋势。

（1）应用范围越来越广，作用和地位随着现代化的进程越来越重要。

（2）系统功能增强，自动化程度、精度和可靠性不断提高。

（3）系统间组合应用，如不同无线电导航系统间的组合，无线电导航和非无线电导航系统之间的组合，尤其是卫星导航系统（GNSS）和惯性导航系统（INS）的组合具有无限的发展潜力，可使不同系统间取长补短，显著提高性能。

（4）导航与通信的结合，实现通信导航识别（CNI）综合化。导航与电子地图参照，使导航定位引导自动化、直观化。

现今，无线电导航系统作为电子信息系统之一，正深入空天战场，渗透各种航空航天兵器，成为现代战争的行动向导，空天战场上的北极星。各种导航系统各显神通，更迭交替，改进优化，组合并用，优势互补。导航技术如斗转星移，更新发展，飞速进步。导航战此起彼伏，波澜汹涌，尽显信息作战的神威。导航系统与 C4ISR（自动化指挥系统）密切交融，战争巨人更加耳聪目明。

无线电导航的进一步发展呈现“三化”趋势：一是系统化，从以往注重单套装备能力向关注系统整体效能方向发展，从单一手段向多重手段方向发展；体系更加完整，能够满足各种导航定位要求；二是一体化，导航信息从仅服务于驾驶员向直接作用于武器系统方向发展，导航与制导的界限越来越淡化，导航系统的作用不再限于保障作用，而是直接成为武器系统的组成部分；三是综合化，通信与导航综合，使一种系统同时具备通信、导航、识别多种功能；导航信息与其他信息融合，实现指挥自动化。

作　业　题

1. 无线电导航系统是如何进行分类的？

2．航空无线电导航的主要任务是什么？

3．飞机方位角和导航台方位角有何区别？如某飞机方位角为 60°，飞机航向角 270°，此时导航台相对方位角为多少？画出飞机与导航台的相对位置关系图。

4．无线电导航系统是怎样构成的？举一种系统实现技术变化而系统体制并没有变化的实例。

5．无线电导航系统的主要性能要求有哪些？其中系统完好性是如何保证的？

第 2 章　中波导航系统

2.1　概　　述

中波导航系统在第一次世界大战期间问世，是最早使用的地基式无线电导航系统，初期用于引导船只的出航、归航，后来很快发展用于航空导航。尽管此后的无线电导航飞速发展，出现了比该系统更为先进的伏尔系统、罗兰-C 系统、卫星导航系统等，但由于中波导航系统所具有的使用灵活等特殊性能，使其经过不断改进和发展仍然在世界各地的航空导航中普遍被采用。

2.1.1　系统组成、功能与配置

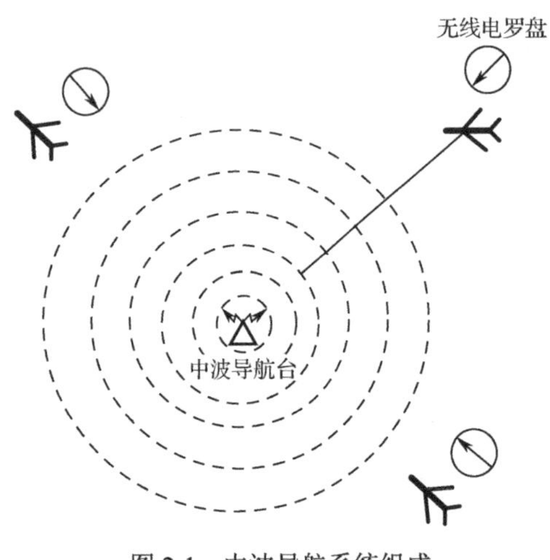

图 2-1　中波导航系统组成

中波导航系统由地面设备和机载设备两大部分组成，其组成如图 2-1 所示。其中，地面设备是中波导航机，通常也叫作无方向性信标（Non-directional Radio Beacon，NDB），中波导航机及其附属设施构成中波导航台。机载设备是无线电罗盘（罗盘是一种指示固定方向的装置），它实质是一部测量无线电来波方向的接收机。中波导航机通过发射无方向的中频信号，为无线电罗盘提供测向无线电信号。

中波导航系统的功能就是通过机载无线电罗盘测量地面中波导航机发射的无线电信号来波方向，从而获取导航台相对方位角信息（以飞机轴线首向为基准，顺时针转到飞机与导航台连线之间夹角的水平投影称为导航台相对方位角，有时也叫电台相对方位角）。

中波导航系统的作用是引导飞机沿航线飞行、归航和非精密进近着陆，应急情况下还可作为备用地空通信系统。

中波导航台配置的场地根据需要主要有以下几种情况。

1．机场配置

（1）用于保障一般气象条件飞行的中波导航台，可配置在机场内或跑道中线延长线上适当地点。

（2）用于保障复杂气象条件飞行的远、近距中波导航台，应配置在跑道主着陆方向（双向配置时为主、次两个着陆方向）的跑道中线延长线上。远距中波导航台距跑道着陆端的距离为 4000～7000m；近距中波导航台距跑道着陆端的距离为 900～1500m；远、近距中波导航

台之间的距离不小于 3000m，如图 2-2 所示。

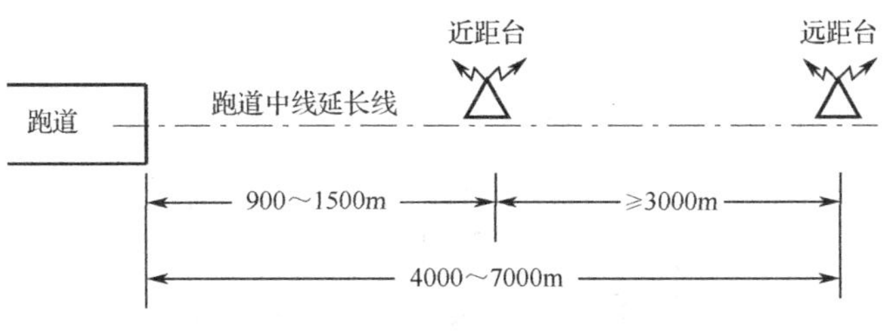

图 2-2　保障复杂气象条件的导航台配置示意图

（3）超远距中波导航台通常应配置在跑道中线延长线上，距跑道着陆端的距离可根据飞行要求和场地环境条件确定。

2．航路（航线）配置

航路（航线）中波导航台应沿航路（航线）中心线配置，通常设置在航路（航线）转弯点、检查点和空中走廊口。同一航路（航线）上两相邻中波导航台的间距一般应为 300km。

2.1.2　系统应用和发展

1．系统应用

中波导航系统的基本用途就是在各种气象条件下引导飞机向台或背台飞行，即引导飞机飞向或飞离导航台。如图 2-1 所示，飞行员只要操纵飞机使无线电罗盘指针指向 0°（指针指向机首方向）即可实现向台飞行，同时监听导航台识别信号，到达目的地上空；同理，飞行员操纵飞机使无线电罗盘指针指向 180°（指针指向机尾方向）即可实现背台飞行（背台飞行情况通常发生在飞机驶离机场进入预定航线或空中转弯阶段）。概括起来中波导航系统应用包括以下几个方面。

1）引导飞机归航

中波导航台安装在机场主要用来引导飞机归航，这种方式应用最多，因此导航台又叫归航台。机上无线电罗盘接收机场配置的超远距或远距中波导航台辐射的信号，按照向台飞行方式即可实现安全返航。

2）引导飞机沿预定航线飞行

中波导航台可以引导飞机沿预定航线飞行。这时，需要将中波导航台安装在航路点上，用于标志航线，飞机按照向台飞行的方式到达一个个指定的航路点，达到引导飞机沿预定航线飞行的目的。

3）引导飞机着陆下降

通常中波导航机与指点信标机配置在一起，共同构成信标导航台。中波导航机与指点信标发射机以及飞机上的无线电罗盘、信标接收机、无线电高度表和磁罗盘等配合工作，组成双信标着陆系统，可引导飞机穿云下降。如图 2-3 所示，在飞行着陆下滑阶段，飞行员只要保持无线电罗盘的指针指向 0°、磁罗盘指示在跑道的着陆航向上（通常为跑道磁方位），就表明飞机已位于跑道中线延长线的铅垂面内，此时操纵飞机逐渐降低高度（观察无线电高度表的指示）就可实现非精密进近着陆。距跑道端口的距离是利用指点信标机来间接提供的，当飞机位于信标导航台的上空时，机上信标接收机接收处理指点信标发射的信号，其上的终端电铃和指示灯振响、点亮，而信标导航台距跑道端口的距离是已知的，据此就可检查飞机距跑道端口还有多远。

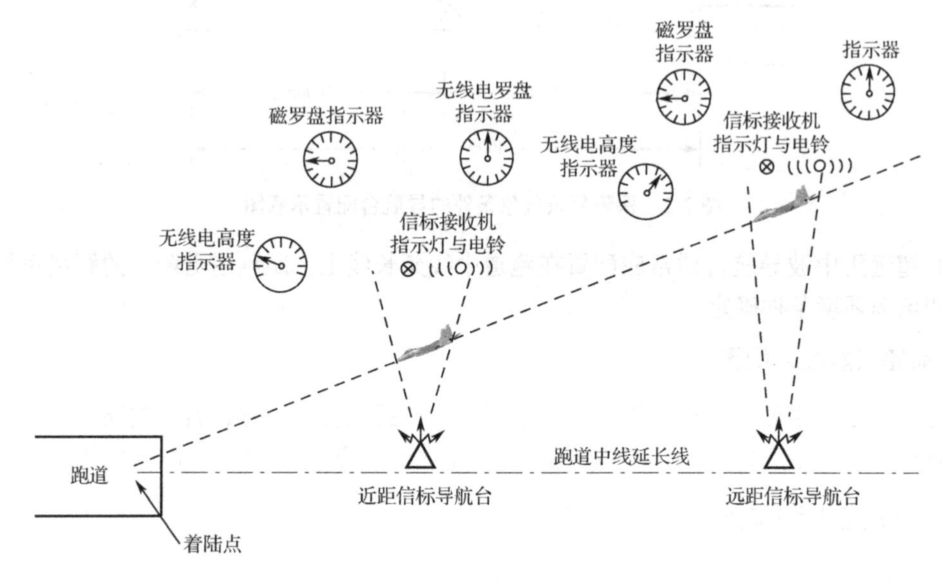

图2-3 双信标着陆系统引导飞机着陆示意图

当在机场上空有云遮挡，飞行员在机上看不见跑道时，按上述方法操作能引导飞机穿云下降。这种引导飞机着陆下降的方式的显著优点是简单、成本低、飞行员容易掌握。但引导方法比较落后，主要是精度低、保障能力差。它要求飞机的决断高度不得低于200m，水平能见度不得低于2000m。因此在较恶劣气象条件下不能完成引导飞机着陆下降任务。

4）对飞机进行定位测量

在飞机上如果装有两部无线电罗盘，使用中将它们分别调谐在两个不同的地面导航台或广播电台的频率上，两部无线电罗盘所测得的相对方位在同一个指示器上显示，其中指针1指向第一部无线电罗盘所测得的相对方位角，指针2指向第二部无线电罗盘所测得的相对方位角，根据这两个相对方位角在地图上可画出飞机相对地面导航台的两条位置线，两条位置线的交点便是飞机的位置，如图2-4所示。因为中波导航系统测向的精度比较低，所以利用其定位的误差也较大。

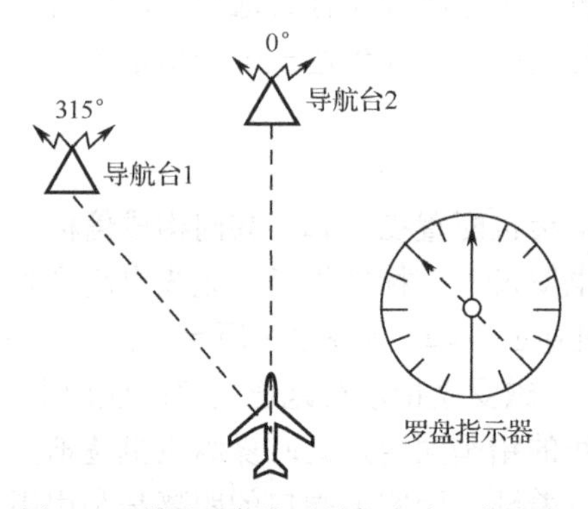

图2-4 利用两个地面导航台为飞机定位

2. 系统发展

由于中波导航系统简单实用，因而得到了广泛的应用，成为使用最普遍的无线电导航系统，其装备还在继续发展。中波导航系统的发展主要表现在设备上所采用的电子技术不断进步。早期的中波导航机采用电子管电路，频率调谐采用的是机械方式，后来发展成集成电路、微处理器控制、频率合成、功率合成、自动电子信号键等技术，设备的可靠性等指标显著提高，体积、重量明显减轻。无线电罗盘在 20 世纪 40～50 年代采用电子管电路，频率采用机械软轴进行调谐，定向天线为单个的旋转式环形天线。60～70 年代采用晶体管电路，频率选择采用粗、细同步器调谐，有些设备使用晶体频率网以“五中取二”方法调谐，定向天线采用两个正交的旋转式或固定式环形天线。到 80 年代左右，无线电罗盘基本采用集成电路或大规模集成电路，并使用频率合成器、数字选频及微处理器，天线系统有了较大的改进，如采用旋转测角器来代替环形天线的旋转。随着现代电子技术和软件无线电技术的飞速发展，数字化无线电罗盘应运而生。数字化无线电罗盘使用组合天线接收信号，采用软件无线电技术，通过数字化处理得到数字相对方位信息，使得无线电罗盘由模拟时代走向了数字化时代。数字化无线电罗盘不仅去掉了伺服机构，简化了硬件设计，缩小了设备体积，而且提高了系统的可靠性、稳定性和测量精度。

2.1.3　系统性能及特点

中波导航系统组成设备具有结构简单、使用维护方便、价格低廉等优点，其机载无线电罗盘可以在 100～1800kHz 频段范围内，利用众多的民用广播电台和专用的地面导航台（NDB）为飞机定向定位，并可与无线电高度表、指点信标机等设备配合引导飞机进近着陆。所以，中波导航系统虽然是在 1937 年就开始第一个在飞机上使用的无线电导航系统，但由于其所具有的独特优点，深受飞行人员欢迎，因而至今仍经久不衰。

中波导航系统的主要性能如下。

（1）工作频率：150～1700kHz，频道间隔 1kHz。

（2）作用距离：不小于100km。

（3）系统容量：无限。

（4）绝对准确度：5°～10°。

中波导航系统的优点是。

（1）简单适用。机载设备（无线电罗盘）体积小、重量轻、使用方便、价格低廉；地面中波导航机设备价格也很低，建造一个中波导航台比建造其他无线电导航台要廉价的多。

（2）使用灵活，容量大。飞行员可以灵活地选择已知地理位置的中波导航台或中波广播电台来为飞机导航。同时，由于工作时中波导航机发射全向信号，空中任何一个机载设备都可以接收信号测向，因此一个地面台可供许多飞机同时定向，其容量不受限制。

（3）低空性能好。由于中波导航信号以地波形式传播，因此越接近地面其信号越强，有利于为低空飞行的飞机导航。

（4）隐蔽导航。在军事应用中，由于机上设备只接收不发射信号，可以主动获得方位信息，所以可实现无线电静默，便于战机隐蔽行动。

中波导航系统也有较大的缺点，主要是受电波传播条件影响大，角度测量精度不高，尤其是传播条件恶劣时误差较大；其次是在军事应用中，导航台有被敌人利用或假冒造成诱导的危险。

我国目前有近千个中波导航台，导航信号覆盖了我国大部分领空和领海。一部分中波导航台安装在机场，作为飞机归航或非精密进近引导使用；另一部分安装在航路上，用于建立航线和标志航空走廊口。作为基本导航手段，所有飞机都装有无线电罗盘，用户数量巨大。

2.2 系统工作原理

2.2.1 测角原理

1. 基本测角原理

中波导航系统是通过机载无线电罗盘测量地面导航台无线电波的来波方向，从而获取导航台相对方位角信息的，属于振幅式测角导航系统。在导航原理中，振幅式测角又分为 E 型和 M 型，所谓 E 型是指将高频信号幅值与所测角度建立一一对应关系的测角方法，而 M 型则是指将高频调幅信号的调制度（或包络幅值）与所测角度建立一一对应关系的测角方法。振幅式 M 型测角方法的数学模型为：

$$e(t) = E_m[1 + m(\theta)\sin\Omega t]\sin\omega t \tag{2-1}$$

式（2-1）是一个电信号表达式，表示的是一个调幅波信号，式中，E_m 是信号振幅；m 是调制深度；$\sin\Omega t$ 为低频调制信号；$\sin\omega t$ 为高频载波信号。式中，$m(\theta)$ 表示该调制深度是所测角度的函数，依此建立角度 θ 与电参量 m 的关系。将式（2-1）进一步表达为：

$$e(t) = E_m\sin\omega t + E_m m(\theta)\sin\Omega t\sin\omega t \tag{2-2}$$

式（2-2）中：$E_m\sin\omega t$ 为等幅高频信号；$E_m m(\theta)\sin\Omega t\sin\omega t$ 为幅度与角度具有对应关系的平衡调幅（双边带）信号。可见，为了达到将高频调幅信号的包络幅值与角度建立对应关系的目的，必须将一个等幅高频信号和一个幅值与角度有关系的双边带信号（有向辐射或接收信号）合成。

无线电罗盘就是一种振幅式 M 型测角接收设备，它接收处理中波导航台或其他中波电台的无线电信号，其基本组成框图如图 2-5 所示，可见其是式（2-1）的一种物理实现。图中 $F(\theta)$ 为方向性天线的方向函数，所产生的 $e(t)$ 就是一个高频调幅信号，其调制深度为：

$$m(\theta) = \frac{E_{2m}}{E_{1m}}F(\theta) \tag{2-3}$$

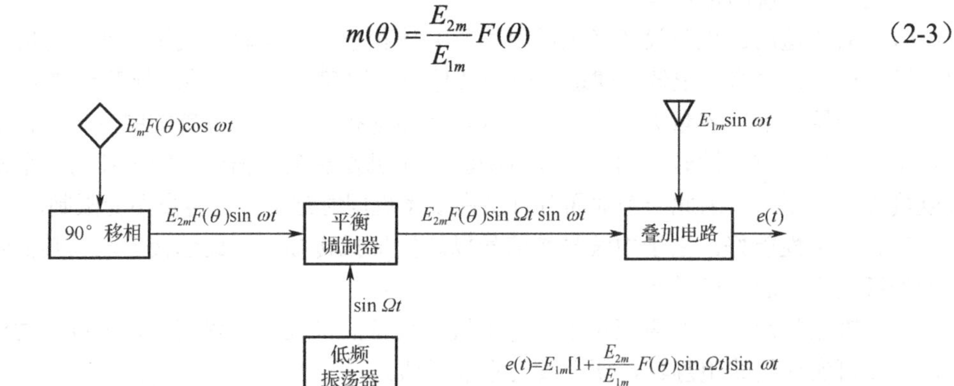

图 2-5 振幅式 M 型测角接收设备基本组成框图

可见，调制深度 m 与角度 θ 建立了对应关系，且这种关系与方向性天线的方向函数具有比例关系，所以有时又称 $m(\theta)$ 为调制度方向函数，以此绘出的极坐标图形称之为等效调制度方向图。

实际的无线电罗盘采用环形方向性天线和全向天线接收信号，其等效调制度方向图与环形天线方向图具有同样的形式，即为“8”字形方向图。当转动环形天线使方向图的最小值（零值方向，即环形天线平面法线方向）对准导航台时，调制度方向图也是最小值时刻，即此刻调制度也为零，依此即可标定出电波来波方向。这种利用方向图零值方向定向的方法也称最小值信号法。如果采用人工定向，需要用人工的方法转动环形天线。而无线电罗盘通常都采用自动定向方式，即依靠环形天线在零值方向左右输出的差余电势转变成控制信号，去控制电机带动环形天线保持零值方向对准导航台，这就相当于用电机测量出了环形天线转过的角度。

某型无线电罗盘的原理框图如图 2-6 所示。图中示出了当来波方向位于环形天线零值接收方向某一角度时，无线电罗盘各主要工作点波形图。可以看出，此时幅度检波输出的 135Hz 包络信号幅值不为零，因此将驱动伺服电机带动环形天线转动，结果是环形天线输出的感应电动势逐渐减小，直至其零值接收方向对准来波信号，环形天线输出为零，135Hz 包络信号幅值就为零，电机停止转动。例如让指示器指针与环形天线零值接收方向一致，很显然指示器指针将始终指向来波方向即导航台所在方向，这也正是其称之为“无线电罗盘”的缘由。又如确定出角度参考基准，就可标识出某一相对方位角度。无线电罗盘以机首方向为基准方向，因此其测量的是导航台相对方位角。

这里需要注意的是，因为“8”字形水平方向图存在有两个零值点，所以采用单环形天线利用最小值测角存在有多值性的问题。那么在实际应用中是如何消除这种多值性的呢？

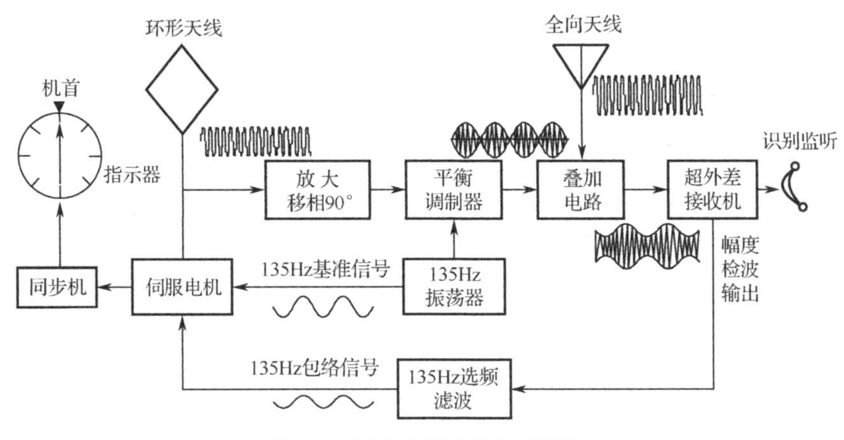

图 2-6　无线电罗盘的原理框图

如图 2-6 所示，实际应用中的做法是将环形天线输出的信号经 90°移相以及利用 135Hz 信号平衡调制，再与无方向性天线接收的信号叠加，所形成的调幅信号送至超外差接收机处理，解调出 135Hz 包络信号。当这个 135Hz 包络信号幅度为零值时，说明环形天线平面的法线方向对准了导航台；而如果不为零，则说明导航台位于法线方向的侧向，信号幅度的大小就能反映导航台偏离的程度。依据天线理论可知，环形天线零值接收点两侧的接收信号载波反相，因此在零值点两侧接收的信号所形成的 135Hz 包络信号相位也一定是反相的，如果规定 135Hz 包络信号相位为 0°时电机顺时针转动，则其相位为 180°时电机必然逆时针转动，这样做的结果是，“8”字形方向图中的两个零值点中只能有一个是稳定的，即在该零值点附近输出的电机控制差动信号是负反馈形式的，而在另一个零值点附近必然是正反馈形式的，即是不稳定的点，从而消除了多值性的问题。

由于自动旋转单环形天线存在天线体积重量重、机械磨损、维护困难等问题，因此更新型无线电罗盘采用了固定双正交环形天线结构，这是一种天线不动而测角器（搜索线圈）转动的无线电罗盘。双环形天线及自动搜索机构原理如图 2-7（a）所示，这种天线的本质是在一个正交的线圈内部复现了接收的来波信号，从而利用一个小型的环形天线（搜索线圈）来测定来波方向。

在图 2-7（b）所示的双环形天线工作原理图中，假定双环形天线由 A、B 两副正交线圈构成，且 A 线圈平面与飞机轴向一致，来波方向位于与 A 线圈平面夹角 θ 处。图中的 $\boldsymbol{H}$ 是来波的磁场方向，它垂直于来波方向，因此与 B 线圈的交角为 θ。$\boldsymbol{H'}$为在正交线圈 A′、B′中复现的来波磁场，A′与 A 相连，B′与 B 相连。这里只要保证图 2-7（b）所示的 $\boldsymbol{H'}$与线圈 B′的交角 θ'仍为 θ 即可，即保证 $\boldsymbol{H'}$与线圈 B′的角度关系等同于 $\boldsymbol{H}$ 与固定线圈 B 的角度关系，便可利用搜索线圈 C 完成类似于环形天线搜索来波方向的任务。

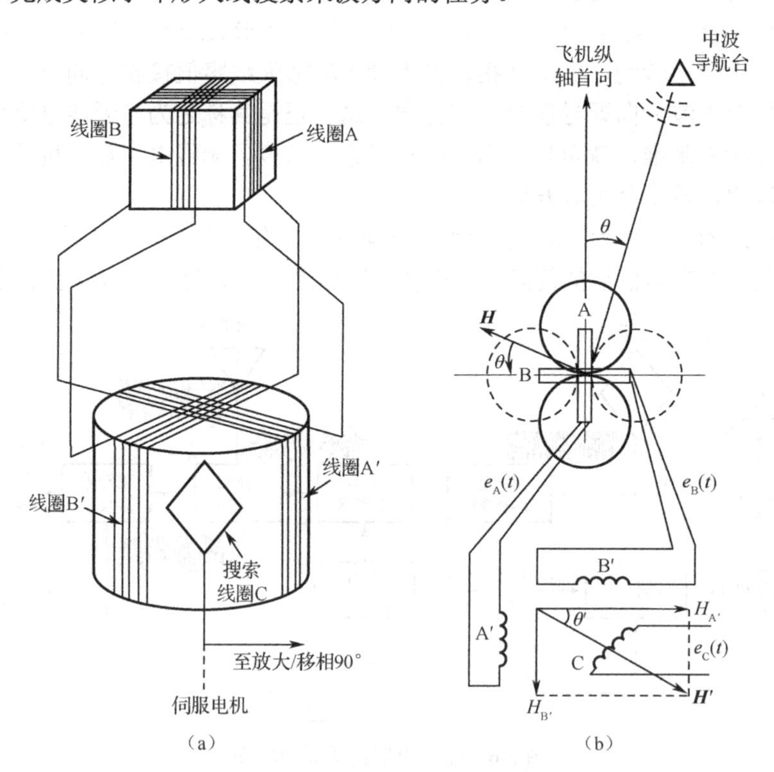

图 2-7 双环形天线工作原理图

在图 2-7（b）中，令 $e_A(t)$ 是 A 环形天线输出的感应电动势，$e_B(t)$ 是 B 环形天线输出的感应电动势，则：

$$e_A(t) = E_{Am}\cos\theta\cos\omega t \tag{2-4}$$

$$e_B(t) = E_{Bm}\sin\theta\cos\omega t \tag{2-5}$$

这两个信号分别在各自相接的线圈 A′、B′中产生磁场：

$$H_{A'}(t) = H_{A'm}\cos\theta\cos\omega t$$

$$H_{B'}(t) = H_{B'm} \sin\theta \cos\omega t$$

它们所形成的合成磁场为 $H'(t)$，其振幅表达式为：

$$H'_m = [(H_{A'm}\cos\theta)^2 + (H_{B'm}\sin\theta)^2]^{\frac{1}{2}}$$

H'与线圈 B′的交角 θ'表示为：

$$\theta' = \text{arctg}\frac{H_{B'm}\sin\theta}{H_{A'm}\cos\theta} \tag{2-6}$$

当两组环形天线和场线圈特性参数一致时，$E_{Am} = E_{Bm} = E_m$，$H_{A'm} = H_{B'm} = H'_m$，则：

$$\theta' = \text{arctg}\frac{H'_m\sin\theta}{H'_m\cos\theta} = \theta \tag{2-7}$$

式（2-7）说明，在 A′、B′线圈中产生的合成磁场 $\boldsymbol{H'}$，其方向保持了 $\boldsymbol{H}$ 与线圈 A、B 的关系。图 2-7（b）中的 $e_C(t)$ 就是这个合成磁场 $\boldsymbol{H'}$在搜索线圈 C 中产生的感应电动势。

综上所述，图 2-7 中的固定天线和自动搜索机构，其联合作用效果是搜索线圈自动搜索中波导航台发射的无线电来波方向，它起到了类似自动旋转“8”字形水平方向图实现 E 型最小值测角的作用。最终与搜索线圈同步的无线电罗盘指针，始终指向发射无线电波的导航台。

2. 数字化无线电罗盘测角原理

数字化无线电罗盘采用软件无线电技术实现导航台相对方位角测量。数字化无线电罗盘主要由组合天线、高频通道、数字信号处理器、指示控制器组成。其中，组合天线采用相互正交的环形天线和垂直天线组合而成，如图 2-8 所示。

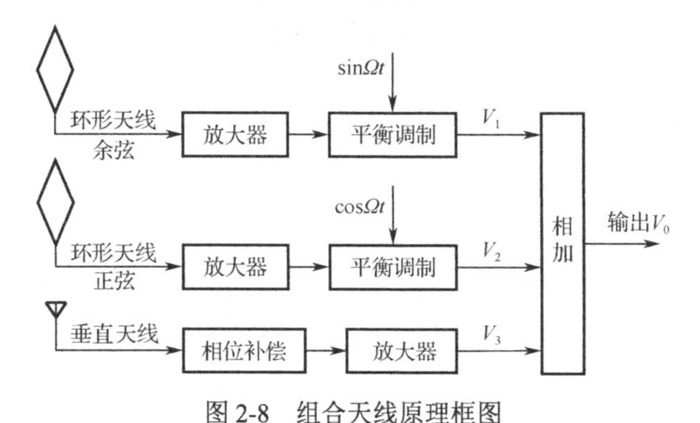

图 2-8　组合天线原理框图

组合天线中环形天线接收的信号为两路正交信号，与图 2-7 双环形天线接收信号相同，如式（2-4）、式（2-5）所示。

环形天线余弦信号和正弦信号经过放大后，分别用一个频率为 Ω 的低频正弦信号和余弦信号进行平衡调制，得到 V_1 和 V_2，则：

$$V_1 = E\cos\theta\sin\Omega t\cos\omega t \tag{2-8}$$

$$V_2 = E\sin\theta\cos\Omega t\cos\omega t \tag{2-9}$$

垂直天线接收信号经过 90° 相位补偿和放大后，得到 V_3，即：

$$V_3 = E'\cos\omega t$$

因此，组合天线输出信号为三个天线接收信号的叠加，有：

$$V_0 = V_1 + V_2 + V_3 = E\cos\theta\sin\Omega t\cos\omega t + E\sin\theta\cos\Omega t\cos\omega t + E'\cos\omega t$$
$$= [E\sin(\theta+\Omega t) + E']\cos\omega t = E'\left[1+\frac{E}{E'}\sin(\theta+\Omega t)\right]\cos\omega t \tag{2-10}$$

可以看出，式（2-10）为一调幅波信号，对该信号进行解算就能得出相对方位角 θ。

数字化无线电罗盘基本原理框图如图 2-9 所示。组合天线接收的信号经过高频通道进行混频、放大、滤波后输出中频信号，经 AD 采样将模拟信号转换为数字信号，在数字信号处理器中进行运算，得到相对方位角。

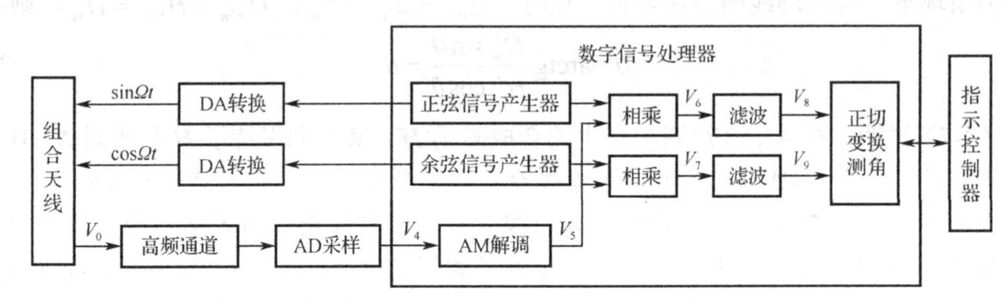

图 2-9　数字化无线电罗盘基本原理框图

相对方位角解算过程如下：

V_0经过高频通道和 AD 采样后，式（2-10）变为：

$$V_4 = A[1 + m\sin(\theta+\Omega t)]\cos\omega_1 t \tag{2-11}$$

式中，A 为采样后信号的幅度，$m=E/E'$为调幅波信号的调制度，Ω 为低频信号角频率，ω_1为经过高频通道后的中频信号频率（高频通道将接收信号载波频率 ω 变换为 ω_1）。

在数字信号处理器中，经过检波得到接收信号的包络为：

$$V_5 = A[1 + m\sin(\theta+\Omega t)]$$

正弦信号产生器和余弦信号产生器分别产生正弦波信号和余弦波信号，一方面经过 DA 转换后送到组合天线对环形天线接收信号进行平衡调制，另一方面送到相乘器与 V_5进行乘法运算，得到 V_6、V_7：

$$V_6 = A[1 + m\sin(\theta+\Omega t)]\sin\Omega t = A\left[\sin\Omega t + \frac{m}{2}\cos\theta - \frac{m}{2}\cos(\theta+2\Omega t)\right]$$

$$V_7 = A[1 + m\sin(\theta+\Omega t)]\cos\Omega t = A\left[\cos\Omega t + \frac{m}{2}\sin\theta + \frac{m}{2}\sin(\theta+2\Omega t)\right]$$

经过低通滤波，滤除 Ω 频率分量，得到：

$$V_8 = \frac{Am}{2}\cos\theta \tag{2-12}$$

$$V_9 = \frac{Am}{2}\sin\theta \tag{2-13}$$

根据式（2-12）、式（2-13）就可以得到相对方位角 θ：

$$\theta = \mathrm{arctg}\frac{V_9}{V_8}$$

数字化无线电罗盘采用的信号处理算法称之为双调制振幅式 M 型比值测角法，这种方法与前面介绍的振幅式 M 型最小值测角法相比，已经没有了搜索线圈和自动搜索机构，简化了设备，提高了可靠性。

2.2.2　信号格式

无线电导航系统是通过发射、接收和处理无线电信号来实现其导航功能的。其发射和接收的无线电信号样式定义为无线电导航系统信号格式，是无线电导航系统体制的重要表征。无线电导航系统信号格式一般指发射设备通过电磁辐射在接收端形成的合成信号形式，其内容包括波形、规范、规定等。

中波导航机发射信号的目的就是要为无线电罗盘提供测向信号，这个信号以其直线传播的特性标识了导航台所在的方向。中波导航机发射信号波形如图 2-10 所示，为一连续等幅正弦波信号，系统导航功能依据于电波传播的直线性，通过机载无线电罗盘测得来波方向而实现。实际上，导航台为了向飞机提供台站识别信号，还必须按照规定以键控莫尔斯码音频的形式，在发射的连续波信号上断续调制识别用音频信号。

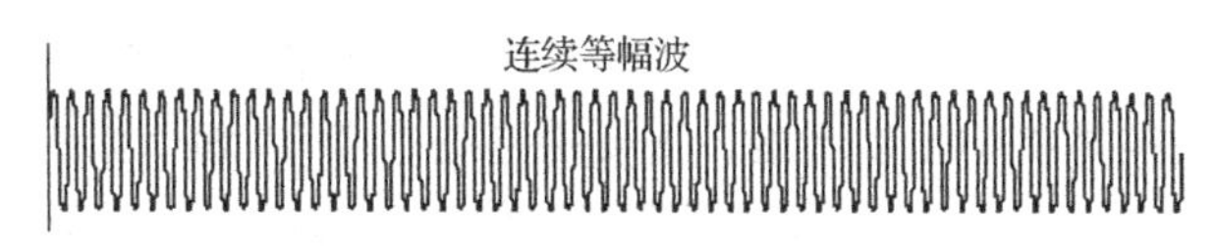

图 2-10　中波导航机发射信号波形

2.3　系统技术实现

2.3.1　地面设备

中波导航机是一种连续波发射机，通过直立天线全向发射中频信号，以地波形式传播，其天线水平面方向图为圆形，垂直面方向图为半“8”字形。中波导航机主要由无方向性天线、功率放大器、调幅器、激励器、音频振荡器等组成。某型中波导航机外形及组成框图如图 2-11 所示。其中激励器产生频率为 150～1700kHz 的信号，经调幅和功率放大器放大，通过无方向性天线辐射到空间去；音频振荡器产生频率一定且受识别电码键控制的音频信号，对高频信号的幅度进行调制，用于实现台识别；识别信号键产生的识别键控信号，还可直接控制激励器工作，产生等幅报信号。

中波导航机天线通常采用“T”形或“T”笼形天线，依靠垂直部分的辐射体，以垂直极化的方式辐射中频无线电信号。信号以地波形式传播，因而易受传播路径上的介电常数、地形起伏、山区绕射以及电离层折射等电波传播特性的影响，使系统测向精度不高。

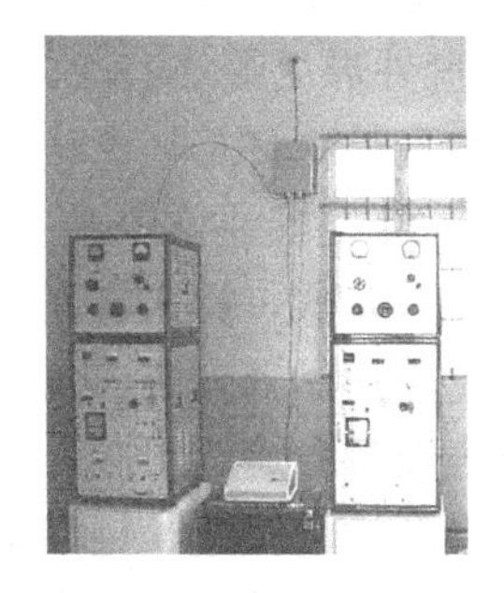

(a)

图 2-11　中波导航机外形及组成框图

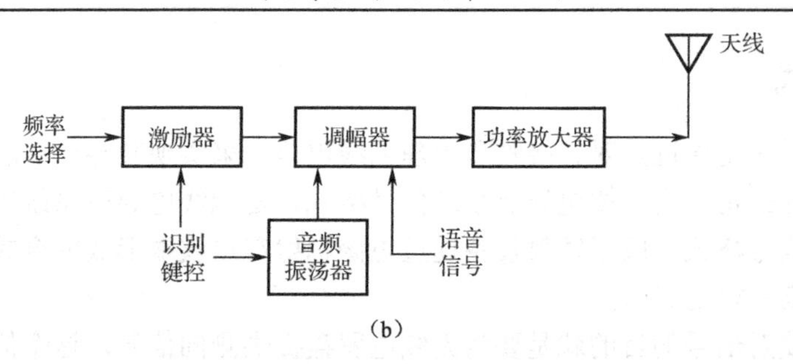

图 2-11 中波导航机外形及组成框图（续）

中波导航机为了给无线电罗盘提供测向信号，它只需全向发射连续等幅波中频信号即可。但为了能给飞行人员提供台识别信息（指示出是哪一个导航台），就需要在发射的连续等幅波信号中调制识别信号。这个识别信号是一组莫尔斯码，它由码元“点”“划”组成，“点”是宽约为 125ms 的脉冲，“划”脉冲的宽度是“点”脉冲的 3 倍。为了能在“点”“划”期间产生音频信号以便飞行员的耳机中出现音响，需要用这些“点”“划”脉冲控制一个音频振荡器工作，所产生的键控音频信号再去调制中频连续波信号，这样中波导航机发射的信号就成了键控调幅波，即在发“点”和“划”期间，导航台发射调幅信号；在“点”与“划”之间发射等幅信号，信号始终连续发出，测向不会中断。中波导航机发射的键控调幅波信号波形如图 2-12 所示。

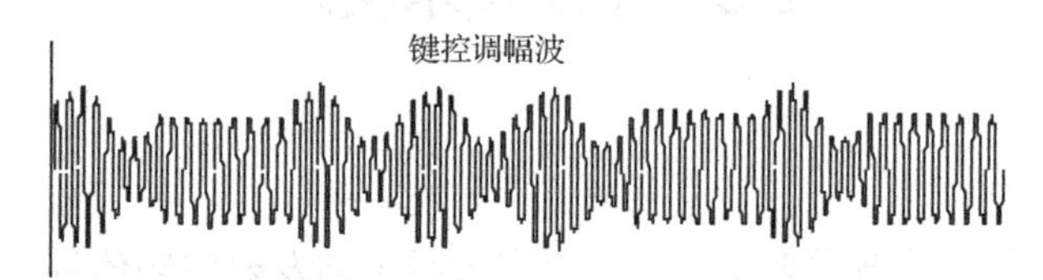

图 2-12 中波导航机发射的键控调幅波信号波形

中波导航机除主要为无线电罗盘提供测向信号外，还可作为应急通信电台使用，实施单向对空联络，这时它可发等幅电报（直接键控激励器）、调幅电报和进行地空通话。进行地空通话时，只需将话音信号对高频信号直接调幅，经天线辐射出去即可。

2.3.2 机载设备

中波导航系统的机载设备称之为无线电罗盘，其实质是一部工作于中频波段的超外差式接收设备，用来接收地面中波导航台或广播电台发射的无线电信号，通过测定地面导航台发射的无线电波来波方向获得导航台相对方位信息。无线电罗盘组成主要包括天线、接收机、控制盒及指示器，其原理框图见图 2-6（某型无线电罗盘外形见图 2-13）。天线包括全向（垂直）天线和方向性（环形）天线，用来接收导航台发射的信号；接收机通常安装在飞机电子设备舱内，一般为超外差式，用来将高频信号处理成低频信号；控制盒和指示器安装在飞机驾驶舱内，其中控制盒由电表及各种旋钮组成，用来控制各种工作状态的转换以及波道预选、频率预选、频率选择和远、近台的转换等，并可对接收机进行调谐；指示器则用指针的偏转来表示所测角度的数值。

图 2-13 无线电罗盘外形

如前所述，无线电罗盘实质是一部超外差式接收设备，配有可旋转的、在水平面具有“8”字形方向图的环形天线，它有一个稳定的最小信号点，天线自动转动找出接收信号最小值的方向，这个方向便是指向地面导航台的方向。无线电罗盘指示器的指针就是在伺服系统驱动下，能够始终与“8”字形方向图的稳定最小值方向保持一致，从而指示出导航台的方向。如果以飞机纵轴首向为基准方向，则可测得导航台相对方位角。无线电罗盘通常和磁罗盘复合在一起工作，由磁罗盘提供磁北向基准，由此就可得知导航台的方位角（见图 2-14）。

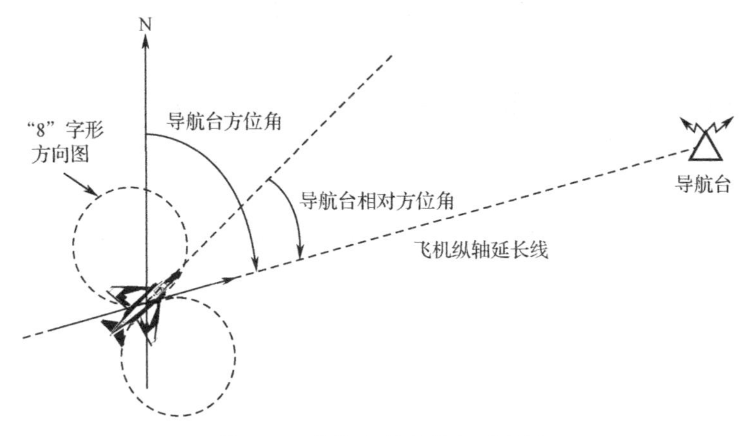

图 2-14　导航台的方位角示意图

作　业　题

1．中波导航系统由哪几部分组成？其用途和在机场的配置是怎样的？
2．配有无线电罗盘的飞机飞向和飞离导航台时，指示器指针将如何指示？为什么？
3．无线电罗盘的测角原理是什么？它是如何消除多值性的？
4．简述利用双信标着陆系统对飞机进行引导的工作过程。

第3章　超短波定向系统

3.1　概　　述

超短波定向系统是一种以机载超短波通信电台发射的通信信号作为信源，利用电磁波辐射的方向性，通过测量来波方向给出飞机所在方位的系统，所以这种定向系统又称为航空通信定向系统。由于该系统由地面设备导出导航参量，并通过该系统中的通信设备告知飞行员，因此它是一种地基被动式无线电导航系统。超短波定向系统主要应用在军事领域，在民用航空中不使用这种系统。

3.1.1　系统组成、功能与配置

超短波定向系统由机载设备与地面设备两部分组成。机载设备为超短波通信电台，它既是与机场塔台或对空台进行通信联络的通信设备，也是定向系统用于定向的信源设备，并与定向台配备的通信电台构成定向信息的传送通道。机载电台不需要专门发射用于定向的信号，而是每当与地面的任何电台进行通信联络时，只要工作波道与调制方式设置相同，定向台均能实现对机载电台的定向测量，也就是说，地面定向台利用机载电台发射的语音通信信号即可完成定向。

地面设备主要由超短波定向机和超短波电台组成，地面设备与附属设施共同构成定向台。定向台配备的超短波电台收发天线是分开的，接收信号采用方向性天线（如圆阵天线），发射信号采用无方向性天线。定向台超短波电台的作用为：完成与通信电台相同的通信功能；将输入到电台中的包含有角度信息的射频信号进行处理，变换成包含有角度信息的中频信号，送超短波定向机进行处理；为定向机提供射频载波，以便定向机产生校准信号。超短波定向机的作用包括：对来自电台的包含有角度信息的中频信号进行处理，得到角度信息，并予以显示；产生校准信号，并由校准天线向空中辐射，对定向系统进行校准。超短波定向系统组成如图3-1所示。

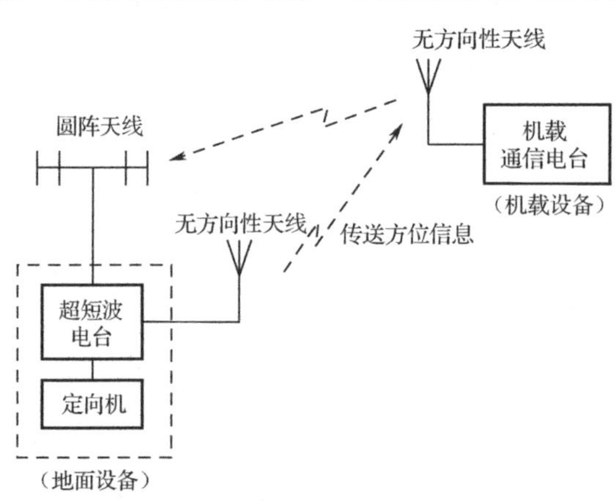

图3-1　超短波定向系统组成

系统工作时，地面设备和机载电台工作在同一频率上，并采用相同的调制方式。当机载电台发出无线电语音调制信号时（如飞行员要方位或要航向时），地面设备通过方向性天线接收，送入到超短波电台中的信号为一个包含有语音信息和方位信息的信号。语音信息被电台解调，直接从电台的喇叭输出；包含方位信息的射频信号经电台的放大、混频、滤波等处理，变换成中频信号，送往定向机处理。定向机对包含方位信息的中频信号进行限幅放大、混频、自动频率控制、解调以及滤波处理，得到定向信号，并将方位信息变换成数据在显示器上显示。地面定向话务员将显示器显示的方位（或航向）数据通过电台告知飞行员，飞行员便知道了自己相对于地面台的飞机方位（或电台方位）。

在实际应用中，由于对一个给定的机场来说，归航与出航的航线是确定的，飞行员只需要按照某个固定的航向角飞行就可以了，因此，飞行员往往关心的是飞机航向角而不是飞机方位角。关于飞机航向角与飞机方位角的关系，这里说明两点：第一，只有当飞机背台飞行或向台飞行时，飞机方位角与飞机航向角才具有确定的关系。具体为：当飞机背台飞行时，飞机方位角与飞机航向角相等；当飞机向台飞行时，飞机方位角与飞机航向角相差 180°；第二，不管飞机沿哪个方向飞行，飞机方位角始终都能正确反映飞机所在的方位信息，而飞机航向角则不具备这样的特性。飞机方位角与飞机航向角的关系示意图如图 3-2 所示，其中 θ 即为飞机方位角。

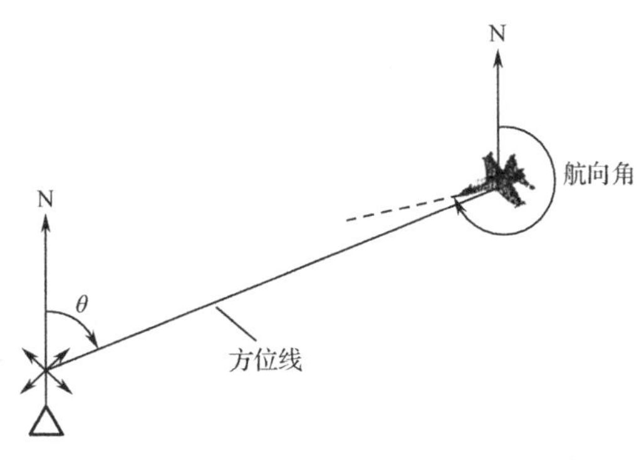

图 3-2　飞机方位角与飞机航向角的关系示意图

地面超短波定向机通常与精密进场雷达配置在一起，架设在跑道中段一侧；也可配置在跑道中线延长线上，距远距导航台前后 300～500m 的地方。其典型配置图如图 3-3 所示。

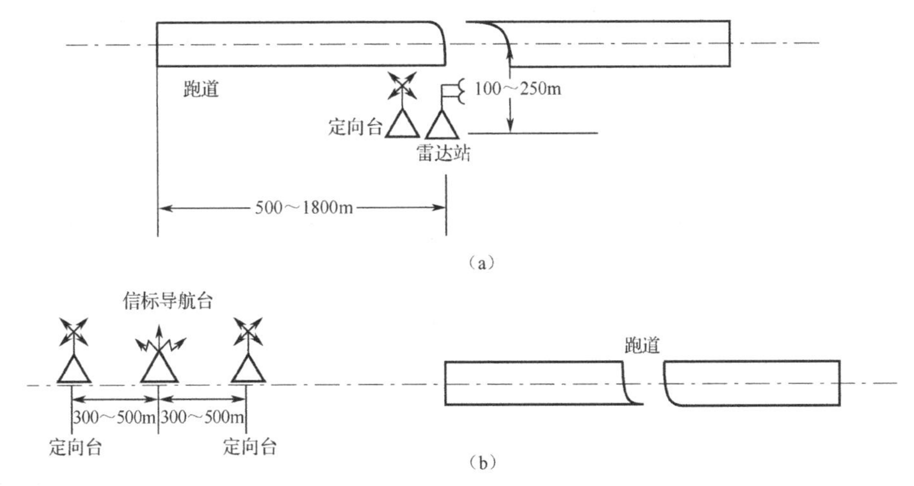

图 3-3　超短波定向机典型配置图

3.1.2　系统应用与发展

1. 系统应用

超短波定向系统主要应用于：一是测定飞机方位角，并能够和一次雷达配合识别飞机，或利用两部已知位置的定向机确定飞机位置；二是利用测定的飞机方位角与向台飞行时的飞机航向角特定关系，向飞机通报返航航向。具体用途可归纳为：

（1）测定沿航线飞行的飞机方位，检查飞机航迹，辅助保障飞机沿预定航线飞行。

（2）在夜间、复杂气象条件下或者当飞机迷航及机上无线电罗盘失效时，担负起引导飞机穿云下降和非精密着陆的导航任务。

（3）当定向机与监视雷达配置在一起时，可以从雷达发现的机群中识别某一架正在被引导返航的飞机。

（4）当由几部架在不同地点的定向机组成定向网时，利用定向机测得的角度信息，可以粗略标定出飞机的位置。

2. 系统发展

由于超短波定向系统不需要专门的机载设备，其换代更新不受机载设备的限制，因此，超短波定向系统更适合于军事用途，在应用过程中其系统体制及实现技术都有所发展，具体可分为两个阶段：第一阶段延续到20世纪90年代初期，以采用调幅体制的定向系统为代表。该定向系统采用的是振幅式M型比值法测角原理，方向性天线为东西放置与南北放置的双H型天线，利用电子管电路对模拟信号进行处理，得到飞机方位信息，显示终端为阴极射线管，并以扫描线的方式显示飞机电台的来波方向。该定向系统体积和重量重、可靠性差、定向精度低、调整操作复杂；第二阶段从20世纪90年代初期一直到现在，采用的多为准多普勒定向体制，接收天线为圆阵天线（8元阵或16元阵），运用了大规模集成电路技术、单片机技术、数字信号处理技术以及嵌入式控制技术等，显示终端为数码管，或者是液晶显示器，二者均以数据的形式直接显示飞机方位或飞机航向，并对显示的数据具备记忆功能，便于定向员播报。第二阶段的超短波定向机具有体积小、重量轻、可靠性好、定向精度高、调整操作简单的特点。新近发展的用于对扩/跳频电台进行定向的保密定向机，采用的是干涉式测角原理，接收天线为5元阵构成的圆阵天线，并且采用空间谱技术估计信号的来波方向，具有精度高、抗干扰能力强的优点，因而成为未来超短波定向系统体制的发展方向。表3-1对几种体制的超短波定向系统性能进行了比较。

表3-1 几种超短波定向系统性能比较

测角体制	振幅M型	准多普勒相位式	准多普勒相位式	干涉式
配套电台	单频段电台	单频段电台	双频段电台	扩/跳频电台
接收天线	双H型天线	8元阵圆阵天线	16元阵圆阵天线	5元阵圆阵天线
显示终端	阴极射像管	数码管	液晶显示器	液晶显示器
测角精度	低	较高	较高	较高
实现技术	电子管电路	集成电路	集成电路	集成电路
信号处理技术	模拟处理技术	单片机处理	PC104处理	PC104处理
操作与调整	复杂	简单	简单	简单
体积与重量	体积大、重量重	体积小、重量轻	体积小、重量轻	体积小、重量轻

3.1.3 系统性能和特点

超短波定向系统具有如下性能：

（1）工作频率：使用单频段电台时工作在 118～150MHz；使用双频段电台时低端工作频率在 108～174.975MHz，高端在 225～399.975MHz。

（2）定向精确度：误差≤1.5°。

（3）作用距离：当机载电台发射功率为 10W、飞行高度为 1000m 时，不小于 100km；高度为 3000m 时，不小于 180km。

（4）定向范围：0°～360°。

（5）定向灵敏度：≤2μV。

（6）定向台工具误差：最大误差≤3°，均方根误差≤1.5°。

超短波通信定向系统有以下特点：

（1）定向直观、迅速和使用方便。

（2）不需要专门配套的机载设备。

（3）工作频率在超短波范围内，定向距离受到视距传播的限制。

（4）定向精度受阵地条件、电磁环境影响较大。

（5）定向时地面导出导航参数，以通信方式告知飞行员，属于被动式导航，且隐蔽性差。

3.2　系统工作原理

3.2.1　测角原理

从体制上看，早期的超短波定向系统采用的是振幅式 M 型测角原理，而新型超短波定向系统采用了准多普勒相位式测角原理，保密定向机则采用干涉法进行测角。这里以准多普勒相位式超短波定向体制为例，介绍超短波定向系统的测角原理。

天文学家多普勒（Doppler）在观察天体时发现，当所观测的星体朝向地球运动时其发光的颜色呈蓝色，而当星体背向地球运动时呈红色，这一现象后来被归结为光波长的变化，并通过相对运动的无线电收发双方接收频率的变化得以证实，即当电台的发射天线与接收机的接收天线存在相对运动时，接收机接收信号频率将不再与发射信号频率相等，而是存在一个偏差，偏差大小由径向（收发双方连线方向）运动速度以及发射信号频率决定，偏差相对于发射信号频率的正负号由径向运动方向确定。二者进行相向运动时，偏差为正，进行背向运动时，偏差为负，这一物理现象就被称之为多普勒效应。

多普勒相位式测角就是利用收发天线相对运动产生的多普勒效应进行角度测量的，超短波定向系统的多普勒相位式测角原理示意图如图 3-4 所示。一无方向性接收天线以 O 点为圆心、沿半径为 R 的圆周按角速度 Ω 进行旋转，如果飞机位于磁方位角 θ 方向上，并假设信标（飞机电台）静止不动，发射的信号为等幅载波信号，其表达式为：

$$e_T(t) = E_T \sin \omega t \tag{3-1}$$

由于信标离接收设备相距很远，电磁波到达接收天线的波前面可看作一平行面，即在圆周上旋转的接收天线与飞机的径向均视为圆心 O 与飞机的连线方向。这样，当接收天线以磁北为起点运动到如图 3-4 所示的 A 位置时，此刻接收天线相对飞机的径向运动速度为其在圆周上切向速度 v 的一个分量 v_R，因 $v=R\Omega$，则：

$$v_R(t) = R\Omega \sin(\theta - \Omega t) \tag{3-2}$$

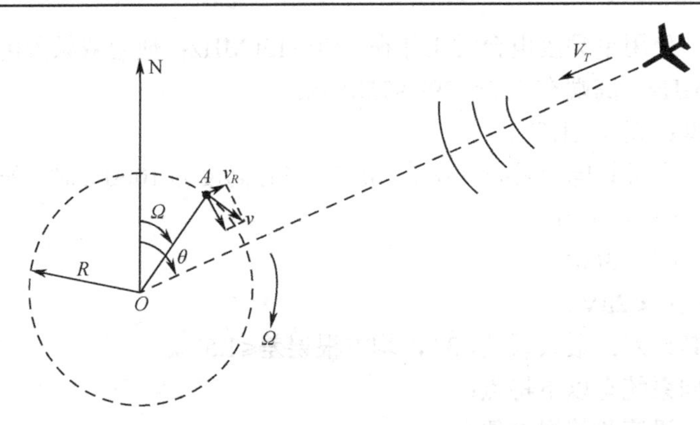

图 3-4　多普勒相位式测角原理示意图

接收天线运动引起的多普勒频移为：

$$f_d(t)=\frac{v_R(t)}{c}f_0=\frac{R\Omega}{\lambda}\sin(\theta-\Omega t) \tag{3-3}$$

式中：f_0 为发射信号频率。从式（3-3）可知，接收天线相对飞机的径向速度随时间的变化，导致多普勒频移也随时间发生变化，也就是说接收信号是一个调频（或调相）信号，如果对该信号进行鉴相，即可得到调制信号。这里给出由多普勒频移引起的时变相位的表达式，在$(t, t+\mathrm{d}t)$很短时间内多普勒频移可看成一个不变的量，则在该时间内由多普勒频移引起的相位变化可表示为：

$$\mathrm{d}\varphi=2\pi f_d(t)\mathrm{d}t=\frac{2\pi}{\lambda}R\Omega\sin(\theta-\Omega t)\mathrm{d}t \tag{3-4}$$

在任意 t 时刻多普勒频移引起的接收信号相位变化为：

$$\begin{aligned}\Delta\varphi=\varphi(t)-\varphi(0)&=\int_0^t\mathrm{d}\varphi=\int_0^t\frac{2\pi}{\lambda}R\Omega\sin(\theta-\Omega t)\mathrm{d}t=\frac{2\pi}{\lambda}R(\cos(\Omega t-\theta)-\cos\theta)\\&=\frac{2\pi}{\lambda}R\cos(\Omega t-\theta)-\varphi(0)\end{aligned} \tag{3-5}$$

则任意 t 时刻对应的 A 点处接收信号可表示为：

$$\begin{aligned}e_A(t)&=E_0\sin(\omega t+\varphi(t))=E_0\sin(\omega t+\Delta\varphi+\varphi(0))\\&=E_0\sin\left(\omega t+\frac{2\pi}{\lambda}R\cos(\Omega t-\theta)\right)\end{aligned} \tag{3-6}$$

可见，通过鉴相可以得到一个角频率为 Ω 的余弦波信号，把这个信号称之为方位信号，该信号的初始相位与飞机所在方位角 θ 有关，换句话说，无论飞机位于什么方位上，虽然所接收的方位信号形式相同，但其信号的初始相位却各不相同，从而建立了方位信号与飞机所在方位的一一对应关系。

概括起来说，超短波定向机的多普勒相位式测角原理是采用无方向性天线在水平面内以 Ω 的角速度沿半径为 R 的圆做圆周运动，它接收距离较远的、静止不动的信标发射的等幅波信号，其上感应的电动势将是受天线旋转调制的已调相信号，并且调相信号的初始相位与信标的方位具有一一对应的关系。

式（3-6）是在信标静止不动、发射信号为等幅波条件下得到的结果。在实际运用中，机载电台发射的信号不是等幅波信号，而是一个受语音调制的调幅波信号，并且飞机并非静止不动。考虑到每测量一次角度需要的时间在秒级范围，在这段时间内飞机运动可看成匀速直线运动，飞机相对于定向机的径向运动速度为$\pm V_T$（相向运动时取“+”号，背向运动时取“-”号）。综合考虑上述因素，接收天线接收的实际信号可表示为：

$$e'_A(t)=E(t)\sin\left(\omega t+\frac{2\pi}{\lambda}R\cos(\Omega t-\theta)\pm\frac{V_T}{c}\omega t\right) \tag{3-7}$$

其中 $E(t)$是语音调幅信号的幅值表达式。从上面的表达式可以得到以下结论：第一，当飞机电台发射语音调幅信号时，由于接收天线的圆周运动，接收天线输出的信号变成了调幅调相波信号，语音信号包含在幅度调制之中，方位信息 θ 包含在调相信号的初始相位之中，且调相信号由接收天线的旋转确定；第二，通过对接收信号进行包络检波可得到语音信息，进行鉴相可得到方位信息；第三，飞机径向运动导致接收信号的载频发生漂移，漂移量与飞机的径向运动速度、载波频率有关，一般在 1kHz 以内，在系统实现中必须采取措施消除载频漂移的影响。

上面讨论的是多普勒相位式测角原理，天线的旋转是匀速旋转。在工程实现中，如果采用机械方式通过电机带动天线连续旋转，势必会带来稳速控制、机械磨损等一系列实际问题。为此，通常是采用“在圆周上均匀分布多个接收无线阵元，这些阵元在打通脉冲的控制下依次选通接收信号”的方式（即步进式电旋转）代替一根天线的匀速旋转接收信号，由此所带来的结果是，获得的方位信号不是一个连续的正弦波，而是一个阶梯状的正弦波形式，天线阵元数目越多，正弦波越平滑，测角精度也就越高。为了区别，将天线做步进式旋转实现测角称之为准多普勒相位式测角。

3.2.2　信号格式

超短波定向系统使用的无线电信号是机载通信电台的语音信号，因此其系统的信号格式比较简单，就是一个语音调幅信号。与中波导航系统的无线电罗盘类似，超短波定向系统的角度测量主要是在定向机内通过一定形式的信号处理实现的。

超短波定向机的信号处理模型如图 3-5 所示，该模型包括圆阵接收天线、天线选择开关、天线选通信号产生器、接收解调器、信号处理器以及显示器等几部分。

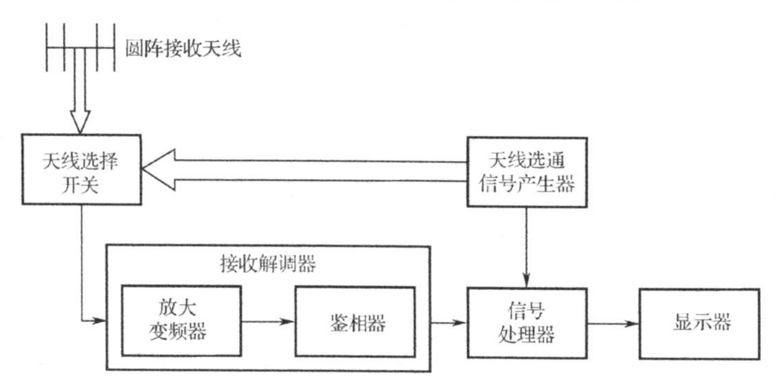

图 3-5　超短波定向机的信号处理模型

天线选通信号产生器依次产生选通圆阵天线接收阵元的打通信号，以实现天线在圆周上做步进式旋转。天线选择开关保证同一时刻只有一个阵元接收信号，并将不同时刻、不同阵元接收的信号合并成一路信号输出到接收解调器。接收解调器对信号进行放大、混频、滤波、自动频率控制（AFC）以及鉴相，输出定向信号。信号处理器对鉴相器输出的定向信号与天线选通信号产生器输出的基准信号进行相位比较，得到测量的角度信息，并将角度信息转换成用于显示的显示码，在显示终端显示。

3.3 系统技术实现

由前面的讨论可知，超短波定向系统与大多数无线电导航系统一样，由机载设备与地面设备两大部分组成。其不同之处是，它没有专门的机载设备，而是由机载通信电台发射的语音调制信号兼作地面定向设备的信号源。地面设备不仅需要具备测向功能，而且还需具备将测量的角度信息告知给飞行员的功能。考虑到该系统没有专门的机载设备，在系统技术实现中，只讨论地面设备的技术实现。并且在实际工程实现中，地面设备无一例外地采用通信电台以通信方式告知飞行员测量的角度信息。因此，下面以采用准多普勒相位式测角体制的超短波定向系统为例，介绍系统的技术实现。

这种采用准多普勒相位式测角的超短波定向系统，其地面设备（定向机）组成框图如图 3-6 所示。圆阵天线在定向机输出的天线选通脉冲控制下，由依次选通的天线阵元接收机载电台发射的语音调制信号，并使接收信号变成受天线旋转和语音调制的双调制信号，飞机方位信息包含在受天线旋转调相的初始相位之中；发信天线用于发射通信信号；校准天线与定向机采用 65m 长的射频电缆连接，发射用于对地面设备进行校准的等幅波信号；通信电台完成语音通信和包含定向信息信号的频率变换，电台输入到定向机的包含方位信息的中频信号频率为 455kHz；定向机实现方位信息的提取与显示，并产生校准信号。

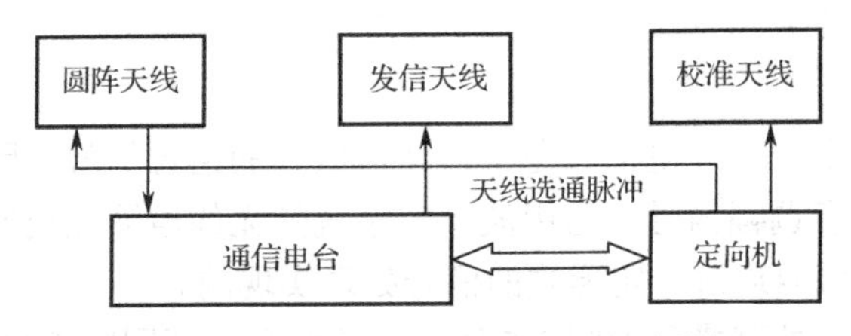

图 3-6 地面设备（定向机）组成框图

地面设备（某型超短波定向机）的具体技术实现框图如图 3-7 所示。圆阵天线在定向机产生的天线选通信号的作用下，接收飞机电台发射的信号，该信号在通信电台中经前置放大、混频（输出中频为 10.7MHz）、放大滤波以及二次混频处理，输出频率为 455kHz 的中频信号，信号被分成两路：一路在电台内部经中放与包络检波，解调出语音信号，该信号经低通滤波、低频放大以及功率放大，从扬声器输出语音；另一路送入到定向机的解调器单元。在该单元中对信号进行放大、混频（输出频率为 310kHz）、滤波、AFC（自动频率控制）电路、限幅倒相后，由 PLL（锁相环）电路对信号进行鉴相，得到定向信号，该信号经消噪、滤波以及判决等处理，输出 135Hz 的方波定向信号（占空比 50%），该信号送到定向机的控制器单元。在解调器单元中，AFC 电路用于克服飞机运动以及发射机的热噪声引起的载频漂移。由于飞机方位信息包含在调相信号的初始相位中，限幅倒相器用于将受语音调制的调幅波变成等幅波，以减小调幅对鉴相的影响。由于天线旋转采用的是步进旋转的方式，为了克服步进对定向信号的影响，使用了消噪器电路。送到控制器单元的 135Hz 方波定向信号，经处理变换成 135Hz 脉冲信号，该信号与来自天线选通电路的基准信号共同作用于脉冲计数电路，将定向信号的正斜率过零点滞后基准信号的时间转换成计数值，输出到定向机的工控机中。工控机对计数值进行数据处理后，送液晶显示器显示飞机的方位或航向。

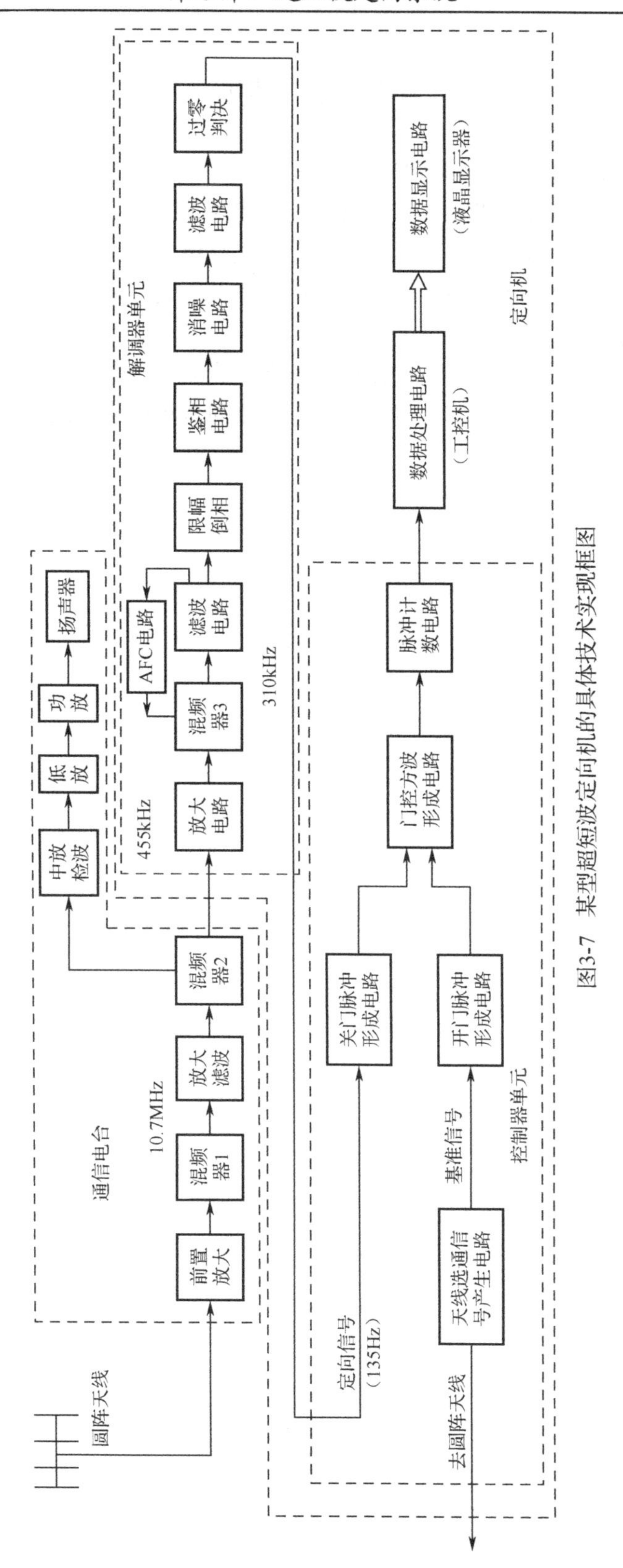

图3-7　某型超短波定向机的具体技术实现框图

作 业 题

1. 什么是航空通信定向？其特点是什么？

2. 超短波定向系统用途有哪些？概括其使用的优缺点。

3. 简述多普勒定向体制的超短波定向机是如何建立电参量和角度之间关系的。

4. 给出旋转无方向性天线实现相位式测角的数理表达式，并说明消除飞机运动所带来的多普勒效应影响的方法。

5. 有哪几种测角体制的超短波定向系统？各自的测角精度怎样？

6. 当机载电台发射功率一定时，为什么超短波定向系统的作用距离与飞行高度有关？

第4章　伏尔系统

4.1　概　　述

伏尔是甚高频全方位测向（Very High Frequency Omnidirectional Range）英文缩写 VOR 的汉语音译名称。伏尔系统是一种由机载设备直接导出导航参量的近程无线电导航测角系统，属于他备式主动导航系统，导出的导航参量是飞机相对于伏尔信标台的磁方位角（即飞机磁方位角）。该系统是第二次世界大战后期由美国首先发展起来的，1949 年正式作为国际标准的航路无线电导航系统使用。目前已是空中交通管制不可分割的一部分，是陆地上无线电近程导航和非精密进近的国际标准系统。

4.1.1　系统组成、功能与配置

伏尔系统由地面设备和机载设备两大部分组成。地面设备是伏尔信标，工作在 108～118MHz 甚高频频段，在 360° 范围内发射方位信号，故又称为全向信标；与之配套的机载设备称为伏尔接收机，采用无方向性接收天线，测量的角度信息用表头予以指示或输送给机上计算机。图 4-1 是伏尔系统组成示意图。

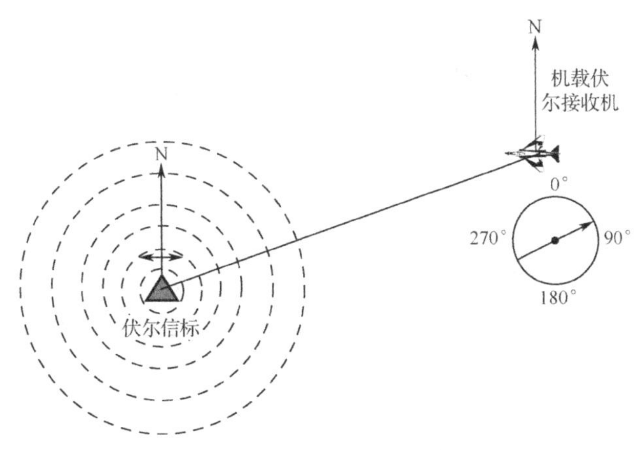

图 4-1　伏尔系统组成示意图

伏尔系统的功能是通过机载伏尔接收机接收地面伏尔信标发射的信号，经处理获得飞机相对于伏尔信标台的磁方位角，在空中给飞机提示飞行方向，以引导飞机沿着预定的航线飞行。在现代飞机上，可以预先把沿航线的各个 VOR 地面台的位置、发射频率、应飞的航线等逐项输入飞行管理系统或自动飞行系统，在计算机的控制下，飞机就按输入的数据自动飞行，并最后到达目的地。该系统通常用于航路导航，也可在机场用于引导飞机归航和非精密进近。

伏尔信标通常架设在某航路点或机场终端区域。伏尔信标从用途上可分为航路伏尔和终端伏尔。航路伏尔（VOR-C）台址通常选在附近区域无障碍物的航路点上，如山的顶部，以尽量减小因地形效应引起的测角误差。在一条“空中航路”上，根据航路的长短、规定的航

路宽度和伏尔系统的精度，可以设置多个 VOR-C 台，每个 VOR-C 台可辐射无限多的方位线或径向线作为预选航道，飞机沿着预选航道可以飞向或飞离 VOR-C 台，并指出飞机偏离航道的方向（左或右）和角度，实现飞机的安全巡航。VOR-C 台还可作为航路检查点，为实行交通管制服务。终端伏尔（VOR-T）安装在机场跑道附近或跑道次着陆端中线延长线上，引导飞机归航和进场着陆。

4.1.2 系统应用与发展

伏尔系统是国际民航组织确定的国际民用航空近程导航的标准测角系统，它可以直接测得飞机相对伏尔信标台的磁方位角，获得一条直线位置线，因而在导航中得到广泛应用。

（1）机载伏尔接收机指示器和磁罗盘复合，利用测得飞机相对于已知伏尔信标（已知工作频率、台位置、台识别信号）台的磁方位角，可方便地引导飞机出航、归航、沿航线飞行。其中，航路上的伏尔台可以作为航路检查点，实行交通管制；终端伏尔台可引导飞机进近和着陆。

（2）利用 VOR 系统可引导飞机沿着相对 VOR 信标台的任意方向飞行，要求驾驶员相对某一 VOR 台选择一条要飞的预选航道，飞机飞行的方向和预选航道相比较，由水平位置指示器或航道偏离指示器给驾驶员提供右飞或左飞指示。

（3）终端区域的伏尔信标和仪表着陆系统（ILS）的航向信标（LOC）安装在一起，利用和跑道中线一致的 VOR-T 台代替 LOC，用跑道中线作为方位基准来指示飞机相对跑道的方位，对飞机进行着陆前的引导。为此，伏尔信标和 ILS 航向信标工作在了同一甚高频频段的不同频率上，这样，机上伏尔接收设备与 LOC 可以共用同一套天线、控制盒、指示器和高中频等部分，在航路上可用于伏尔系统的导航，在进近着陆时可用于仪表着陆系统的航向指示。

（4）伏尔系统和测距器系统相结合，能够实现极坐标定位。实际上这是两个不同频段且完全独立的两个无线电导航系统的组合使用，一个系统只具有测角功能，另一个只具有测距功能，但当它们的地面设备（伏尔信标，测距器系统地面应答器）安装在同一机场（或航路点）相距很近的已知点，并且机载设备装在同一架飞机上时，就能同时在一架飞机上收到来自同一个地点的测距、测位信号，获得一条直线位置线和一条圆位置线，实现极坐标定位。伏尔系统和测距器系统的组合体制是国际民航组织规定的标准极坐标定位系统。

（5）机载伏尔接收机在短时间内分别接收来自两个已知伏尔信标台的信号，分别测出飞机相对于两个伏尔信标台的磁方位角，便可得到两条直线位置线，其交点便是飞机位置，即实现双台定位。

伏尔系统是第二次世界大战后期在美国发展起来的近程无线电导航系统。该系统于 1946 年成为美国标准的航空导航系统，1949 年被国际民航组织采纳为国际标准导航系统。自 1949 年以来，伏尔系统体制和技术经不断完善和改进，有了很大的发展。在系统体制方面，为了克服场地内地形地物带来的影响，在普通伏尔（CVOR）系统的基础上发展了多普勒伏尔（DVOR）系统，提高了系统的精度；在设备的技术实现方面，由最初的电子管设备发展为全固态设备，天线波束由机械转动发展为电子扫描，而且设备中引入了微处理器等技术，数字化程度显著提高，使地面设备能做到远距离监视和控制，实现台站无人值守，机载设备与计算机交联，实现自动控制。美国大约有 950 个伏尔/测距器系统地面台，日本大约有 60 个，我国也有上百个伏尔/测距器系统地面台。但随着全球卫星定位系统的发展，由于卫星导航系统具有的高可靠性、高精度、全球覆盖以及廉价性，使得伏尔/测距器系统地面台今后不会显著增加，并有逐渐走向辅助卫星导航的趋势。

4.1.3 系统性能及特点

伏尔信标工作在 108～118MHz 频段，这个频段是与 ILS 航向信标共同占有的，共计 200 个频道，频道间隔 50kHz。在 200 个频道中，伏尔信标占 160 个，ILS 航向信标占 40 个。伏尔信标的 160 个频道中，有 120 个频道分配给航路伏尔信标，其余 40 个分配给终端伏尔信标。航路伏尔信标辐射功率 100～200W，作用距离可达 400km，工作频率范围为 112～118MHz；而终端伏尔信标辐射功率一般为 50W，作用距离为 40～50km，工作频率范围为 108～112MHz（ILS 航向信标也工作在该频率范围）。伏尔系统的测角精确度一般为±1.4°，其工作容量不受限制。

伏尔系统与中波导航系统从用途上讲有相似之处，既可用于航路导航，也可用于非精密的进近着陆引导。但由于工作频段、测角原理不同，伏尔系统有其独到的特点：

（1）伏尔信标辐射包含方位信息的信号，机上伏尔接收机采用无方向性天线接收信号测量方位；中波导航机采用无方向性天线发射不包含方位信息的信号，而机上无线电罗盘采用方向性天线接收中波导航机信号，通过测量电波的来波方向实现角度的测量。

（2）伏尔系统可直接提供飞机相对于伏尔信标台的方位角，采用磁北向为方位基准，无须航向基准的辅助；而中波导航系统测量的是导航台的相对方位角，采用飞机纵轴首向为基准，须航向基准的辅助。

（3）由于伏尔系统工作于超短波的甚高频频段，其辐射的无线电信号按视线传播，受电波传播条件的影响相对较小，指示较稳定，所以伏尔系统可利用所选航道的偏离信号直接控制飞机的自动驾驶仪。而用中波导航系统因其测角误差变化较大很难做到这一点，这也是伏尔系统的优点之一。

（4）伏尔信标正常工作时对场地的要求较高，如果地形起伏较大或有大型建筑物位于天线附近，则由于反射波的干扰，会引起较大的方位测量误差；同时，因其工作在甚高频频段，无线电信号按视距传播，作用距离受到地球曲率的限制。

4.2 系统工作原理

伏尔系统实质是一种近程无线电导航测角系统，采用了相位式测角原理。其中，普通伏尔系统采用的是相位式旋转天线方向性图法测角原理，而多普勒伏尔系统采用了相位式旋转无方向性天线法测角原理。

4.2.1 测角原理

1. 普通伏尔系统测角原理

普通伏尔（CVOR）系统测角原理为旋转天线方向图的相位式测角，即通过旋转伏尔信标发射天线的方向图，在空中形成包含方位信息的调幅波信号，该调幅信号的包络信号电相位与飞机所在的方位角度具有一一对应的关系，在空中 360°范围内的任一一架飞机上的机载伏尔接收机，通过对包络信号电相位的测量得到所在方位经线的角度值。下面对旋转天线方向图的相位式测角原理进行讨论回顾。

普通伏尔信标天线的水平方向图为心脏形，其形状如图4-2所示。

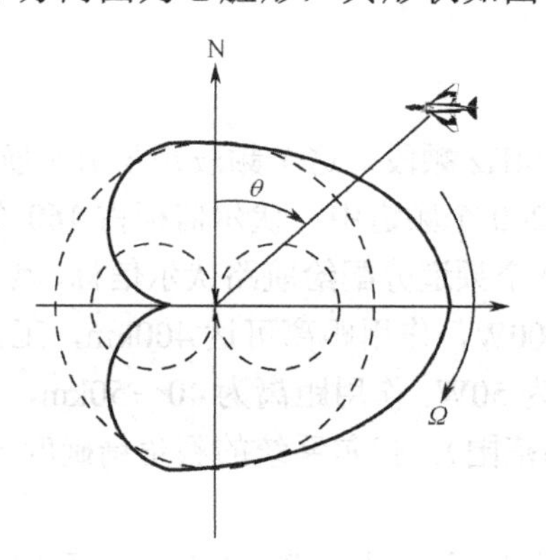

图4-2 普通伏尔信标天线的水平方向图

由图4-2可见，心脏形方向图可由一个全向天线（方向图为圆）和一个“8”字形方向性天线组合形成。因此，具有水平心脏形方向图天线的方向函数表达式为：

$$F(\theta)=1+m\sin\theta \qquad (0<m\leqslant 1) \tag{4-1}$$

若给该天线馈送一等幅波信号，表达式为：

$$e_T(t)=E_T\sin\omega t \tag{4-2}$$

当该天线方向图静止不动时，它向空中辐射的信号为等幅波信号，不同方向辐射信号的差别主要表现在辐射增益不同，辐射增益由天线的方向函数决定，在θ方向辐射信号随时间变化的表达式为：

$$e(t,\theta)=E_T(1+m\sin\theta)\sin\omega t \tag{4-3}$$

从理论上讲，采用全向天线发射一基准信号，接收设备通过比较接收的方向性天线辐射信号与全向天线辐射信号的相对大小也可实现角度θ的测量。但考虑到电波在空间传播时，信号衰减与很多因素有关，这样测量的角度θ误差较大，因此实际中并不采用这种方法测角，而是采用旋转天线方向图的方法实现角度的测量。

当给具有水平心脏形方向图的天线馈送一等幅波信号，且使得该心脏形方向图以$\varOmega$角速度顺时针旋转时，相当于图4-2所示的北向轴线顺时针转过$\varOmega t$角度，则该天线在θ方向上辐射信号随时间变化的表达式转变为：

$$\begin{aligned}e(t,\theta)&=E_T(1+m\sin(\theta-\varOmega t))\sin\omega t\\&=E_T(1-m\sin(\varOmega t-\theta))\sin\omega t\end{aligned} \tag{4-4}$$

从式（4-4）可以看出，天线向空中辐射的信号转变为调幅波信号，包络形状由方向图形状与天线的旋转速度共同决定，不同方向辐射信号的差别主要表现在包络信号的初始相位不同，且初始相位与角度θ具有一一对应的关系。通过对包络信号（又称可变相位信号）初始相位的测量即可实现角度θ的测量。

在工程实现中，为了实现可变相位信号初始相位的测量，信标除了发射含有角度信息的上述信号外，还需要发射一个与方位无关（即在所有方位该信号的相位均相同）的基准相位信号。伏尔系统为了由机载设备通过比较基准相位信号与可变相位信号的相位，而直接实现飞机相对于地面伏尔信标台磁方位的测量，伏尔信标发射的基准相位信号的相位与正北方向的可变相位信号的相位同相。飞机在伏尔信标台的东、西、南、北四个典型方位时，机载接收机得到的可变相位信号与基准相位信号的相位关系如图4-3所示。这里，以可变相位信号的正斜率过零点滞后基准相位信号正斜率过零点的相位值$\Delta\varphi$，直接与地理上的飞机方位建立起一一对应关系，即$\Delta\varphi = 90^\circ$时，飞机方位亦为90°。

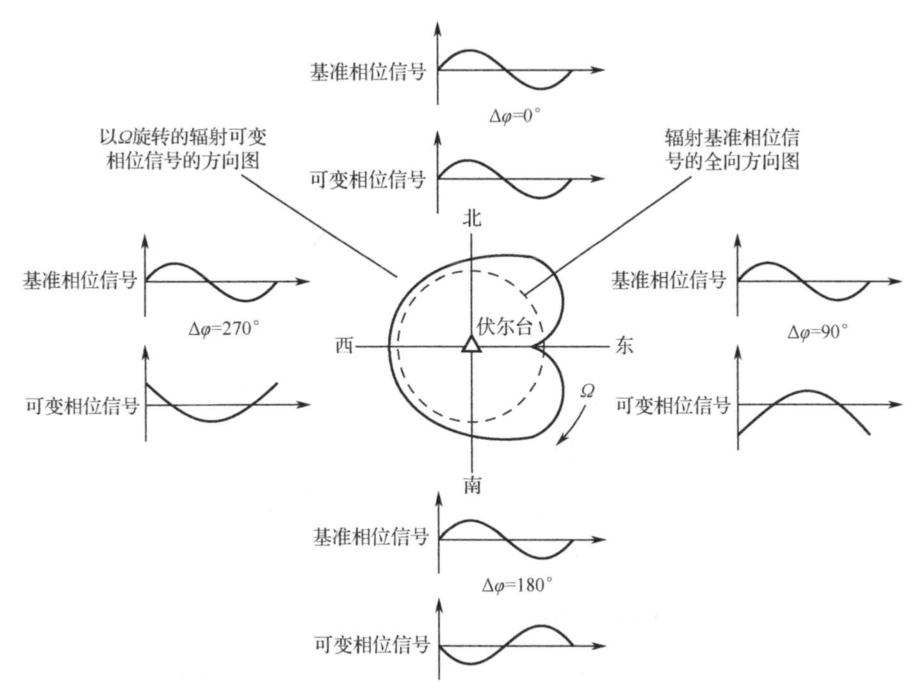

图 4-3 典型方位可变相位信号与基准相位信号的相位关系

2. 多普勒伏尔系统测角原理

多普勒伏尔（DVOR）系统是在CVOR系统的基础上发展起来的。相对于CVOR系统，DVOR系统有效减小了场地环境对辐射场型的影响，提高了测角精度。

在第3章中已经提到，无线通信收发双方发生相对运动时，接收方获得的信号频率会发生偏移，即产生所谓的多普勒效应。DVOR系统就是利用收/发天线的相对运动所带来的多普勒效应，造成接收信号的频率（或相位）受到有规律的调制，通过鉴频（或鉴相）取得该调制信号，并使其电相位与目标方位建立起对应关系，从而实现角度测量的。具体有两种将调制信号电相位与角度建立对应关系的方法：一种是通过旋转发射信标的无方向性天线，而接收机采用静止的无方向性天线接收信号，通过收发双方的相对运动，产生多普勒效应引起的调制信号，并使调制信号的电相位与角度建立起对应关系实现测角的方法，这种体制称为旋转无方向性发射天线的相位式测角方法；另一种是发射信标采用静止的无方向性天线发射信号，而接收方通过旋转无方向性天线，接收解调出多普勒效应引起的调制信号，使其电相位与角度建立对应关系实现测角的方法，这种测角体制称为旋转无方向性接收天线的相位式测角方法。DVOR 系统采用的是旋转无方向性发射天线的相位式测角方法，下面就对这种测角方法的原理进行讨论回顾。

设有如图4-4所示的一个沿半径为R的圆周运动（DVOR旋转）的无方向性天线A，馈给A的等幅载频信号表达为：

$$e_A(t) = E_A \sin \omega t \tag{4-5}$$

当$t = 0$时，天线A位于磁北方向，在t时刻运动到A'处，则由于传播行程延迟，距天线中心O为D的B点，接收信号为：

$$e_B(t)=E_m\sin\omega\left[t-\frac{D}{c}+\frac{R}{c}\cos(\Omega t-\theta_B)\right] \tag{4-6}$$

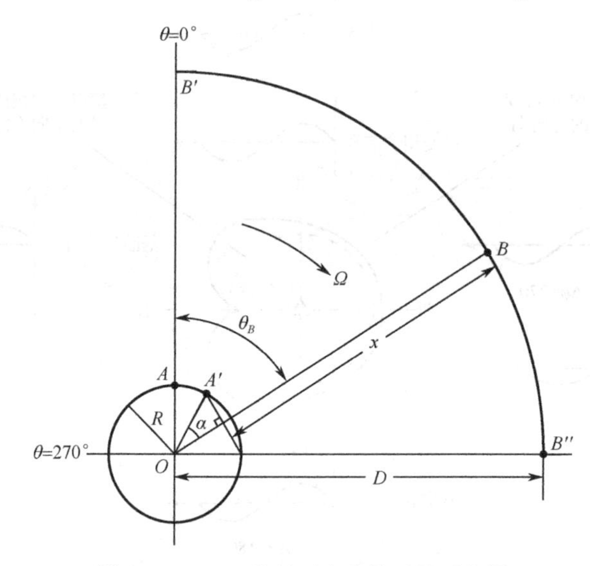

图4-4 DVOR旋转无方向性天线示意图

式中的c为电波传播速度，近似为光速；相位延迟φ可通过上图A'处发射信号时，传至B点接收的行程计算得出，为：

$$\varphi=\omega(D-R\cos(\Omega t-\theta_B))/c \tag{4-7}$$

由于D/c为信号传播时延，是一个与测量角度无关的量，将其忽略不会对角度的测量产生影响，这样，B点接收的信号可简化为：

$$e_B(t)=E_m\sin\left(\omega t+\frac{2\pi R}{\lambda}\cos(\Omega t-\theta_B)\right) \tag{4-8}$$

从上面的表达式可以看出，给天线A馈送等幅波信号，由于天线的旋转，使其在空中辐射的信号成为调相信号，调相信号的角频率由天线旋转的角频率决定，调相信号的初始相位与接收机所在的方位（也就是飞机相对于伏尔信标台的磁方位）具有一一对应的关系。因此，通过对调相信号初始相位的测量，可得到飞机相对于伏尔信标台的磁方位。

在工程实现中，机载接收机对接收信号进行鉴相即可得到包含方位信息的可变相位信号。与CVOR一样，为了实现可变相位信号初始相位的测量，地面信标也需要发射一个基准相位信号，且基准相位信号的相位应与正北方向的可变相位信号同相。

4.2.2 信号格式

1. CVOR系统信号格式

由上面的测角原理可知，CVOR系统采用的是旋转天线方向图的相位式测角原理。工程实现中，为了由机载设备通过对接收信号进行处理，直接得到飞机相对于地面伏尔信标台的磁方位，地面信标需要产生包含两种信息的信号，即可变相位信号与基准相位信号。另外，机载设备为了识别发射信号的地面台站，发射的信号中还必须包含台站识别信息。台站识别信息的产生方法与其他地面导航台站识别信息的产生方法类同，这里不再赘述。CVOR 系统信号格式主要讨论可变相位信号与基准相位信号的表现方式。

对于 CVOR 系统来讲，可变相位信号的产生原理是：给具有水平心脏形方向图的天线馈送等幅载波信号，并使得心脏形方向图以 Ω 角速度顺时针旋转，由此在空中辐射产生可变相位信号。依据式（4-4），由于天线方向图的旋转，对向空中辐射的等幅载波信号进行了时空调制，在 VOR 信标作用区域某一方位上的接收点得到的信号为：

$$e_1(t,\theta)=E_1(1-m_1\sin(\Omega t-\theta))\sin\omega t \tag{4-9}$$

这是一个调制包络相位可变的信号，式中，$\Omega=2\pi F$，$\omega=2\pi f$，对于伏尔系统，F=30Hz，f是 108～118MHz 中的某一点频。

所有的相位式测角系统，为了实现角度的测量，除了产生包含可变相位信息的信号（通常称之为方位信号）外，还必须有进行相位比较的基准信号。对基准信号的一些共性要求如下：

第一，原则上方位信号与基准信号由同一设备产生。例如，超短波定向系统方位信号与基准信号均由地面接收设备产生，伏尔系统、塔康系统以及俄制近程导航系统的方位信号与基准信号均由地面发射设备产生。

第二，发射基准信号的天线既可以是无方向性天线，也可以是方向性天线；基准信号既可以是连续波信号，也可以是射频脉冲序列。当它为连续波信号时，要保证各个方向基准信号相位的同一性；当它为射频脉冲序列时，要保证与信标台距离相等的各个位置收到的同时性。

第三，为了便于工程上在任何周期均能实现角度的测量，基准信号与方位信号必须有相同的周期。

第四，基准信号与方位信号格式必须有明显区别，以便机载接收机区分这两个信号。

第五，为了减小频谱之间的干扰并提高频谱的利用率，一般要求基准信号与方位信号的载波频率相同。

依据上述对基准信号的要求，CVOR 系统基准信号的产生方案为：采用与天线旋转频率 Ω 相同的正弦信号对一个分载频 Ω_s 调频，然后用该已调频信号对射频进行调幅，最后由无方向性天线辐射，并且基准信号的相位与正北方向的可变相位信号的相位相同，以便由机载设备直接得到飞机相对于信标台的磁方位。该基准信号又称之为基准相位信号，其信号格式为：

$$e_2(t)=E_2\left(1+m_2\sin\left(\Omega_s t+\frac{\Delta\Omega_s}{\Omega}\sin\Omega t\right)\right)\sin\omega t \tag{4-10}$$

式中，$\Omega_s=2\pi F_s$，F_s为 9960Hz，$\Delta F_s=\pm480\text{Hz}$，对应的波形如图 4-5 所示。

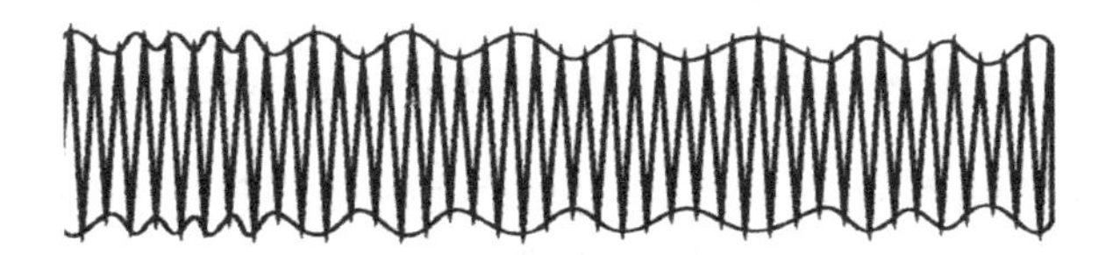

图 4-5 基准相位信号波形

可变相位信号与基准相位信号在空间的合成信号表达式为：

$$e(t)=E\left(1-m_A\sin(\Omega t-\theta)+m_f\sin\left(\Omega_s t+\frac{\Delta\Omega_s}{\Omega}\sin\Omega t\right)\right)\sin\omega t \tag{4-11}$$

合成信号波形如图 4-6 所示。

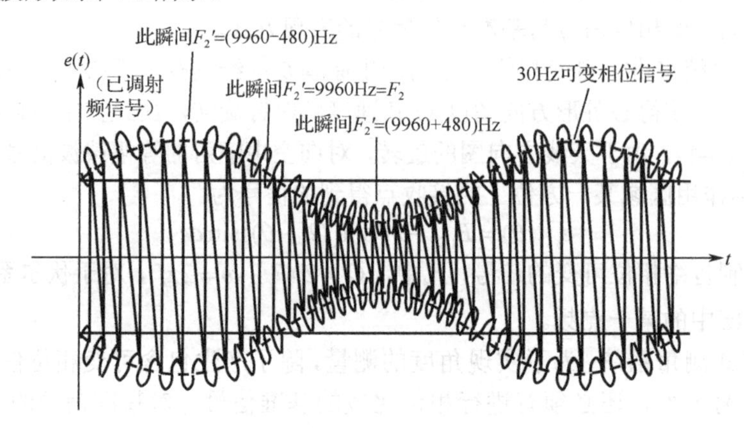

图 4-6　CVOR 系统合成信号波形

2. DVOR 系统信号格式

DVOR 系统采用的是旋转无方向性天线的相位式测角原理。工程实现中，为了由机载设备通过对接收信号进行处理，直接得到飞机相对于地面伏尔信标台的磁方位，地面信标同样需要产生包含可变相位信息与基准相位信息的两种信号。由于 DVOR 是在 CVOR 的基础上发展起来的，为了保证同一机载 VOR 接收机能够对两种体制伏尔信标发射的信号兼容接收，其信号格式就要有所考虑。多普勒伏尔可变相位信号的产生原理是：给位于同一直径上的一对以 Ω 角速度做圆周运动的无方向性天线同时馈送上、下边带信号，由这对旋转的无方向性天线同时向空中辐射信号。设给一对无方向性天线中的一个馈送的上边带信号为：

$$e_{\rm u}(t) = E\sin(\omega + \Omega_{\rm s})t \tag{4-12}$$

由于天线的旋转，依据式（4-8），向空中辐射的信号为：

$$e_1(t) = E_1\sin\left((\omega + \Omega_{\rm s})t + \frac{2\pi R}{\lambda}\cos(\Omega t - \theta)\right) \tag{4-13}$$

而给另一个无方向性天线馈送的下边带信号为：

$$e_1(t) = E\sin(\omega - \Omega_{\rm s})t \tag{4-14}$$

同样，依据式（4-8），向空中辐射的信号为：

$$e_2(t) = E_1\sin\left((\omega - \Omega_{\rm s})t - \frac{2\pi R}{\lambda}\cos(\Omega t - \theta)\right) \tag{4-15}$$

由于直径上的一对天线做圆周运动时导致的多普勒频移总是反方向变化的，所以式（4-13）与式（4-15）中符号相反，二者在空中形成的合成信号为：

$$e_3(t) = e_1(t) + e_2(t) = 2E_1\sin\omega t\cos\left(\Omega_{\rm s}t + \frac{2\pi R}{\lambda}\cos(\Omega t - \theta)\right) \tag{4-16}$$

合成信号可看成用角频率为 Ω 的正弦信号对分载频 $\Omega_{\rm s}$ 调频，然后对射频调幅的结果，而这恰恰是普通伏尔的基准相位信号产生方案，也就是说，DVOR 的可变相位信号格式与 CVOR 基准相位信号的格式在形式上是相同的。既然如此，那么同一接收机要能正确实现对 DVOR 与 CVOR 信标发射信号的兼容测量，就必须保证 DVOR 的基准相位信号格式与 CVOR 的在形式上也要相同。因此，DVOR 系统的基准相位信号产生方案为：用角频率为 Ω 的正弦信号对射频 ω 调幅产生，其信号格式为：

$$e_{\mathrm{j}}(t)=E_A(1+m_1\cos\Omega t)\sin\omega t \tag{4-17}$$

这样，DVOR 系统的可变相位信号与基准相位信号在空间的合成信号表达式为：

$$e(t)=e_3(t)+e_{\mathrm{j}}(t)=E_A\left(1+m_1\cos\Omega t+m_2\cos\left(\Omega_{\mathrm{s}}t+\frac{2\pi R}{\lambda}\cdot\cos(\Omega t-\theta)\right)\right)\sin\omega t \tag{4-18}$$

可见，其合成信号波形与图 4-6 完全相同，其差别只是基准相位信号与可变相位信号相互置换。这样，通过采取这一巧妙的技术方案，对机载 VOR 接收机而言，它就可以兼容接收 CVOR 与 DVOR 信标发射的信号，实现角度测量了。

4.3　系统技术实现

4.3.1　地面设备

伏尔系统的地面设备是伏尔信标，工作在 108～118MHz 甚高频频段。VOR 信标向空中辐射的信号包含有用于角度测量的可变相位信号与基准相位信号、用于应急通信的语音信号以及用于台识别的识别码信号。其中识别码使用国际通用的莫尔斯电码，由两个或三个英文字母组成，每 30s 重复一次，其调制频率为 1020Hz（±50Hz）。伏尔信标根据其信号产生的方法不同，又分为普通伏尔（CVOR）和多普勒伏尔（DVOR）信标。

1. CVOR 信标

CVOR 信标需要产生的用于测角的可变相位信号与基准相位信号的信号格式如式（4-11）所示。从信号形成原理上讲，可变相位信号可以采用给以 30 周/秒顺时针旋转的心脏形方向性天线馈送等幅载波信号，由方向图旋转的天线向空中辐射产生；基准相位信号可以采用 30Hz 正弦信号对 9960Hz 的分载频调频，然后用该已调频信号对射频进行调幅，最后由无方向性天线辐射产生。但是从工程实现上讲，应在保证完成功能不变的条件下，采用性价比最优的方案作为其实现方案。从上面两种信号的形成原理可以看出，由于基准相位信号的形成不涉及天线方向图的旋转，采用常规的实现电路即可完成；但对于可变相位信号来说，需要拥有心脏形的方向性天线，而且天线方向图还必须匀速旋转。相对基准相位信号，可变相位信号的实现更复杂。天线方向图的旋转既可采用机械旋转的方法，也可采用电子扫描的方法。由于机械旋转需要伺服系统支持，实现复杂、精度低、成本高，因此通常都是采用电子扫描的实现方法。对于 CVOR 信标来说，一种最直观、最容易理解的可变相位信号实现方案是：采用圆阵天线，即在一个圆周上均匀分布若干个辐射振子，通过控制每个振子馈送信号的电相位，在同一时刻，使其在各个方向辐射信号功率服从心脏形分布，并在不同时刻通过改变各个振子的电相位达到天线旋转的目的。但实际上 CVOR 信标可变相位信号并未采用这种实现方案，而是采用了一种更加简练的实现方法。即心脏形方向性天线采用的是由一个全向天线与一个“8”字形方向性天线复合而成，并采用两个互相垂直放置的“8”字形方向性天线与信号产生结合，实现天线方向图的旋转。下面对 CVOR 信标的实现进行讨论。

CVOR 信标需要产生的可变相位信号表达式如式（4-9）所示。对该表达式进行三角变换，可得到以下表达式：

$$e_1(t,\theta)=E_1\sin\omega t+E_1m_1\cos\Omega t\sin\omega t\sin\theta+E_1m_1\cos(\Omega t+90^{\circ})\sin\omega t\cos\theta \tag{4-19}$$

上式中第一部分为等幅载波，采用给无方向性天线馈送射频载波产生；第二部分由 $\cos\Omega t$

信号与载波 $\sin\omega t$ 经平衡调制后，由东西放置的、具有“8”字形方向图（方向函数为 $\sin\theta$）的方向性天线辐射产生；第三部分采用 $\cos\Omega t$ 经 90° 移相得到的 $\cos(\Omega t+90°)$ 信号与载波 $\sin\omega t$ 平衡调制，再由南北放置的、具有“8”字形方向图（方向函数为 $\cos\theta$）的方向性天线辐射产生，三部分信号在空中叠加即可得到可变相位信号。将传统的基准相位信号产生方法与上面的可变相位信号产生方法结合起来，即可得到 CVOR 信标的实现原理方案，工作方框图如图 4-7 所示。

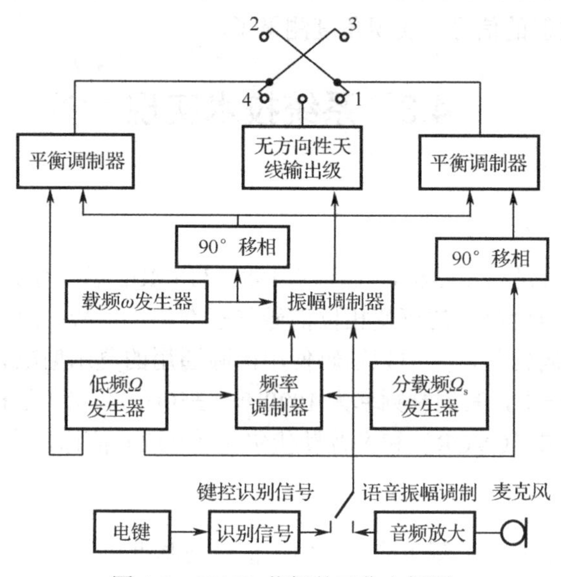

图 4-7　CVOR 信标的工作方框图

图中 1、2 为南北放置的“8”字形方向性天线，3、4 为东西放置的“8”字形方向性天线；低频信号发生器产生的信号对分载频信号发生器产生的分载频信号进行调频，其输出再对射频载波调幅，最后由无方向性天线向空中辐射，形成基准相位信号；低频信号发生器产生的信号一路与经移相 90° 的射频信号进行平衡调制后，馈送到东西“8”字形方向性天线向空中辐射，另一路经移相 90° 后，再与经移相 90° 的射频信号进行平衡调制后，馈送到南北“8”字形方向性天线向空中辐射；东西、南北两个“8”字形方向性天线互相垂直，辐射的信号在空中合成，形成可变相位信号。由于“8”字形方向性天线向空中辐射信号与无方向性天线向空中辐射信号在接收点合成时，两者射频相位相差 90°，所以在电路中加入了 90° 射频移相器，以保证实现同相叠加。低频信号 90° 移相器是为式（4-19）中的后两部分低频信号相差 90° 而设立的。方向性天线与无方向性天线辐射信号在空中合成，就形成了式（4-11）的信号。CVOR 信标的参数为：f=(108～118)MHz，$\Delta F_{\max}=480\text{Hz}$，$\Omega=2\pi\times30\text{rad/s}$，$\Omega_s=2\pi\times9960\text{rad/s}$。

2. DVOR 信标

前面提到，CVOR 信标易受地形地物影响，对场地要求比较严格，如要求在靠近信标台周围地区 100m 范围内，地面凸凹不平不超过±15cm。为了放宽对场地要求，在 CVOR 的基础上发展了 DVOR。由于 DVOR 信标采用的是大孔径天线（天线孔径约为 5 倍工作波长，而 CVOR 信标的天线孔径约 0.5 倍工作波长），这样场地对 DVOR 信标辐射场型的影响将大大降低，测角精度也得到明显改善，目前使用的多为 DVOR 信标。图 4-8 为某机场 DVOR 台外形。

从信号格式可以看出，DVOR 与 CVOR 系统在空中合成场型完全相同，其区别是基准相位信号与可变相位信号相互置换。DVOR 可变相位信号的产生方案是给位于同一直径上的一对以 Ω 角速度做圆周运动的无方向性天线同时分别馈送上边带与下边带信号，由旋转的一对无方向性天线同时向空中辐射信号合成产生。在具体实现中，考虑到同一 VOR 接收机要能同时对 DVOR 信标与 CVOR 信标发射信号实现正确的角度测量，DVOR 信标的天线采用的是逆时针旋转。为了用电旋转代替天线的机械旋转，用安装于一个大的金属反射网上面的、在一个圆周上均匀分布的 48～52 个边带天线组成的圆阵天线代替了一个做圆周运动的无方向性天线，圆阵天线在同一时刻只有经过圆心的一对天线振子向空中辐射信号，并且按逆时针顺序给不同对天线馈送信号，馈送一个周期信号的时间为 $\frac{1}{30}$s。其天线电旋转示意图如图 4-9 所示。

图 4-8　机场 DVOR 台外形图

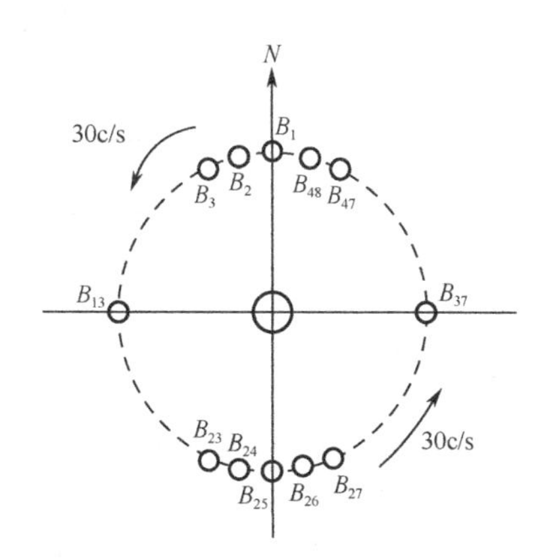

图 4-9　DVOR 信标圆阵天线电旋转示意图

信号馈送顺序为：$B_1,B_{25};B_2,B_{26};B_3,B_{27};\cdots;B_{48},B_{24};B_1,B_{25};\cdots$，其中 B_1,B_{25} 构成一对天线，B_2,B_{26} 构成一对天线，等等。在同一对天线中，同时馈送信号，排在前面的馈送上边带信号，排在后面的馈送下边带信号。相邻两次给 B_1,B_{25} 馈送信号的时间间隔，构成天线旋转的一个周期。

在可变相位信号的实现中，圆阵天线的圆半径是一个必须确定的量，它的大小与 CVOR 基准相位信号副载波调频的最大频偏有直接关系。具体计算如下：

对式（4-16）的 $\cos\left(\Omega_s t+\frac{2\pi R}{\lambda}\cos(\Omega t-\theta)\right)$ 的相位求导，可得瞬时频率偏移量为：

$$\Delta F=\frac{fR\Omega}{c}\sin(\Omega t-\theta) \tag{4-20}$$

最大频偏为：

$$\Delta F_{\max}=fR\Omega/c \tag{4-21}$$

考虑到 CVOR 与 DVOR 系统采用的是同一接收机，所以上式的 $\Delta F_{\max}=480\text{Hz}$，$f$=108～118MHz，$\Omega=2\pi\times30\text{rad/s}$，$c$ 为光速。由上面表达式可计算出圆阵天线半径为 $R=6.48$～7.08m，实际取值为 6.8m。

DVOR 基准相位信号的产生方案是用角频率为 Ω 的正弦信号对射频 ω 调幅，由安装于圆阵天线中央的无方向性天线向空中辐射产生。DVOR 信标原理框图如图 4-10 所示。天线系统由一个中央无方向性天线和以它为中心的圆阵天线组成。中央无方向性天线由带有 30Hz 基准信号和 1020Hz 识别信号调幅的载频 f 的连续波信号馈电，向外辐射作为系统的基准信号。圆阵中的天线由将载频f偏移9960Hz的连续波（边带）信号馈电，产生与方位有关的双边带信号。圆阵天线中，每个天线的馈电都经过一个固态开关控制，依次把要发射的两个边带信号分别馈给在直径方向相对的两振子，以模拟天线的转动。DVOR 信标的参数为：f=108～118MHz，$\Delta F_{max}=480\text{Hz}$，$\Omega=2\pi\times30\text{rad/s}$，$R=6.8\text{m}$，$\Omega_s=2\pi\times9960\text{rad/s}$。

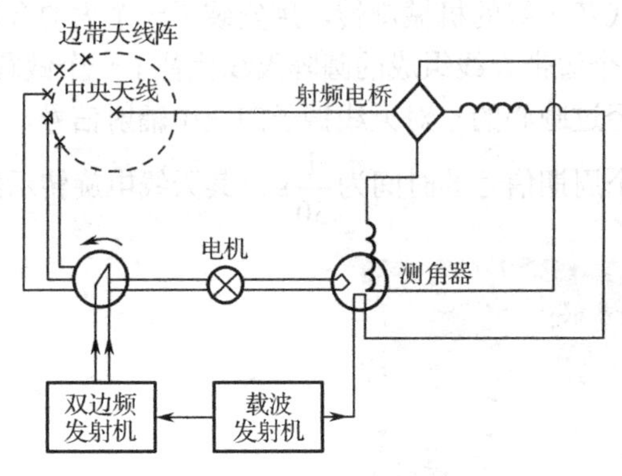

图 4-10 DVOR 信标原理框图

4.3.2 机载设备

CVOR 和 DVOR 系统采用同一形式的 VOR 机载接收指示设备，主要包括控制盒、天线、甚高频接收机和指示仪表。在一些型号的飞机上，VOR 接收机也常与仪表着陆系统（ILS）的各接收装置组合在一起，称为甚高频导航接收机。图 4-11 给出了典型 VOR 机载接收设备组成。

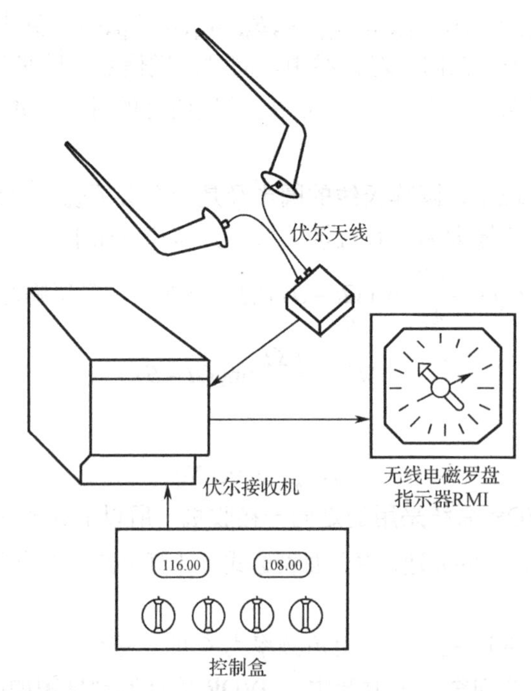

图 4-11 典型 VOR 机载接收设备组成

控制盒一般是 VOR、ILS、DME 共用，用于对机上包括 VOR 接收机在内的甚高频通道、导航设备的工作频率转换和测试检查，主要功能有频率选择和显示，用测试按钮检查相应设备的工作性能、音量控制等；VOR 天线与 ILS 航向信标（LOC）接收机天线一般是共用的，安装在飞机垂直安定面上或机身上部。安装位置应避免机身对电波的阻挡，以提高接收信号的稳定性。指示器设置有三种：方位指示器（无线电磁罗盘指示器 RMI）直接产生出飞机方位读数，进行飞机的定位和导航；航道指示器可以提供 VOR 的航道偏离、向/背台指示；水平位置指示器 HIS 可提供航道偏离杆偏离预选航道的数据。

VOR 接收机包括普通外差式接收机、幅度检波器和相位比较器，用于接收和处理 VOR 信标发射的方位信号，输出语音、台识别信息、方位信息、航道偏离信息、向/背台信息、告警信息等。图 4-12 为 VOR 接收系统的原理框图。

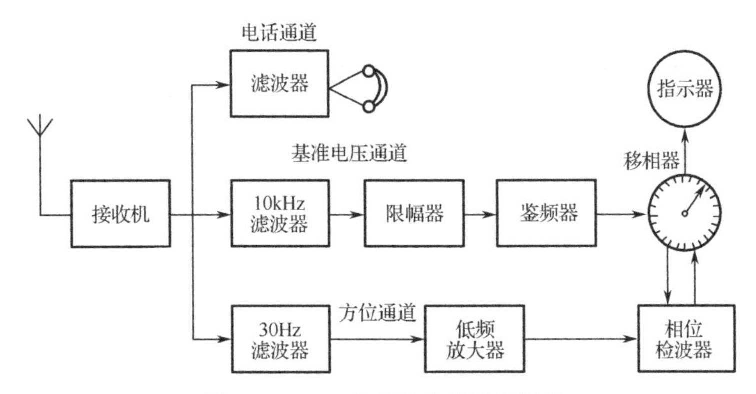

图 4-12　VOR 接收系统的原理框图

接收机的高频部分与普通外差式接收机相同，由一全向天线负责接收 VOR 信标信号，经调谐高频放大、下变频和中频放大后，选择出所需要的导航信号，进行振幅检波。从检波器输出端的低频信号分别加到方位、基准和语音三个不同的通道。其中，与方位有关的低频信号，在方位通道中先经过放大加到包络检波器中，然后再经 30Hz 滤波器和低频放大，检出 30Hz 相位可变的调幅包络信号，输出到相位检波器中；在基准电压通道中，首先通过幅度检波器并经 10kHz 滤波器，检出 10kHz 调频副载波的包络信号，双向限幅器将其变成等幅调频信号，然后鉴频器对分载频进行频率检波，得到 30Hz 的基准相位信号，经过移相器也加到相位检波器中。移相器中带有指针，可指示出所移相位的度数。利用移相器对基准电压进行移相，移相后的基准电压信号与方位通道中的可变相位信号在相位检波器中进行比相，输出的比较电压再反馈到移相器，作为控制信号对移相器进行调整，直到移相器的相移大小与方位通道电压的相位相等时，相位检波器输出为零，调整结束，此时就可从移相器上读取方位指示。由此可见，角度的测量过程本质上就是可变相位信号与基准相位信号的相位比较过程，另外有专门的方位指示器与移相器相连并同步转动，指示出移相器的相移数据并显示给飞行员。

VOR 系统还提供有语音传输通道，用于地－空语音通信。由于语音频率主要集中在 300～3000Hz 范围内，不会干扰基本的导航功能，在接收机电路中可通过带通滤波器将语音分开。

作　业　题

1. 分别写出 CVOR 与 DVOR 在空中形成的合成场表达式，并指出二者的测角原理有何区别？

2．已知CVOR的工作频率为110MHz，其分载频频率为10kHz，调制频偏为480Hz，心脏形方向性图的旋转速率为30c/s，问DVOR与CVOR机载接收机兼容时，DVOR的圆周半径应选择为多少？

3．伏尔系统在机场如何配置？说明原因。

4．分析DVOR系统较之CVOR系统能够提高测角精度的原因。

5．旋转天线方向图的相位式测角系统，天线的方向图为心脏形，以30c/s的速率顺时针旋转，t_0时刻天线最大值方向对准正西发射基准信号，馈送给天线的信号为纯载波。

（1）画出位于天线正东、正北方向上的飞机所接收信号的包络波形图。

（2）说明基准信号的作用及设计原则。

6．画出VOR系统机载接收机原理框图，并标出主要工作点波形图。

第5章　地美仪系统

5.1　概　　述

地美仪是测距器（Distance Measuring Equipment，DME）英文缩写的汉语音译名称。DME系统是一种无线电测距导航系统，是目前民用航空广泛运用的一种近程无线电导航系统。

5.1.1　系统组成、功能与配置

DME 系统是询问—回答式脉冲测距系统，主要由设置在地面的应答器与机上的询问器构成，其系统组成如图 5-1 所示。

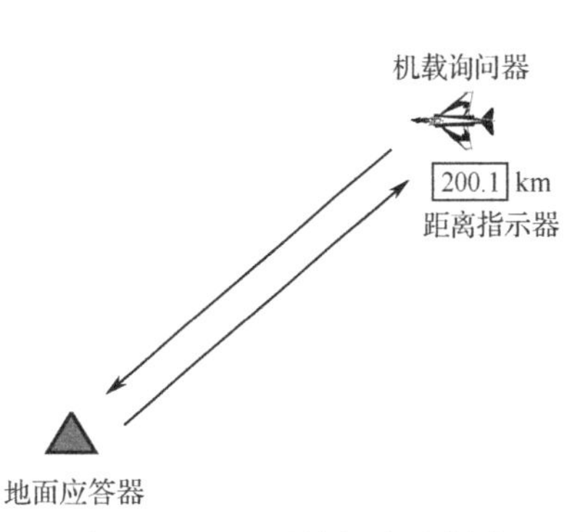

图 5-1　DME 系统组成示意图

DME 系统的功能是采用询问—回答式脉冲测距方式，测量飞机相对于地面应答器所在位置的距离（斜距），用于为飞机提供距离导航信息。

DME 系统地面应答器架设在航路点或机场的已知地理位置，为 DME 机载设备提供测距应答信号，既可用于航路导航，也可用于机场终端区域的导航。为了某些特殊用途，DME 系统应答设备还可安装在大型军舰（如航空母舰、大型驱逐舰等）或大型飞机（如空中加油机）上。

5.1.2　系统应用和发展

DME 系统是在第二次世界大战中随着雷达的出现发展起来的。其中 10 频/10 码测距系统在 1952 年被国际民航采纳，但没有得到广泛应用。与此同时，美国开发了塔康系统（一种近程战术航空导航系统，将在第 6 章中进行介绍）。军用塔康与民用伏尔组合工作，构成伏塔克系统，共同为军事、民航服务。1956 年，随着伏塔克系统被采纳，10 频/10 码测距系统在与塔康系统竞争中失败。1959 年，国际民航组织接纳与塔康兼容的 DME 系统作为了新的国际标准测距导航系统。

DME 系统提供的斜距信息在飞机导航中具有多种用途。

（1）定位。DME 系统提供的距离信息以自动飞行控制系统传感器数据输出形式送到飞行管理计算机系统（FMCS），与其他方位信息或多个距离信息联合，用于飞机的精确定位。

（2）航路间隔。为确保飞机的飞行安全，所有在航路飞行的飞机均必须按指定的高度层和一定的距离间隔飞行，这种航路上的间隔可利用 DME 系统提供的距离信息来保证。

（3）进近到机场。在某些情况下，驾驶员可利用 DME 系统提供的距离信息操纵飞机以某个方位飞向 DME/VOR 系统信标台，然后转弯以便在新的方位上飞行到某个位置时再作圆周飞行，使飞机最后进入着陆航向，如图 5-2（a）所示。

（4）避开保护空域。有时驾驶员为了避开某个空中禁区，可以操纵飞机在距空中禁区某一距

离上做圆周飞行，待飞到一个新的径线方位时，再朝向 DME/VOR 信标台飞行，见图 5-2（b）。

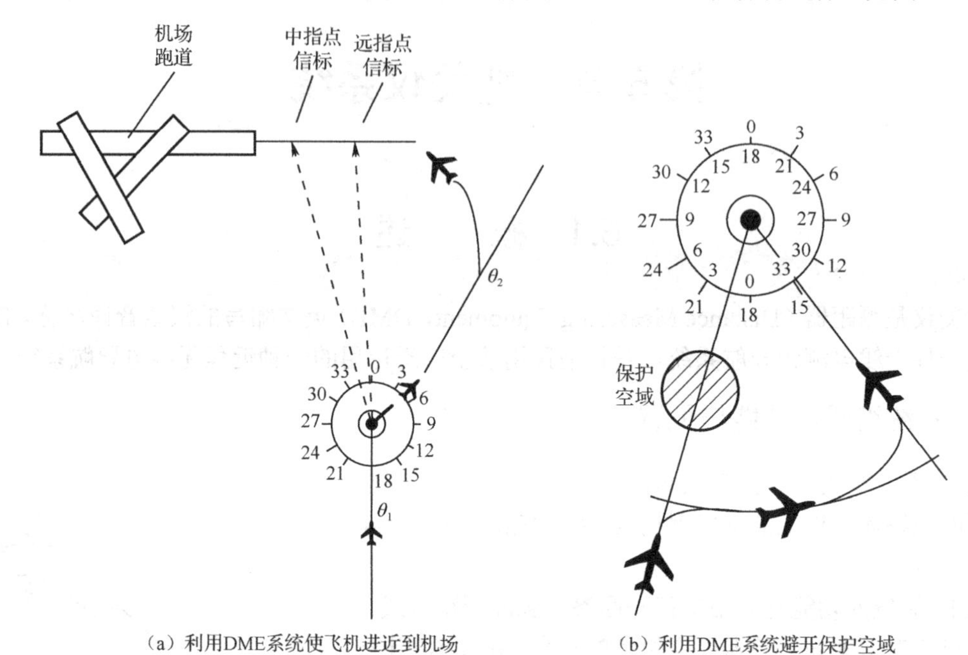

（a）利用DME系统使飞机进近到机场　（b）利用DME系统避开保护空域

图 5-2　DME 系统在飞机导航中的应用

（5）在指定位置等待。驾驶员可根据航站 DME 系统所提供的距离信息，保持 DME 系统距离指示器读数为常数，即作圆周飞行，以等待进场着陆。

（6）计算地速和到台时间。依据测量的距离可获得单位时间飞行走过的路程，从而获得飞行的地速，并依据这个地速计算预计到达 DME 地面台的时间。

DME 系统通常与其他近程导航和着陆系统如伏尔系统和仪表着陆系统（ILS）相配合构成航路或机场终端导航系统，满足飞机航路导航和进场着陆引导的需要。例如 DME 系统地面应答器与伏尔信标配置在一起，与机载设备联合工作可实现飞机的极坐标定位。随着微波着陆系统的发展，在普通 DME 系统的基础上又产生了精密测距器（PDME）系统，作为微波着陆系统的组成部分，对飞机进行精密进场着陆引导。

目前，DME 系统仍在全世界广泛采用。但是，随着卫星导航系统的兴起，其功能逐渐被替代，因而 DME 系统的应用走向辅助和备用，今后尽管会继续得到应用，但不会再有较大发展。

5.1.3　系统性能及特点

1．系统性能

1）工作频率和波道划分

DME 系统工作于 L 波段，频率范围 962～1213MHz。系统在整个工作频段中以频分和码分形式共划分为 252 个工作波道，波道间隔 1MHz，且收发频率间隔固定为 63MHz。在 252 个波道中，分为两种工作模式，即 X 模式和 Y 模式。

在早期，系统只具有 126 个 X 模式工作波道，Y 模式的 126 个波道是在 X 模式基础上扩展形成的。DME 系统工作频率和波道的划分见图 5-3，图中注明了波道编号与机上、地面收发信机的频率对应关系。

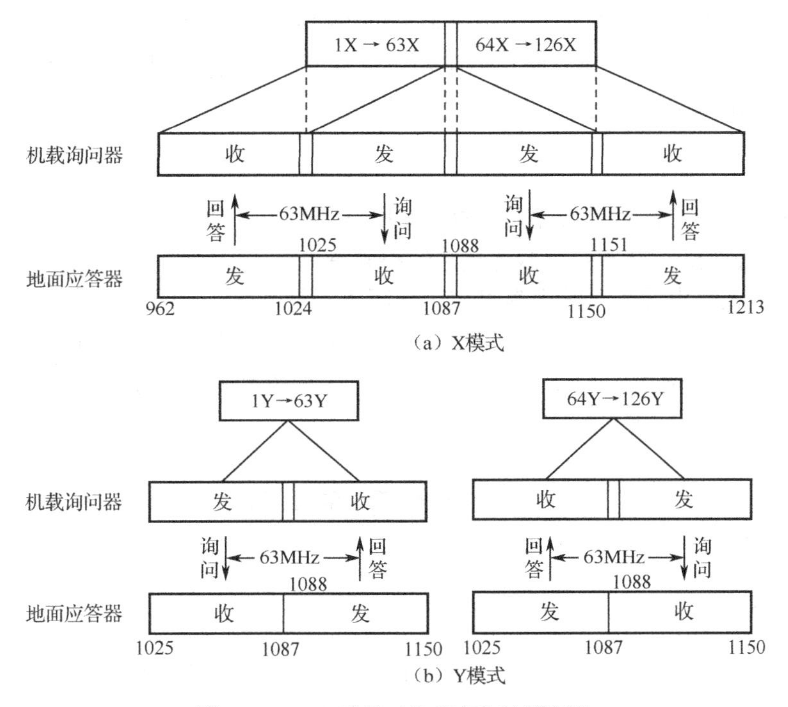

图 5-3　DME 系统工作频率和波道划分

由图 5-3 可见，对于机载询问器来说，在 X 模式时，发射频率在 1025～1150MHz 范围内，而接收频率在 962～1024MHz、1151～1213MHz 范围内，收发频率不同，占用了全频段 252MHz 的带宽。而在 Y 模式下，机载询问器的发射频率和接收频率都在 1025～1150MHz 内，对机载设备而言，Y 模式下的接收频率是 X 模式下的发射频率。这样做，不仅扩展了工作波道数，而且没有增大机载发射机的频率范围，简化了机载设备，从而有效地利用了频率资源。对于机载询问器的发射频率，无论是 X 模式还是 Y 模式，只要波道相同，它们的频率是相同的，那么地面应答器又如何区分是 X 模式还是 Y 模式呢？这是通过码分方式来实现的。塔康系统的询问应答脉冲以脉冲对的形式发送，而 X 模式和 Y 模式下的脉冲对双脉冲编码间隔不同，这样就有效地区分了 X 模式和 Y 模式，扩展了一倍的工作波道。

值得注意的是，在 DME 系统的工作波道中，有 52 个波道一般情况下不用。这 52 个波道是 1～16X、Y（共 32 个）和 60～69X、Y（共 20 个）。原因是 1030MHz 和 1090MHz 属于空中交通管制应答器的工作频率，虽然 DME 系统和空中交通管制应答器采用的编码不同，但为避免它们之间可能的干扰，也要尽量不使用这 52 个波道。此外，国际民航组织还从 DME 系统的 252 个波道中挑选了 160 个给伏尔系统、40 个给仪表着陆系统配对使用。

2）工作容量

DME 系统的工作容量指一个地面应答器能够同时容纳与其配合工作的机载设备的最大数量。DME 系统的工作容量与地面应答器的回答概率及机载询问器的询问频率有关，应答器回答概率越小，或询问器询问频率越低，系统的工作容量越大，反之就越小。当回答概率为 75%，跟踪状态询问频率为 30 次/秒，搜索状态询问频率 150 次/秒时，DME 系统的测距工作容量为 100 架，而且其中 95%处于跟踪状态，5%处于搜索状态。

3）其他主要性能

DME系统的精度指标规定，其测距误差不应超过±370m（2σ）。

DME系统工作区域依据地面应答器采用的天线形式而有所不同，一般的作用距离要求是：航路用的DME系统不小于370km，终端用DME系统不小于111km。

2．系统特点

DME系统工作于L波段，频率范围962～1213MHz，这个频段具有传输损耗小、场地影响较弱、频段不甚拥挤、设备射频器件尺寸较小等特点。

DME系统是无线电导航系统中最早应用的距离测量系统，它的使用满足了航空导航对距离导航参量获取的需求，结束了粗略、断续提供距离导航参量的历史，并且与角度导航参量联合实现了飞机位置的确定。该系统一经使用便与各种角度测量系统组合，演变出塔康系统和伏塔克系统等近程导航极坐标定位系统。

5.2 系统工作原理

5.2.1 测距原理

无线电导航测距依据的是无线电波在均匀媒质中传播的匀速性和直线性，通过测量电波在空间的传播时间（电波在空间的传播速度已知近似为光速）就可实现对指定目标的距离测量。距离测量一般有脉冲式、相位式、频率式以及码相关式等多种方式。

DME系统的测距采用的是一种询问/回答式脉冲测距技术，又称二次雷达测距技术，这种技术是通过测量无线电脉冲信号在询问器和应答器之间的往返时间获得距离信息。DME系统地面应答器主要由接收机、编译码器、发射机和天馈线组成；机载询问器主要由询问发生器、编译码器、发射机、接收机、天馈线和距离测量与显示器等组成，如图5-4所示。其基本测距原理是机载设备的询问器发射询问脉冲，被DME系统应答器接收，经固定的时间延时，应答器向机载询问器发射回答信号。机载设备收到回答信号后，根据询问发射和回答接收之间的时间间隔，就可算出询问器和应答器之间的距离（见图5-4），即：

$$R=\frac{1}{2}(t-t_0)c \tag{5-1}$$

式（5-1）中：R为飞机到地面应答器所处台站的斜距；t为机载询问器获得的发射与接收信号之间的时间间隔；t_0为应答器的固定延时（一般为 50μs）；c为电波传播速度（近似为光速 3×10^8m/s）。

式（5-1）没有考虑发射询问信号和接收回答时飞机位置的变化，这是因为飞机速度相对于无线电波的传播速度而言是相当缓慢的，在信号传播的短时间内，飞机位置变化对计算精度的影响与所允许的测距精度相比较是可以忽略不计的。该计算公式还假定电波传播速度是恒定不变的，这种假设只有在真空传播条件下才能成立。实际上，受大气传播条件及其变化的影响，电波传播速度也有微小的变化，但它对测距误差的影响一般也忽略不计。

DME系统的机载询问器接收机首先开始工作，接收地面应答器发射的脉冲信号（地面设备的随机填充或给其他飞机的应答脉冲信号），当接收的脉冲数目大于一定值时，即认为到达测距有效范围，机载询问器便启动发射机，向地面应答器发射测距询问脉冲，该脉冲经编码形成询问脉冲对，并形成特定要求的钟形脉冲对发射机载频进行调制，形成射频询问脉冲对，放大后由天线发射出去。DME 系统地面应答器接收到机上的测距询问脉冲对，经收/发开关（或天线开关）、预选器进入接收机。应答器中的接收机是外差式脉冲信号接收机，它对视频脉冲进行严格的译码，以确认是否为询问信号。如果符合 DME 系统规定的信号编码参数，则译码器将脉冲对变成单脉冲输出，否则译码器无输出。测距回答脉冲经系统规定的固定延时，送入编码器重新编成脉冲对，并形成钟形回答脉冲对应答器发射机载频进行调制，再由放大器放大，经天线发出响应询问的回答射频脉冲对。该回答信号传到机载询问器，接收机接收此回答信号，通过视频信号译码，将接收到的全部脉冲对序列变成单脉冲序列送到测距单元，测距单元利用询问和回答的同步关系和询问重复频率的频闪效应对回答信号进行搜索，并采用闭环自动控制原理对回答信号进行跟踪，实现距离数据的测量，且通过指示器的方式予以显示，或直接送往飞行管理计算机。

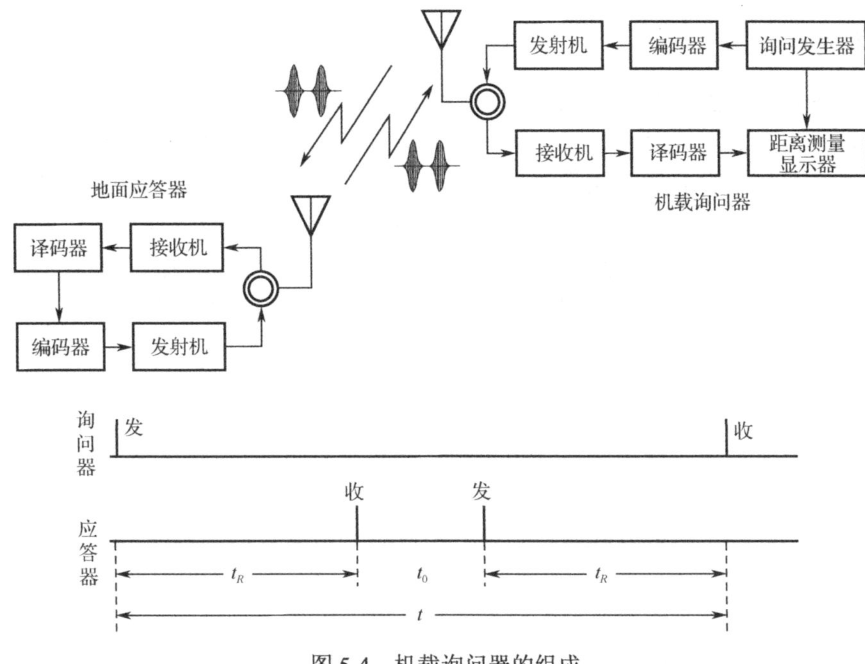

图 5-4　机载询问器的组成

5.2.2　信号格式

1. 脉冲波形

DME 系统采用的是脉冲测距方式，因此，其基本信号形式为射频脉冲，且地面应答器与机载询问器都发射相同包络形状的射频脉冲信号。图 5-5 给出了 DME 系统所采用的脉冲包络波形，可见，包络的形状近似为高斯钟形，这是一种窄带信号形式，压缩了信号频谱宽度，具有良好的频率利用能力。该钟形脉冲的参数是：上升时间为 $\tau_r = 2.5 \pm 0.5\mu s$；下降时间为 $\tau_u = 2.5 \pm 0.5\mu s$；半振幅点宽度为 $\tau_k = 3.5 \pm 0.5\mu s$。这种波形可使近邻波道干扰被压低到-80dB。

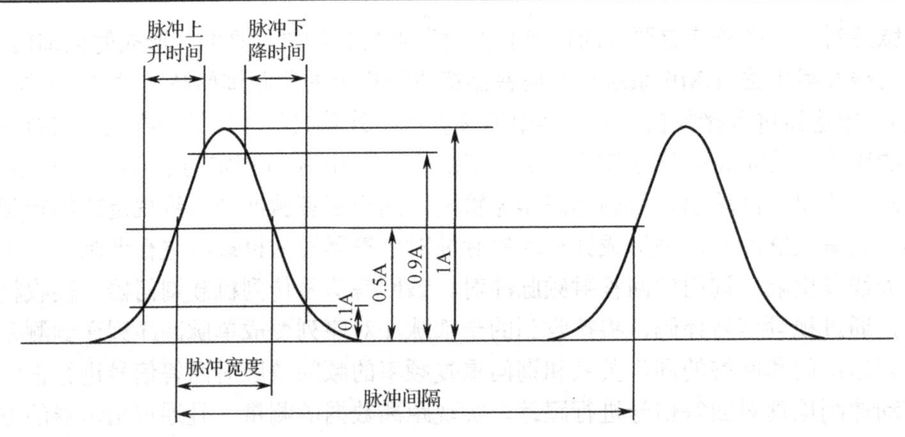

图 5-5　DME 系统的脉冲包络波形

2. 基本编码

从理论上说，实现脉冲间隔时间的测量采用单脉冲即可，然而 DME 系统测距脉冲信号均为基本编码脉冲对，这主要是从抗干扰的角度考虑采取的一种信号格式。我们都知道，单脉冲的接收很容易受到来自有意和无意的无线电干扰源的影响，而具有特定编码格式的双脉冲接收受到干扰影响的可能性就会大大降低，就如同在生活中你可能较容易见到很相像的两个人，但要见到很相像的两对双胞胎的概率就非常之小了。DME 系统地面应答器发射脉冲对基本编码规定：X 模式为 12μs，Y 模式为 30μs；机载询问器发射脉冲对基本编码为：X 模式为 12μs，Y 模式为 36μs。

3. 识别信号

当飞行员选定了波道，就确定了相应的测距地面台，通过耳机就能听到该地面台发射的识别音响信号，从而判定所选台址的正确性。

每个地面应答器所在的台站都有一组规定的代码，用莫尔斯码表示。该莫尔斯码的点划信号控制 1350Hz 信号，使之在点划存在时有重复率为 1350Hz 的脉冲序列输出，该 1350Hz 脉冲就像回答脉冲一样，由应答器发射给空中的飞机，机载询问器接收机接收到该信号，通过 1350Hz 滤波器滤出莫尔斯信号，送往驾驶员耳机识别监听。

5.3　系统技术实现

5.3.1　测距应答器

测距应答器是 DME 系统的地面设备，其组成框图如图 5-6 所示，主要由收/发天线、接收机和发射机组成，其中接收机包括预选器、混频器、中频放大单元，以及视频处理和译码单元；发射机包括编码单元、调制单元、射频产生和放大单元。

天线通过一个 T 型同轴接头与接收机和发射机相连，T 型同轴接头在收/发共用天线时能够隔离收发机，使接收的信号送到接收机，发射的信号送到天线。此后，接收的询问信号馈给一个高 Q 值调谐带通滤波器，即预选器，使收发信号得到进一步的隔离。经过预选器，接收的询问信号被送至第一混频器，混频后得到 63MHz 的中频信号。

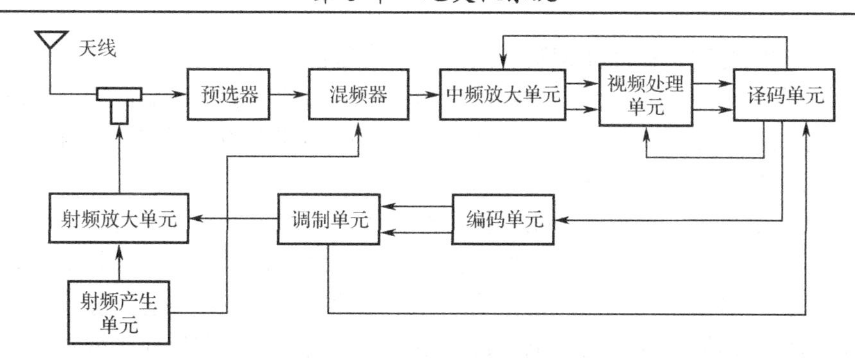

图 5-6 测距应答器组成框图

中频放大单元由二级中放和八级对数放大器构成，输出一个经过检波的对数视频信号和一个未经检波但经过限幅的 63MHz 中频信号。其中对数视频信号加到视频处理单元，同时也通过直流放大器对前面两级中放进行自动增益控制，而 63MHz 中频信号则经过第二次混频，得到 8.75MHz 的第二中频信号，该信号加到差动放大器，其输出经检波变成视频信号后也加到视频处理单元。差动放大器的放大量，受控于来自视频处理单元的重复频率控制电压，从而控制发射机的转发脉冲重复率在 1000～2700 对/秒之间。

视频处理单元从中放单元接收检波后的视频信号和对数视控信号，完成三个基本功能：一是产生重复频率自动控制的一部分控制电压，这一部分控制电压使得发射机的最低发射重复频率不得低于 1000 对/秒；二是产生译码驱动脉冲至译码单元，由译码单元根据所要求的脉冲间隔对进行译码；三是产生回波抑制脉冲，在一个特定的时间内封闭接收机，以防止可能对多路径反射回波进行译码。

译码单元的作用有：对视频处理单元输出的具有一定间隔的询问脉冲对和噪声脉冲对进行译码，产生编码器的触发信号，送到编码单元；产生另一部分重复频率控制电压加到中放单元，控制发射机发射的最大重复频率不超过 2700 对/秒；产生几个封闭信号，控制译码门，禁止某些虽已译码但不应回答的信号（如反射回波脉冲对）到达编码单元。

编码单元为调制单元产生调制脉冲对，以便对射频放大器进行振幅调制，最后由天线辐射出去。编码单元的输出可以是应答脉冲、台识别脉冲或是随机脉冲。

调制单元对编码单元产生的脉冲进行整形组合，形成具有适当形状和间隔的转发脉冲对，加到调制器上，以便对信号进行振幅调制，同时产生封闭译码器的负脉冲，以保证应答器的发射脉冲不被译码。

射频产生单元的功能是为射频放大单元提供载频信号，并为接收机第一混频器提供本振信号。射频放大单元用于产生不小于 1000W 的功率输出（一般为 1250W）。

DME 系统地面应答器在询问脉冲对的接收和相应回答脉冲对的发射之间引入一段固定延时，延时量是 50μs、56μs 或 62μs。设置该固定延时的目的是使地面应答器留有足够的信号处理时间，以便能够统一不同设备引入的测量延时，同时也使机载设备有可能进行零公里测距，或者保密调整实现战时的反利用。

寂静时间是在地面应答器里引入一段封闭时间，在这段时间里接收机被封闭，这样，可以在回答发射期间保护接收机，也可防止接收机在这段时间里受多路径回波的影响。在脉冲对译码生效后，立即进入寂静状态，寂静时间一般不大于 60μs。在寂静状态应答器对所有的机载询问都不予回答，因此会降低系统效率。在某些多路径回波比较严重的地区，在寂静时间后可设立回波抑制时间。在回波抑制时间内，只有超出某相对门限（相对于该直达信号）的信号才被视为有效询问信号，否则将被视为回波信号而被抑制。可见，回波抑制时间的设置可进一步消除同步多路径干扰，但有可能把某些幅度不够大的真正询问信号视为回波信号而被抑制，因而也会降低系统效率。

地面应答器发射机以固定的占空比工作有许多优点，如可使应答器自动地保持在它最灵敏的工作状态，或者可使发射机占空比保持在安全限度之内，以及机上接收机自动增益控制总有固定数目的脉冲对激励其工作，设计简单等。因此地面应答器发射的脉冲对应保持一定的重复频率，这就必须解决询问的飞机数目过多或过少的问题。在询问飞机数目少的时候，地面应答器发射脉冲对重复频率的保持，是借助于噪声填充脉冲来实现的。这时，地面应答器接收机灵敏度会因询问脉冲对减少而提高，其发射机除了由询问脉冲触发而产生回答脉冲对外，还要被放大到越过某一门限电平的噪声脉冲触发，产生噪声填充脉冲对。于是，应答器发射机发射的脉冲对由两部分组成，一部分是询问脉冲的回答脉冲，另一部分是噪声填充脉冲，以保持应答器所发射的脉冲对数不变。如果询问的飞机超过100架，则应答器接收机的灵敏度就要下降，接收不到较远距离上的飞机询问，应答器也就不予回答，只接收和应答较近距离上飞机的询问，保持应答器的发射脉冲重复频率恒定。上述噪声填充脉冲法，是从改进地面应答器的设计来解决固定辐射空度问题的。但只依靠这种办法会造成一个弊端，即当应答服务距离之外的许多飞机处于该应答器的波道上并向该应答发询问时，可能会使得应答器接收机灵敏度降低到影响它对服务距离之内询问飞机的回答，这时应答器的工作容量会受到损失。为了克服这一缺陷，应在机载询问器的设计中采取相应的措施，即设法使机载询问器能否开始发射询问脉冲，要取决于它接收的信号平均电平是否超过预定值，或取决于它接收的脉冲对的速率是否超过预定值。如果飞机离应答器很远，它接收的平均信号电平或接收的脉冲对速率未能达到预定值，询问器就被封闭而不发射询问脉冲，直到它进入应答器工作区之内，接收到符合要求的脉冲信号为止。机载询问器的这种功能称为“自动等待”，一般情况下，当接收的脉冲信号超过300～400对/秒时，询问脉冲方可开始发射。

5.3.2 机载询问器

DME系统距离测量的任务主要是在机载设备上完成的。由于DME系统机载询问器在测距时不仅要收到本机询问的回答信号，而且还要收到其他飞机的回答信号。为了从这些信号中确认“自己的”回答信号，测距电路需要具有对自身回答信号的搜索、捕获和跟踪能力，并且在实现跟踪后，当回答信号暂时丢失时还要具有一定的记忆能力。这就是脉冲测距原理中的所谓“四大环节”——搜索→捕获→跟踪→记忆。

1. 搜索、捕获状态

询问器所发射的钟形脉冲对，其重复频率与工作状态有关。在搜索期间，为减少搜索时间，询问速率应当高些，最大速率可达150对/秒。在跟踪期间，为了充分利用地面应答器的工作容量，要尽量减少发射询问脉冲，以便能使更多的飞机进行询问。因此，询问器在跟踪期间发射脉冲对的重复频率一般为24对/秒左右。

在机载询问器企图建立询问和回答之间的同步关系期间，询问器处于搜索状态。在此期间通常应增加询问率，以减少完成搜索的时间。对于模拟式（采用锯齿电压方式）搜索可以在20s内完成，而数字式（采用计数方式）搜索可以在2s内完成，因为前者不管有没有回答信号存在，搜索门都缓慢地匀速移动，后者在每次询问后，搜索门总是在上次搜索时最先出现回答信号的位置上出现，推进速度很快。最新的测距询问器采用数字式相关器记录每次询问后应答脉冲的分布，数次询问后就可得出在哪一个时间单元回答脉冲最集中，从而在一秒甚至几分之一秒时间内完成搜索任务。

值得注意的是，多架飞机同时对一个地面应答器询问时采用的是同一频率、同一编码信号，而应答器将一一给予回答，那么各个机载询问器又是如何知道哪个是给予自己的回答呢？事实上，DME 系统测距时利用了所谓的频闪效应，即每架飞机都有各自的、彼此不相关的询问随机抖动特性（源自不同的振荡源），相对于本飞机询问的回答脉冲总是与本飞机的询问同步的，而与其他飞机询问的回答脉冲是不同步的，这就是所谓的"频闪效应"。机载询问器在发送询问脉冲时，同时开启与询问脉冲源自同一振荡源的距离门，对应答脉冲进行搜索和捕获，这个距离门就如询问脉冲的影子，它会由近至远的在时间轴上移动，搜索寻找自己的回答脉冲。由于询问脉冲是随机抖动的，因而回答脉冲、距离门也是随机抖动的，且抖动规律一致。由于不同飞机的机载设备询问脉冲抖动没有同步关系，因而它们在时间上同时重合的概率很小，这就好比一个随意晃动的人，他的影子会始终与其同步晃动，而另一个与其一起晃动的人会很快失去与这个人的同步关系。因而距离门即使套住了其他飞机的应答信号，因其很快就会丢失这个信号而不能在一定重合概率判决条件下捕获该信号。只有属于自己的应答信号才能连续重合达到规定的概率判决条件而被捕获跟踪，这样就能有效地识别属于自己的应答信号，解决了多架飞机同时询问的问题。

2. 跟踪、记忆状态

一旦询问器确认了属于它自己的同步回答，询问器捕获该信号并保持锁定，距离门将跟随因飞机运动而导致的回答脉冲移动。此时，询问器即处于跟踪状态，输出和显示所测距离。为了减轻地面应答器的工作负荷，或者说为了提高地面应答器有可能服务的飞机架数，在跟踪时应尽量降低询问率。

如果电波被障碍物或其他飞机遮挡，或回答信号被识别码抢权而丢失，或飞机处于天线方向图零点，或地面台短暂关闭引起回答信号在短时间内消失，机载设备将进入记忆状态。该状态的机载设备内插记忆装置将以飞机原有的运动速度进行记忆跟踪，记忆跟踪的时间可以设定。在记忆跟踪时间内，跟踪门内若没有回答脉冲出现，仍继续保持跟踪，而不必立即返回搜索状态。超过记忆跟踪时间约定，若仍没有收到回答信号，询问器才重新返回到搜索状态。在记忆跟踪时间内，一旦出现满足跟踪条件的状态，就立即转入正常跟踪。

DME 系统采用的信号格式是钟形脉冲对编码信号，这就出现了在测量询问和回答脉冲时间间隔时，应以脉冲对的哪一个脉冲作为定时脉冲的问题？而且定时点又应选在脉冲波形的什么位置？起先的测距询问器应用第二脉冲定时，也就是说，测距是测量所发出的询问脉冲对的第二脉冲和所收到的回答脉冲对的第二脉冲之间的时间间隔。第二脉冲定时的优点是译码的生效与时间测量的开始同时进行，如果译码失效，时间测量也同时立即取消。但是第二脉冲定时对多路径非常敏感，特别是第一脉冲的多路径回波叠加在第二脉冲上，使第二脉冲波形发生畸变，就会造成定时点移动，增大了测距误差。因而，现代的测距器系统通常应用第一脉冲定时，也就是说，测距是测量所发出的询问脉冲对第一脉冲和所收到的回答脉冲对第一脉冲之间的时间间隔。这样，就能有效克服多径干扰的影响，提高了测距精度。

测距系统除了需要规定利用脉冲对的哪一个脉冲作为定时脉冲外，还必须规定相对于该定时脉冲的具体定时点的位置，只有这样才能精确进行时间测量。对于 DME 系统，采用了所谓的“半幅度定时”，即以第一脉冲上升沿 50%幅度点的位置作为定时的基准点。虽然在第一脉冲上升沿的 50%幅度点处已经受到一些短延时回波的影响，定时基准点可能会有一些移动，但这种影响是 DME 系统的总精度所许可的。

一种机载询问器的原理框图如图 5-7 所示。其中，颤抖脉冲产生器是一个具有可变分频比、对定时振荡器输出进行分频的分频器，用于产生脉冲间隔 t_0 随机颤抖的脉冲列。其输出的随机脉冲加到调制器，以确定发射询问脉冲的时刻。调制器产生具有适当间隔的脉冲对，控制发射机功率放大器进行振幅调制，形成由无方向性天线辐射的、具有准高斯形状的射频脉冲对。射频信号是由频率合成器产生的，它产生的射频信号一方面馈给发射机，另一方面又作为接收机的本振信号。

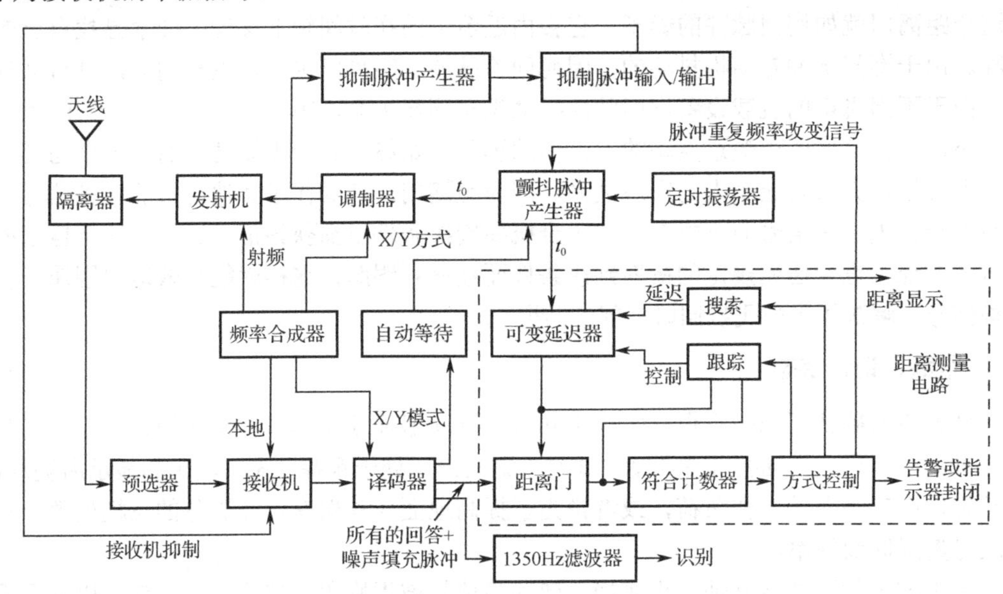

图 5-7 机载询问器的原理框图

由天线接收到的信号经过一个调谐的预选器加到接收机混频器，预选器既对接收信号提供镜频抑制，也阻止从发射机来的信号进入接收机。此外，一般还采用双工接头来保证收发共用一个天线时的接收和发射信号的隔离。接收机的输出是一个已被检波的视频信号，它被加到译码器。

译码器对每一个具有正确间隔的脉冲对产生一个脉冲输出，译码器的输出包括了对所有询问飞机的回答脉冲、噪声填充脉冲以及重复频率为 1350Hz 的识别脉冲。在识别状态下，译码器的一个输出经 1350Hz 带通滤波器滤波，产生 1350Hz 音频送到驾驶员的视听组合系统。译码器的另一个输出送自动等待电路进行计数，若每秒计数超过 650 个脉冲，那么它的输出就启动颤抖脉冲产生器，否则颤抖脉冲产生器被封锁，处于等待状态。译码器的第三个输出加到距离门。

在颤抖脉冲产生器产生一个随机间隔 t_0 的脉冲列触发调制器发射询问脉冲的同时，t_0 脉冲列也加到可变延迟器。可变延迟器的延迟时间 T，当询问器处于搜索状态时，由搜索电路控制；当询问器处于跟踪状态时，由跟踪电路控制。在搜索期间，可变延迟器的输出信号，即距离门信号，在每次询问之后 Tμs 打开距离门，若距离门被打开时接收到了译码输出的回答脉冲或噪声填充脉冲，那么这个脉冲就通过距离门加到符合计数器。若没有收到回答脉冲，可变延迟增加，继续搜索。当符合计数器的输出突然增大，说明搜索到了自己的回答脉冲，即延迟时间 T 等于电波从飞机到地面台的往返时间加上转发固定延迟。这时方式控制电路控制启动跟踪电路，封闭搜索电路，把重复频率改变信号送到颤抖脉冲发生器，降低询问脉冲重复频率，由搜索状态的 40～150 对/秒至跟踪状态的 10～30 对/秒，并准备开始距离读数。

在跟踪期间，可变延迟由跟踪电路控制，以便把自己的回答脉冲保持在相应距离门信号的中间。如果飞机向着地面台飞行，那么回答脉冲将连续在距离门内，并向前移动，跟踪电路就控制可变延迟电路相应的减少延迟；反之，飞机背向地面台飞行时，在距离门内，回答信号将连续向后移动，则跟踪电路就控制可变延迟电路，使延迟相应的增加，始终保持距离门信号的中心对准自己的回答译码脉冲。可变延迟就代表着飞机到地面台的斜距，这样一个正比于或代表着这个可变延迟的信号就加到距离指示器，提供距离指示。

如果自己的回答脉冲丢失了，那么符合计数器的计数速率下降为 0 或先前的 8～9 个计数，这时在方式控制电路的控制下，由跟踪状态转到记忆状态。记忆电路有静态记忆和速度记忆两种，静态记忆是固定的记忆，而速度记忆则根据丢失前已经知道的速率连续改变可变延迟。5s 后如果还收不到自己的回答信号，方式控制电路就把工作方式由记忆状态转换到搜索状态。

作　业　题

1．画出 DME 系统的组成框图，简述其工作过程。

2．如何提高脉冲式测距的精度？

3．说明脉冲式测距搜索、跟踪的基本原理，为什么要求 DME 在搜索期间发射询问脉冲的重复率比在跟踪时高？

4．DME 系统地面应答器产生回答脉冲过程中为什么设置一个固定延时？

5．DME 系统是如何实现多用户同时测距的？

第6章　塔康系统

6.1　概　　述

塔康是战术空中导航（Tactical Air Navigation）英文缩写 TACAN 的汉语音译名称。由于该系统的有效作用距离在近程范围内，且只用于航空导航，所以又称为航空近程导航系统。

6.1.1　系统组成、功能与配置

塔康系统一般包括两大基本设备，即塔康信标和机载设备。完善的塔康系统配置除信标和机载设备外，还配有信标监测器、信标模拟器和塔康指示控制设备等。塔康系统组成示意图如图 6-1 所示。

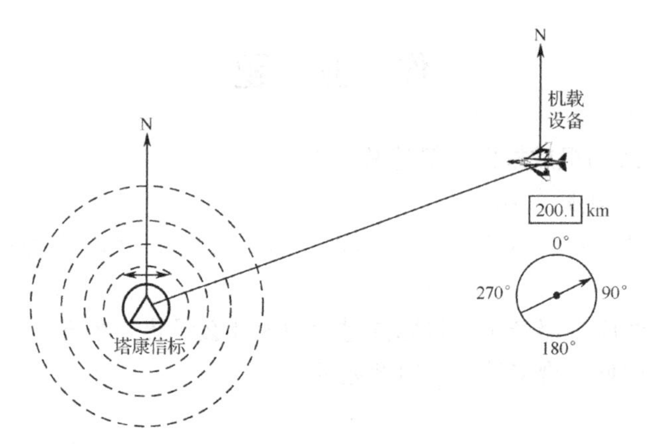

图 6-1　塔康系统组成示意图

塔康信标以旋转天线方向图的形式向作用空域发射无线电信号，为安装有塔康机载设备的飞机提供方位测量信息，同时作为测距应答机，接收并回答机载设备发来的测距询问信号。塔康机载设备接收塔康信标发射的方位信号，实现飞机方位角或电台方位角的测量，同时作为测距询问机发射和接收测距信号，实现距离数据测量，所测得的方位和距离数据既可以通过机载设备指示器直观显示，也可以通过导航计算机解算获得位置坐标数据，供显示或助航。

塔康信标监测器是用于监视和测量塔康信标主要性能指标的配套设备，是保证信标可靠工作的重要专用仪表组合；塔康信标模拟器是用来检查、测试、校准塔康机载设备主要性能指标的专用设备，它模拟产生塔康信标发射的方位信号和距离回答等信号，并准确提供方位、距离、射频信号电平等数据指示，还可模拟方位和距离变化率，具有完善的控制和测试功能；塔康指示控制设备，有时也称为塔康机载设备测试仪，它是测试塔康机载设备收/发主机的必备配套设备，能为测试塔康机载设备提供指示、控制等全套从属部件及适当的接口，可以方便地与塔康信标模拟器配合，对机载设备主机进行全面测试。

塔康系统的功能是为飞机提供方位角和距离导航信息，实现为飞机的指向和极坐标定位，

可用于建立航线、归航、空中战术机动和作为位置坐标传感器。

塔康信标通常架设在机场或航路点的已知地理位置，为塔康机载设备提供方位信号及测距应答信号，所以常称为塔康地面信标（或塔康地面设备）。为了某些特殊用途，塔康信标还可装在大型军舰（如航空母舰、大型驱逐舰等）、大型飞机（如空中加油机）上，称为舰载塔康信标、机载塔康信标。

6.1.2　系统应用和发展

1．应用情况

塔康系统通过测距功能可以获得圆位置线，通过测向功能可以获得直线位置线，两位置线的交点就是目标的位置，属于极坐标定位系统。因此，塔康系统可直观提供方位、距离指示，并实现单台定位，能够直接导出位置坐标。

塔康系统经多年的应用，逐渐演绎出五种主要应用形式，分别为正常工作模式、空/空距离模式、空/空距离+方位模式、正常逆模式、空/空逆模式，从而适应于不同的导航要求。这五种模式的示意图如图 6-2 所示。

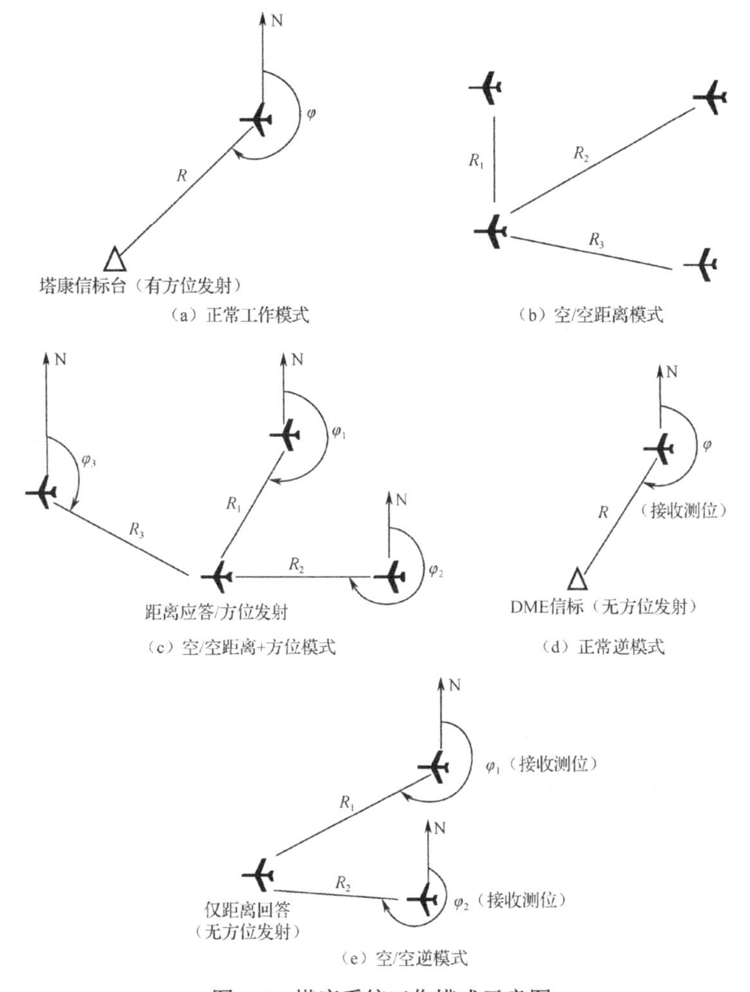

图 6-2　塔康系统工作模式示意图

1）正常工作模式

该模式下一个塔康地面信标台能够同时为在作用范围内的 100 架飞机提供测距、测向和台识别信息，以确定飞机相对于已知地面台的位置。如果飞机只进行测向和台识别，则工作容量无限。

2）空/空距离模式

这种模式是塔康机载设备的一种功能扩展，它除了具有正常工作模式的应用能力之外，还具有飞机与飞机之间的测距功能，适用于空中编队和集结。

3）空/空距离+方位模式

该模式是塔康机载设备功能的进一步扩展，它类似于一个机载的塔康信标台，可以为空中飞机提供测距、测向信息，实现多架僚机相对一架长机进行定位。这种模式比空/空距离模式更有利于进行空中编队和集结飞行。

4）正常逆模式

这是塔康机载设备通过适当改造（主要是携带方向性天线，具有主动测角能力），利用民航 DME（测距器系统）地面应答信标的信号进行极坐标定位的工作模式。这种模式一般用于专用飞机导航。

5）空/空逆模式

该模式是“空/空距离+方位模式”的倒置即逆式，这种方式的机载设备也要携带方向性天线，但它不是用于方位发射，而是用于接收测角。该种模式也是用于空中飞机与飞机之间的相对定位。

2. 系统发展

塔康系统是根据军事需求，由美军从民用导航系统的伏尔（VOR）系统和地美仪（DME）系统演变发展起来的。该系统把 VOR 测向（测角）和 DME 测距结合起来，让 VOR 在原来的 U/V 波段提高到 DME 的 L 波段上工作，以缩小工作在超高频波段的 VOR 全向信标（特别是它的天线）的体积，以便能装在舰船、飞机、甚至坦克和卡车上。美军最初设计的塔康系统用于航母编队，为舰载飞机提供导航服务。由于塔康系统测角测距精度较高，系统能提供二维定位，信标天线体积较小、便于机动等，很快被世界各国空军采用。经过半个多世纪的使用和发展，塔康系统不仅用作航路导航，而且还用作空—空导航，满足空中加油、编队飞行等导航要求，成为军用标准导航系统。几十年来，塔康系统虽然在系统体制上没有发生什么变化，但其设备随着电子技术、信息处理技术、计算机技术及相关理论与科学的发展，不断更新换代，从以电子管为主，经历了晶体管电路、全固态电路、嵌入式控制技术等的发展过程，以功率合成、频率合成、大规模集成电路技术为特征的产品得到普遍应用。

我国从 20 世纪 60 年代中期就开始研制塔康系统，并很快在军用导航领域推广使用，期间还开展了塔康数传兼备系统的应用研究。目前国内的塔康系统已实现地空配套、成网建设的目标，应用更加广泛、可靠。随着国防现代化建设的需要，塔康系统将会得到进一步的发展。

6.1.3 系统性能及特点

1. 系统性能

1）工作频率和波道划分

塔康系统的测距功能完全是由 DME 系统演化而来的，两者完全兼容。因此，塔康系统工作频率和波道划分情况也与 DME 系统完全相同，可参考第 5 章的地美仪系统。

2）系统工作区

塔康系统工作区是指在设备正常工作条件下，系统能可靠提供预定数据（方位、距离等）精度的最大可作用空间。它受到电波传播特性和有关设备特性的制约，图 6-3 所示为塔康系统的工作区。

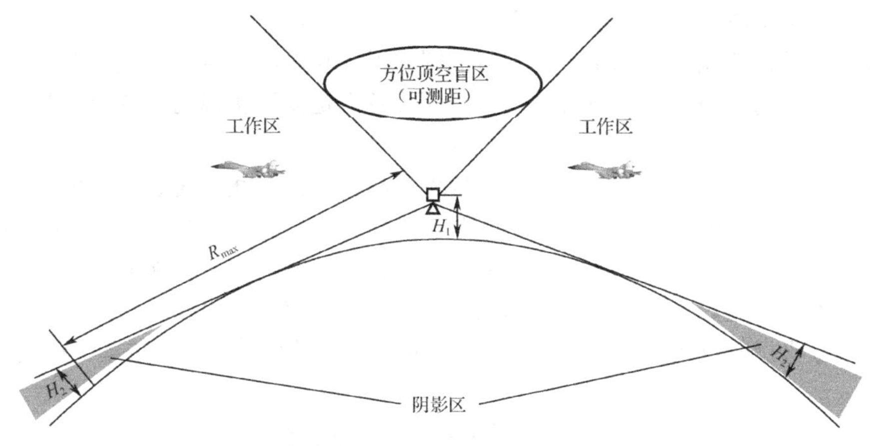

图 6-3　塔康系统的工作区

图 6-3 中与球面相切线的下部阴影区为信号死区，信标天线倒顶锥角区域为天线方位信号顶空盲区。由此可见，飞机如果在阴影区飞行，由于收不到信号而不能利用塔康系统导航；飞机如果在天线方位顶空盲区内，因接收方位信号弱而无法实现测向，但仍具有一定的测距能力；如果飞机在顶空盲区与阴影区之间，则能够接收到测距测向信号，这个空间区域就是塔康系统工作区。很显然，图 6-3 中阴影区的高度 H_2 是与塔康信标天线架设高度 H_1 密切相关的，H_1 越大，H_2 就越小，工作区域也就越大。

为了扩大系统工作区，主要的途径是提高天线性能和改善机载设备方位测量能力，以减小顶空方位盲区倒锥角，这个倒锥角随着信标天线的不同而不同，通常在 90°～120°之间。一般来说，塔康系统工作区水平覆盖范围是以信标台为中心、半径大于 350km（飞机飞行高度 10000m）的区域。

3）工作容量

塔康系统的工作容量是指一个塔康信标能够同时容纳与其配合工作的机载设备的最大数量。由于塔康系统测向时机载设备在接收状态便可实现，因此塔康系统的测向对工作容量没有限制。而在测距时却需要地面信标应答，所以塔康系统的工作容量取决了测距时的工作容量。显然，在测距时的工作容量要求，塔康系统与 DME 系统是完全相同的，读者可参见第 5 章中的 DME 系统性能部分。

4）系统精度

塔康系统的精度指设备在规定的使用条件下，系统所能达到的测距、测向精度，其数据一般都是用统计方法获得的。现代塔康系统的测距精度在整个工作区内不大于±200m（2σ），测向精度不大于±0.5°（2σ）。

2．系统特点

塔康系统与 DME 系统一样工作于 L 波段，这个波段具有传输损耗小、场地影响较弱、频段不甚拥挤、设备射频器件尺寸较小等特点。相对于 VOR/DME 组合系统来说，塔康系统拥有更多的优点：一是由于频率更高，天线尺寸更小，因此适合于装在舰船、飞机等运行体或其他战术位置上，机动性好；二是方位和距离测量用同一频道，这不仅减少了所占用的频道数，而且也保证了某些设备的经济性，特别是机载设备只用一个接收机就能同时获得方位和距离两个信息；三是采用多瓣天线方向图（普通 VOR 信标为单瓣方向图），提高了方位测量精度。此外，从塔康系统所采用的定位原理来看，它也拥有一些特殊的优点：

（1）单台定位。塔康系统利用测距获得的圆位置线和测向获得的直线位置线相交即可实现极坐标定位，这对于单一测向设备或单一测距设备都是无法实现的，这一点对军用系统极为重要。

（2）定位精度高。在极坐标系统中，圆位置线与直线位置线交角总是直角。在导航原理中已经证明，交角为直角时位置线误差引起的定位误差从原理上来说为最小，即定位精度高。

（3）适宜近程导航。对于测距系统，在测量误差一定时，位置线误差并不随所测距离变化而变化；但在测向系统中则不然，测向系统的位置线误差与距离成正比。因此，作为测距测向相结合的极坐标定位系统，其定位误差的分布场为发散型，即距离越远，精度越低。

6.2　系统工作原理

塔康系统通过测量飞机到地面信标的距离和飞机方位角，获得以信标为参考点的圆位置线和直线位置线，采用极坐标定位原理实现飞机的定位。其中距离测量采用的是询问/回答式脉冲测距原理；方位角测量采用的是相位式旋转天线方向图法测角原理。

6.2.1　测距原理

塔康系统的测距采用的是询问/回答式脉冲测距技术，这与第 5 章中所阐述的 DME 系统测距原理完全相同，这里不再赘述。

需要说明的是，塔康系统测距公式中的系统固定延时 t_0，是塔康信标从接收机载询问到发出应答脉冲的时间延迟。规定固定延时一方面是考虑应答器电路延迟的不一致性，以及应答器信号处理时间和机载询问器零距离测距的保留时间，另一方面还具有战时反利用的作用，因为固定延时的调整可以使敌方的机载设备进行失败的伪测距。

6.2.2　测角原理

塔康系统测角（也称测向）采用的是相位式旋转天线方向图法测角原理，这与普通伏尔系统非常类似。这种原理就是地面信标天线以其具有的特定方向图全向辐射信号，天线方向图以角速率 Ω 顺时针旋转，在某一方位上形成受时空调制的无线电信号，机载设备接收该信号，其接收信号包络即受到 Ω 角频率调制，经幅度解调即可得到以 Ω 角频率变化的正弦包络信号，该包络信号电相位与所测方位角具有一一对应关系，对该信号进行变换处理，就可获得所需的方位角数据，从而达到通过电信号测量获得飞机或信标台所处地理方位的目的。

在第 4 章伏尔系统中我们已经知道，当给具有水平心脏形方向图的天线馈送一等幅波信号，且使得该心脏形方向图以 Ω 角速度顺时针旋转时，如图 6-4 所示，则该天线在 θ 方向上辐射信号以接收点的感应电动势表达为：

$$e(t,\theta) = E_T(1 - m\sin(\Omega t - \theta))\sin\omega t \tag{6-1}$$

即天线向空中辐射的信号转变为调幅波信号，包络形状由方向图形状与其旋转速度共同决定，不同方向辐射信号的差别主要表现在包络信号的初始相位不同，且初始相位与角度 θ 具有一一对应的关系，通过对包络信号（又称可变相位信号）的初始相位测量即可实现角度 θ 的测量。

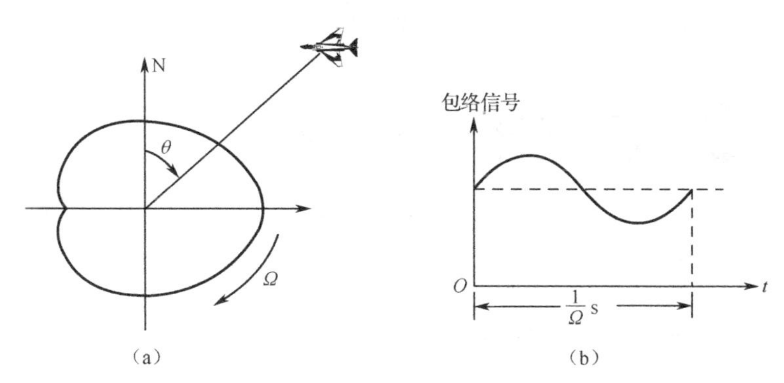

图 6-4　心脏形方向图旋转及其辐射信号包络

假如心脏形方向图最大值位于正东时开始旋转，则位于正南方向的接收点其感应电动势包络信号初始相位为零。图 6-5 用图示法给出了飞机在塔康信标的东、南、西、北四个特殊方位上正弦包络信号的初始相位值。可见，这个初始相位恰好与塔康信标所处方位一一对应。为此，只要标识出心脏形方向图最大值位于正东的时刻，即可通过机载接收设备测量接收信号包络初始相位获得塔康信标所在方位角度，这个标识只需要辐射一个基准信号即可实现。

值得注意的是，前面所讲的是以包络信号正斜率拐点作为初始相位零值点，这时所测电相位恰好与塔康信标的方位角度（导航台方位角）一致，而如果要给飞机定位，则需要测量飞机方位角。我们都知道，飞机方位角与导航台（塔康信标）方位角相差 180°，因此，只要以包络信号负斜率拐点作为初始相位零值点，则这时所测电相位就与飞机的方位角度一致起来，从而实现机载设备对飞机方位的测量。

塔康系统为了提高测角精度，实际工作中采用了粗测和精测两种方法。

1. 方位粗测原理

方位粗测是建立正弦包络调制信号一个周期（360° 电相位）和地理方位（360°）一一对应的关系，并用测量的电相位表示地理方位的一种方法。具体原理是塔康信标天线通过在水平面内以每秒 15 周顺时针旋转的心脏形方向图（见图 6-4（a））向周围空间发射信号，此时接收端形成的正弦方位包络信号一个周期的电相位（360°）和地理方位是一一对应的。如果对电相位的测量误差为 1°，那么所带来的地理误差也是 1°。所以说这一测量精度不高，因而叫作粗测。但它有一个明显的特点，就是无多值性，即一个确定的电相位数值只对应一个确定的地理方位数值。

前面提到，实现方位测量的一个关键因素是发射相位测量的基准信号，这个基准信号在实际中规定为心脏形方向图最大值处于正东方时发射基准脉冲群。对应心脏形方向图 15Hz 包络的基准脉冲是主基准脉冲。图 6-5 给出了飞机分别位于塔康信标东、南、西、北四个特殊地理方位情况下，15Hz 包络信号与主基准脉冲的对应关系，以及机载指示的电台方位角度值，进一步说明了粗测的基本原理。

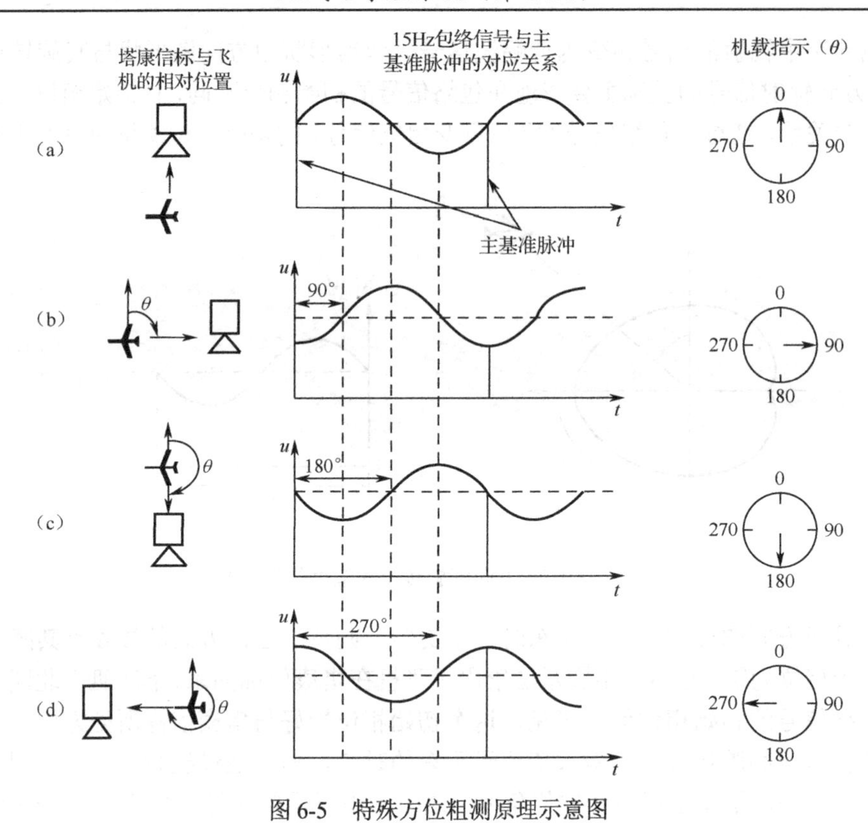

图 6-5 特殊方位粗测原理示意图

2. 方位精测原理

方位精测原理和粗测原理非常相似，也是相位测量原理，所不同的是提高了测向精度。在粗测中已经提到，它的电相位测量误差按“1 比 1”关系转变为方位误差。如果能够将电相位测量的误差按一定的比例缩小变为方位误差，就可以在相同电相位测量误差条件下提高方位测量的精度。塔康系统的方位精测正是基于这一点，它采用的变比是“9 : 1”，即用 9° 电相位表示 1° 地理方位。所以从原理上讲，方位精测误差是粗测误差的 1/9。为此，信标天线的方向图在粗测单一心脏形的基础上又附加一个九瓣调制，构成了九瓣心脏形方向图，如图 6-6（a）所示。

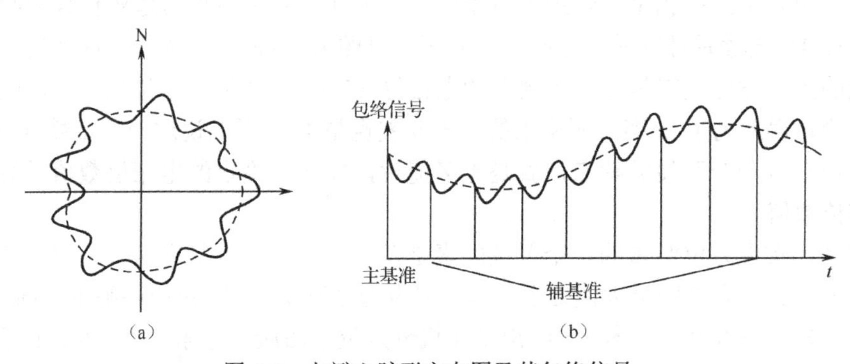

图 6-6 九瓣心脏形方向图及其包络信号

当心脏形方向图旋转一周扫掠某架飞机时，九个小瓣也逐次地扫掠飞机（相当于一个小的心脏形方向图转了 9 圈）。这时，机载设备接收的方位包络信号中不仅包含有一个 15Hz 的正弦信号，还包括一个频率为 15×9=135Hz 的正弦信号，精测就是测量此 135Hz 正弦信号的相位。由于 135Hz 正弦信号的一个周期（360°）对应 40° 的地理方位，即 9° 电相位表示 1° 地理方位，所以在相同的电相位测量误差条件下能提高地理方位测量的精度。同样为了测量 135Hz 包络信号的电相位也需要基准，为了区别，将粗测基准称为主基准，而精测基准为辅基准。辅基准发射时机规定为：当九瓣心脏形方向图的每瓣（最大瓣需发射主基准除外）最大值旋转指向地理位置正东方时，地面信标发射辅基准信号，这个信号同样采用脉冲形式。这样一来，精测即是测量 135Hz 包络比相参考点（正或负斜率零拐点）滞后于辅基准脉冲的相位差。图 6-6（b）给出了飞机位于塔康信标正北方时接收包络信号与主、辅基准的关系图。

从方位精测的原理中可以看出，精测的突出优点是精度高，但也有缺点，就是存在多值性。由于 135Hz 包络信号的一个周期（360° 电相位）对应一个 40° 地理方位区，而哪一个周期对应哪一个 40° 地理方位区并没有区别标记，因此精测精度虽高，但存在多值性而无法单独使用。若把它的优缺点和粗测的优缺点进行比较，可以看出前者的优点恰好能弥补后者的缺点，而后者的优点又能克服前者的缺点。塔康系统正是这样，把粗测和精测有机地结合起来使用，取长补短，其测向结果既精度高又单值，恰如钟表的时针和分针一样。

6.2.3　系统信号格式

由以上的介绍可以看到，塔康系统测向时采取的信号格式是调幅波信号，而测距时采用的又是脉冲信号，那么测距测向同时工作时的信号格式将是怎样的呢？这就是脉冲填充下的调幅信号，其复合信号形式如图 6-7 所示。

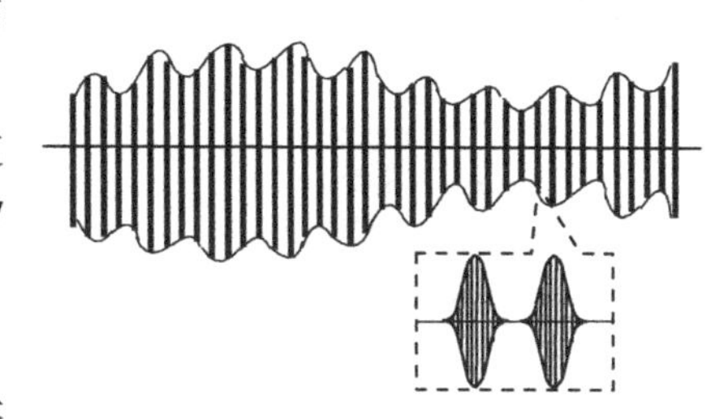

图 6-7　脉冲填充下的调幅信号复合信号形式

塔康系统采用的脉冲波形也是一种高斯钟形信号，这是一种窄带信号形式，具有良好的频率利用能力。塔康地面信标发射的脉冲编码信号格式有着明确规定。

首先，脉冲序列种类包括测向基准群脉冲、测距应答脉冲、随机填充脉冲、识别和平衡脉冲等。其中基准群脉冲又分为主基准群和辅基准群脉冲序列，周期性的不断发送，用于为方位测量提供相位测量基准；测距应答脉冲用于距离测量；随机填充脉冲的作用则是保证单位时间内的发射脉冲总数基本不变，以防止塔康机载设备接收到的调幅方位信号包络塌陷产生失真。通常当需要测距的飞机数量较少时，塔康信标发射的应答脉冲数量也较少，这时发送的随机填充脉冲就增多，从而保证用于测向的包络信号质量；识别和平衡脉冲用于传送台站识别信号，只有在系统处于识别状态下发射。当系统处在识别状态时，只发送基准群和识别脉冲（含平衡脉冲）序列，不发送应答和填充脉冲，并且识别脉冲均匀分布在两基准脉冲群之间。

其次，编码格式有脉冲对编码（又称基本编码，采取基本编码的原因在 DME 系统中已经提到了）、基准群编码和识别信号编码。塔康信标发射信号除 Y 模式的主/辅基准群以单脉冲为基本信号外，其他各类信号均是以特定间隔的脉冲对作为基本信号。塔康信标发射脉冲对基本编码规定 X 模式为 12μs，Y 模式为 30μs；塔康机载设备发射的询问脉冲对基本编码 X 模式为 12μs，Y 模式为 36μs。基准群编码包括主/辅基准脉冲数、相邻间隔时间，其编码规定如表 6-1 所示。识别脉冲是受莫尔斯码键控的编码序列，即在打键时，塔康信标发射的脉冲序列除主/辅基准群外，还在它们之间等间隔地插发 1350Hz 重复率的识别脉冲信号，即间隔 740μs

的识别脉冲对。同时，为了防止因识别脉冲对间隔时间较长而影响方位包络信号质量，在每个识别脉冲对后还要增发一对平衡脉冲，且识别对和相随的平衡对之间间隔为100μs。识别脉冲在机载设备中很容易被滤出，提供给飞行人员识别监听。

表6-1 主/辅基准群编码规定

群别	模式					重复周期/s
	X			Y		
	对数	对编码	相邻对间隔	个数	相邻间隔	
主基准群	12对	12μs	30μs	13个	30μs	1/15
辅基准群	6对	12μs	24μs	13个	15μs	1/135

6.3 系统技术实现

6.3.1 塔康信标

塔康信标一般由天馈线系统、发射机、接收机、编/译码器等组成，其外形及组成框图如图6-8所示。

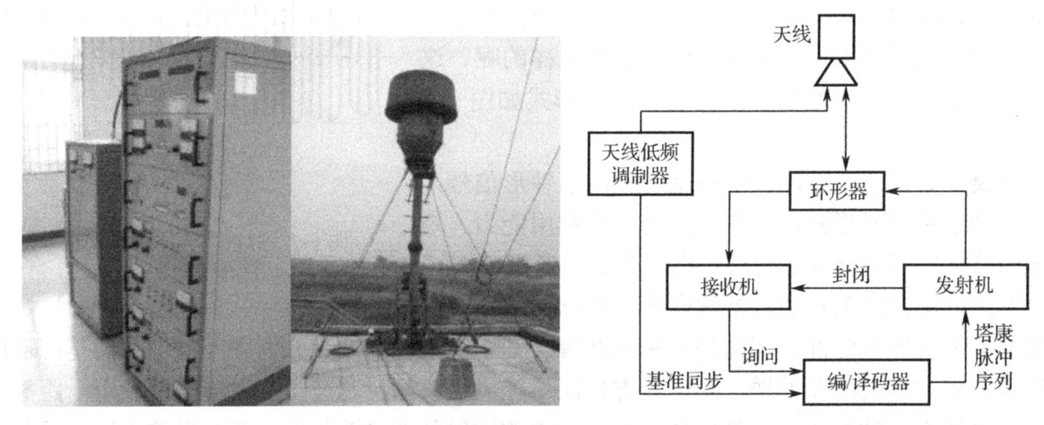

图6-8 塔康信标外形及组成框图

天馈线系统由天线阵和形成天线方向图及旋转扫描所需的控制驱动电路、环形器等组成。天线阵形成九瓣心脏形方向图，并以恒定的15Hz速率顺时针旋转；天线方向图形成及其旋转可以是传统的机械扫描，也可以是相位控制的电子扫描；塔康信标发射机保证有大功率发射和较满意的频谱特性；接收机有较高的灵敏度及对数控制特性的自动增益控制（AGC）电路，能保证为远、近距离塔康机载设备的测距询问信号提供可靠的延迟回答。发射和接收使用同一天线，由环形器负责收/发信机隔离和收发信号的控制，保证发射信号安全地馈送给天线，并将接收信号单向馈送给接收机。编/译码器的作用是完成对塔康信标接收机来的测距询问脉冲进行译码，并对各种输出信号进行脉冲编码，经过固定延时形成应答脉冲及其序列。编/译码器的输入信号是基准同步脉冲、接收机来的询问脉冲以及随机噪声信号产生器来的随机填充触发脉冲，另外还有识别信号触发脉冲。输出信号是脉冲序列，包括基准编码脉冲群、测距应答编码脉冲、随机填充编码脉冲、台识别编码脉冲（含平衡脉冲）。编/译码器按优先权等级输出、封闭各类脉冲，如在发射基准群之前 50μs 直到基准发送完成为止的时间内，只发基准不发其他任何信号，而在发射识别信号期间，不发射测距应答脉冲和随机填充脉冲。

天线系统有三项关键技术：第一是在结构上保证天线产生的方向图在垂直面内有较小的顶空盲区，在 0° 以下仰角有较小的能量辐射（主瓣具有锐截止特性），并且副瓣尽可能小。因为 0° 以下仰角能量太大且副瓣峰值较高，一方面使 0° 以上仰角能量辐射减小，有用能量被损耗了，另一方面对地表面辐射的能量增大，引起地面反射信号场强变大，加大零区的深度。第二是在水平面内，方向图形成的 15Hz 和 135Hz 包络调制深度及其两个调制分量的相位偏差都应控制在一定范围之内。因为调制深度太深，在信号的波谷会影响机载接收机对基准的检测，一旦检测不出基准，将会导致方位测量失败；调制深度太浅，15Hz 或 135Hz 正弦分量过小，正负斜率零拐点的分辨力下降，机载设备方位测量误差就会增大，方位指示器指针将在大范围内摆动；再者，由于 135Hz 方位信号是根据 15Hz 方位信号所划分的每个 40° 区，起补充测量、提高方位测量精度的作用，所以 135Hz 相位应与 15Hz 划分的每个 40° 区保持同步关系，以免造成错区情况发生；第三是驱动天线方向图旋转的电路必须保证旋转周期恒定，偏离 15Hz 的误差应严格控制在一个最小值内。因为塔康系统按一个（1/15）s 时间把周围空间划分成 360°，即 1° 所占时间为 185.185μs，如果扫描速率减慢或加快，1° 所需的时间将增大或减小，对机载设备的方位测量会产生坏的影响，特别是用计算机以时钟周期来定时处理的设备，这个误差会累积形成系统测量误差。当计算机一定要去适应这种变化而不得不经常测量 15Hz 速率时，就会加大运算量及信号在实际环境传输过程中形成的起伏变化，计算机甚至可能无法对这种信号进行处理而导致方位测量的失败。

6.3.2　机载设备

塔康机载设备，顾名思义是塔康系统装在飞机上的部分，它与塔康信标结合，构成基本塔康系统，利用塔康信标的信号测出塔康信标方位角或飞机方位角以及飞机到信标台的距离，并予以显示。

塔康机载设备由天线、发射机、接收机、方位测量电路、距离测量电路及控制盒等组成。其外形及工作框图如图 6-9 所示。

设备的发射和接收用同一副天线。为了使发射信号和接收信号互相隔离，利用环行器使发射和接收信号各行其道，隔离度达 20dB。机载设备的天线按其外形习惯上称之为“刀形天线”，它实际是一个半波振子天线，其水平方向图为圆，全向不均匀度小于 3.5dB，垂直方向图扇区 50°～60°，最大值方向 30°，轴向盲区约 30°。通常飞机上安装两副天线，机头蒙皮上一副，机腹部一副，机载设备工作时，只与一副天线接通，当这副天线上接收的信号弱或没有信号时，通过双天线转换开关，设备自动搜索寻找信号足够强的那副天线，并锁定在这副天线上。

接收机按外差方式工作，中频频率为 63MHz，接收前端有波道预选电路，带宽为 6～8MHz。为了保证接收机输出的视频信号调制包络不失真，即 15Hz 和 135Hz 正弦调制分量为线性，从接收的最弱信号到最强信号 AGC 的线性控制范围不应低于 50dB。

方位测量电路包括粗测通道、精测通道、判别/控制/转换电路三个部分。首先将主基准脉冲从接收的视频信号中识别出来，并与 15Hz 正弦信号的正（负）斜率零拐点进行相位比较，计算出粗方位，然后转换到辅助基准脉冲与 135Hz 正弦波正（负）斜率零拐点进行相位比较，计算出精方位，经过平滑处理后送显示器显示。

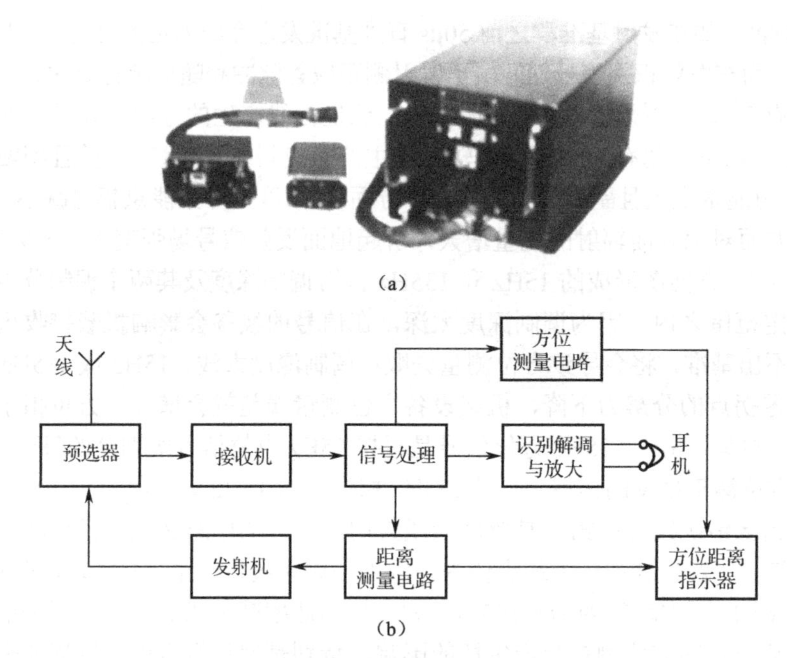

图 6-9 塔康机载设备外形及工作框图

距离测量电路包括询问脉冲产生、回答信号提取、距离数据运算及测距器工作控制、转换等部分。电路中的多谐振荡器产生 80～120Hz 脉冲，首先被晶体振荡器产生的某个时钟脉冲同步，然后根据测距器当时处在搜索或跟踪状态，产生询问脉冲对（搜索状态是 80～120Hz，跟踪状态是 20～30Hz），送发射机调制和功率放大，经天线发射给塔康信标。正确提取回答脉冲信号是测距器正常工作的基础，其工作原理是：由于某架飞机到信标的距离是确定的，即使飞机高速飞行，在连续询问的几个周期内，距离变化也不大，这就是说，飞机发出测距询问脉冲之后到接收到回答脉冲的时间是确定的，其他填充脉冲就不存在这种规律。因此，测距器可设计一个具有 4～5μs 宽度的回答脉冲提取闸门，使每次询问后的地面回答脉冲都可靠地落在该闸门之内，其他填充脉冲只偶尔落在闸门中，再根据多数判决原则，就可准确提取出回答脉冲信号。

距离测量电路实质是利用询问和回答脉冲的同步关系及询问重复频率的频闪效应对回答信号进行搜索，利用闭环自动控制原理对回答信号进行跟踪，并在跟踪之后进行距离测量的。在搜索状态，测距器在产生询问脉冲之后，距离计数器按时钟脉冲周期由小到大进行计数，并带动提取闸门从 0km 位置向后移动。当有由接收机来的视频脉冲在闸门内出现时，计数器停止计数，闸门也停留在该时间位置上。接着的下一个询问周期，在停留的闸门位置内，没有出现接收的视频脉冲，说明上一次遇到的是一个非本机回答脉冲（可能是随机填充脉冲或其他飞机的回答脉冲），距离计数器又在这个时间位置上继续计数，闸门也开始继续向后移动。当再一次在闸门内出现视频脉冲时，计数器又停止计数，闸门也在新的时间位置上停留下来，等待下一个询问周期，检查在该闸门位置上是否继续有视频脉冲到来。如果没有脉冲出现，说明上一周期遇到的仍然是非本机回答脉冲，测距计数器仍重复以前的状态继续计数向后搜索，直到连续几个询问周期，在提取闸门内都出现接收视频脉冲，说明已经搜索到对本机的回答信号，提取闸门变换为跟踪闸门，并按多数判决准则，对回答脉冲跟踪—记忆，并把正确距离数据送显示器显示。在跟踪状态，跟踪闸门代替提取闸门，它由时间上紧紧连接的两个闸门组成：前一个称为前跟踪闸门，后一个称为后跟踪闸门。当距离准确跟踪时，回答脉冲在两个闸门内出现的时间应相同；当回答脉冲在前跟踪闸门内出现得多，在后跟踪闸门内出现得少，或者相反情况时，比较之后形成一个误差信号就会去调整距离计数器，使跟踪闸门前后移动，保持回答脉冲落在前、后闸门的时间相同，达到距离跟踪的目的。

塔康系统作为军用标准导航系统，虽然其系统装备采用的电路技术有其特殊性，但脉冲测距的本质没有变化。因此，其细致的电路工作原理仍可参阅第 5 章 DME 系统的相关部分。

作　业　题

1. 塔康系统的波道是如何划分的？有何特点？

2. 塔康系统测向、测距的基本原理与伏尔和地美仪系统有何异同？

3. 如果飞机位于距塔康信标 300km 处，且飞机方位为 270°，试计算塔康机载设备询问与回答脉冲延迟时间（塔康地面信标固定延迟时间为 50μs）；画出机载设备测向电路 15Hz 包络与主基准脉冲间相位关系图。

4. 某一塔康机载接收机收到的信号如图 6-6（b）所示，那么该机上显示的飞机方位角是多少？

5. 塔康系统信号格式是怎样的？塔康信标为什么要发射随机填充脉冲？

第7章　俄制近程导航系统

7.1　概　　述

俄制近程导航系统是勒斯波恩系统的重要组成部分。勒斯波恩系统俄文全称为Радиотехническая Система Ближней Навигации，其意为近程无线电导航系统，俄文缩写为РСБН，汉语音译为勒斯波恩。勒斯波恩系统是苏联于20世纪50年代专门为军用飞机导航而研制的，该系统除具有塔康系统的极坐标定位功能外，还具有地面监视和进场着陆引导以及空/空相对导航等功能，是一个多功能综合导航系统。

7.1.1　系统组成、功能与配置

俄制近程导航系统组成与塔康系统类似，也是由地面设备和机载设备两大部分构成的，完善的系统配置还包括地面设备模拟器和机载指示控制设备等。地面设备及其附属设施构成台站，通常称之为俄制近程导航台（俄导台）。俄制近程导航系统机载设备也是勒斯波恩系统机载设备的重要组成部分。勒斯波恩系统机载设备是一部极坐标定位功能机载设备和地面监视功能机载应答器以及俄制仪表着陆功能机载设备、空/空导航定位功能的机载设备多合一的综合体，是一个比较复杂的机载多功能系统，不仅具有复合显示器，还和其他导航系统有接口关系，可进行程序控制。勒斯波恩系统机载设备的基本功能包括：①与俄制近程导航地面设备配合实施区域导航；②与俄制仪表着陆航向、下滑信标及测距应答器配合引导飞机精密进场着陆；③实现飞机之间的相对导航。可见，这个机载设备具有一机多用的能力，是机载电子设备综合的一个典型应用范例。

俄制近程导航系统主要具有三大功能：一是极坐标定位功能。该功能类似于塔康正常工作模式的极坐标定位功能，在这种工作方式下，飞机利用已知地面台进行主动测距、测向和台识别，实现极坐标定位。二是地面监视功能。该功能相当于地面监视二次雷达，即俄制近程导航系统可以在地面通过平面位置显示器（PPI）显示飞机相对台站的位置，并可识别飞机，这一功能是塔康系统所不具备的。三是空/空相对导航功能，即飞机与飞机之间能够进行相对导航定位。

俄制近程导航系统地面设备如同塔康信标一样，一般配置在机场或航路点。

7.1.2　系统应用和发展

俄制近程导航系统的用途一方面能像塔康系统那样，可直观地提供方位、距离指示，引导飞机归航和沿航线飞行，并能够实现单台定位进行区域导航，引导飞机空中集结、编队等战术飞行，位置坐标数据还用于对机载惯性导航系统进行校正；另一方面，该系统的地面监视功能可以帮助指挥人员了解飞机动向并辅助引导飞机；同时，空/空相对导航功能实现了飞机之间的导航，可满足多机会合和编队飞行的需要。

俄制近程导航系统像其他近程导航系统一样，能够建立航线和引导飞机归航，但由于俄

制近程导航系统主要服务于苏 27、苏 30 等第三代战机，其设计理念是实现飞机的区域导航，即提供位置坐标数据，因此，系统应用主要是与惯性导航系统组合，结合电子导航地图引导飞机飞行。此外，该系统的地面二次雷达功能，使系统为航空管制提供了又一手段。

俄制近程导航系统由于设计生产年代较早，因此其采用的电子技术相对落后，多为电子管真空器件和大功率电子元器件。在我国引进后，采用新的电子技术改造原系统，使系统性能得到提升。

7.1.3　系统性能及特点

7.1.3.1　主要性能

1．工作频率及波道划分

俄制近程导航系统工作在 L 波段，在 770～1000.5MHz 频率范围内以频分、码分组合方式划分波道。值得注意的是，俄制近程导航系统测向和测距采用的是不同的频率，而在塔康系统中两者使用的却是同一频率，这主要源自两种系统所采用的体制完全不同。具体波道划分如下：

1）地面设备发射信号工作波道划分

地面设备给机载设备发射测向、测距信号是在两个不同的载频上进行的，波道划分按频分、码分结合的形式实现，其分配规律和参数如表 7-1 所示。从表中可以看出，波道序号和编码序号及载波频率有确切的对应关系。

表 7-1　地面设备工作波道划分表的分配规律和参数

波道序号	编码序号	频率（MHz）	
		测　距	测　向
1	Ⅰ	939.6	905.1
2	Ⅱ	940.3	905.8
3	Ⅲ	941.0	906.5
4	Ⅳ	941.7	907.2
5	Ⅰ	942.4	907.9
6	Ⅱ	943.1	908.6
7	Ⅲ	943.8	909.3
8	Ⅳ	944.5	910.0
9	Ⅰ	945.2	910.7
⋮	⋮	⋮	⋮
44	Ⅳ	969.7	935.2
45	Ⅰ	970.4	873.6
46	Ⅱ	971.1	874.3
47	Ⅲ	971.8	875.0
48	Ⅳ	972.5	875.7
49	Ⅰ	973.2	876.4

续表

波道序号	编码序号	频率（MHz）	
		测距	测向
…	…	…	…
88	Ⅳ	1000.5	903.7
89			939.6
90			940.3
91			941.0
…			…
175			999.8
176			1000.5

（1）测向发射信号波道划分

测向信号发射频率在873.6～1000.5MHz范围内，共有176个波道。发射频率分为三段，各段中波道频率间隔均为0.7MHz。在905.1～935.2MHz频段中，对应1～44号波道；在873.6～903.7MHz频段中，对应45～88号波道；在939.6～1000.5MHz段中，对应89～176号波道。

（2）测距发射信号波道划分

测距信号发射频段为939.6～1000.5MHz，共有88个波道，波道频率间隔0.7MHz。1号波道对应频率为939.6MHz，2号波道为(939.6+0.7)MHz=940.3MHz。若令波道序号为N，则第N号波道的对应频率为：f_N=[939.6+(N−1)×0.7]MHz（N=1，2，3，…，88）。

测距信号具有规定的编码形式。在1～88号波道范围内，从1号波道开始，每相邻4个波道为一组，在每组中按顺序对应指配编码序号Ⅰ、Ⅱ、Ⅲ、Ⅳ（其编码规定见信号格式一节中表7-3）。如波道分组为1～4、5～8、9～12……，其中的1号、5号、9号……波道，编码按Ⅰ号编码参数执行，4号、8号、12号……波道，编码按Ⅳ号编码参数执行。总之，编码序号随波道序号的顺序增长，每四个一循环。

2）机载设备发射信号工作波道划分

机载设备发射信号包括极坐标定位的测距询问信号和地面监视功能下的测距应答信号，工作频段是770～812.8MHz，其工作波道的划分也采用频分、码分结合方式，但具体划分方法和地面设备发射信号有所不同。具体划分如表7-2所示。

（1）波道序号和信号频率的对应关系

整个工作频率分为三段：在772～808MHz频段中，从772MHz开始，每间隔4MHz为一个频点，到808MHz按序分为10个频点。波道序号1～40中，按开头顺序每相邻四个一组，也分为按顺序排列的10组，每组共用一个频点，如第一组波道序号为1、2、3、4，共用频点772MHz，第二组波道序号为5、6、7、8，共用频点776MHz，其余类推到第40号波道；在770～810MHz频段中，从770MHz开始也是每间隔4MHz为一个频点，到810MHz依次分为11个频点。波道序号从41到84，按序4个波道分为一组，每组共用一个频点，如波道号41、42、43、44为第一组，共用770MHz频点，45、46、47、48为第二组，共用774MHz频点，其余类推到84号波道；在812.8MHz频点上，是85～88号四个波道，这四个波道所共用的频点和相邻一组波道的频率间隔为2.8MHz，而不是4MHz。

表 7-2　机载设备工作波道划分表

波道序号	编码序号	频率（MHz）	波道序号	编码序号	频率（MHz）
1	Ⅰ	772	72	Ⅳ	798
2	Ⅱ	772	73	Ⅰ	802
3	Ⅲ	772	74	Ⅱ	802
4	Ⅳ	772	75	Ⅲ	802
5	Ⅰ	776	76	Ⅳ	802
6	Ⅱ	776	77	Ⅰ	806
7	Ⅲ	776	78	Ⅱ	806
8	Ⅳ	776	79	Ⅲ	806
9	Ⅰ	780	80	Ⅳ	806
⋮	⋮	⋮	81	Ⅰ	810
40	Ⅳ	808	82	Ⅱ	810
41	Ⅰ	770	83	Ⅲ	810
42	Ⅱ	770	84	Ⅳ	810
43	Ⅲ	770	85	Ⅰ	812．8
44	Ⅳ	770	86	Ⅱ	812．8
45	Ⅰ	774	87	Ⅲ	812．8
…	…	…	88	Ⅳ	812．8
68	Ⅳ	794			
69	Ⅰ	798			
70	Ⅱ	798			
71	Ⅲ	798			

（2）波道序号和编码序号的对应关系

由表 7-2 可知，总波道数为 88 个，从第 1 号开始每相邻四个波道为一组，每组中首号开始分别对应编码序号Ⅰ、Ⅱ、Ⅲ、Ⅳ。总之，编码序号的指配按波道序号（从 1 号开始）的顺序增长，每隔四个波道一循环。如 1、5、9……号波道均采用编码Ⅰ；2、6、10……均采用编码Ⅱ；以此类推。

3）空/空相对导航机载设备发射信号工作波道划分

空/空相对导航（即飞机与飞机之间导航）工作频段为 800～812.8MHz。其中 800～810MHz 频段中每间隔 2MHz 为一个频点，共有 6 个，分别是 800MHz、802MHz、804MHz、…、810MHz，最后 1 个或第 7 个频点是 812.8MHz。上述 7 个频点，每个指配序号为Ⅰ、Ⅱ、Ⅲ、Ⅳ的四种编码参数，就构成了 28 个空对空工作波道。

上面介绍的均指发射信号工作波道，众所周知，在无线传输信道中，一方的发射频率，也是另一方的接收频率，所以只要知道了发射频率，就可确知对方的接收频率。

2. 系统工作区

俄制近程导航系统与塔康系统具有相似的系统工作区，所不同的是由于两种系统采用了不同的技术体制，前者基于时基波束扫描技术实现测角，而后者则采用旋转天线方向图法测角，因此两者形成顶空盲区的机制不同，顶空盲区的大小也就有所不同。俄制近程导航系统的顶空盲区要比塔康系统小一些，一般为锥角 90°区域或更小。除了“死区”和顶空盲区之外的整个空间均为系统工作区，系统工作区内的作用距离与飞机的飞行高度有关，当地面台站天线架高一定时，该系统的作用距离主要取决于飞行高度。当飞行高度为35km时，作用距离为500km左右；在空/空状态下，当飞行高度大于7km、水平飞行，并且到长（僚）机的位置角不大于±45°时，各个方向的作用距离不小于 200km。俄制近程导航系统的距离表头上限一般为500km。

3．系统容量

俄制近程导航系统极坐标定位功能的工作容量其定义也和塔康系统类似，对于测距功能有容量限制，对于测向功能无容量限制。作为极坐标定位必须测距、测向同时工作，所以系统容量主要由测距容量限定，其设计值为100架，且其中有一定比例飞机处于测距搜索状态，即一个地面台组同时只能供不到100架的飞机进行定位。

4．系统精度

1）极坐标定位

（1）测角精度：优于±0.25°（2σ）。

（2）测距精度：优于200m±0.04%所测距离。

2）地面监视

（1）测角精度：优于±1°（2σ）。

（2）距离精度：作用距离在100km范围内，优于±3km；作用距离在400km时，优于±6km。

3）空/空定位

（1）方位误差：优于±3°（2σ）。

（2）距离误差：优于±（0.5+0.03%所测距离）km。

7.1.3.2 系统特点

俄制近程导航系统是专门为军用飞机导航而设计的，其最为显著的特点是多功能综合设计的思想，即作为勒斯波恩系统的重要组成部分，在实现空中极坐标定位和空/空相对导航定位功能基础上，还实现了地面的二次雷达监视功能。系统采用时基波束扫描和最小值信号法联合测角原理，测角精度高；测距采用大功率矩形脉冲信号格式，有效增大了系统作用距离，并具有一定的广谱抗干扰性能。俄制近程导航系统地面台站因相当于一个雷达站，所以存在易受反辐射攻击的问题。

7.2 系统工作原理

7.2.1 工作原理

俄制近程导航系统的主要功能是实现机上极坐标定位和地面监视空情以及空/空相对导航，这些功能的实现都需要通过测向、测距来完成。俄制近程导航系统采用询问/回答式双程脉冲测距原理，它和塔康测距的区别仅在于使用频率和编码参数等具体指标和技术实现上，并且俄制近程导航系统具有空中和地面双向测距能力，即空中和地面互为询问/应答器。询问/回答式脉冲测距原理在塔康系统一章中已进行了较详细的讨论，所以这里主要介绍俄制近程导航系统的测角原理。

1. 极坐标定位测角原理

俄制近程导航系统与塔康系统虽然都是要实现空中极坐标定位，并且采取的测距方法相同，但两者在测向技术上却采用了完全不同的技术方法。塔康系统测向采用的是相位式旋转天线方向图法测角原理，其本质是测量无线电信号的电相位，并将该相位与地理方位建立一一对应关系，从而达到测量飞机或电台方位角的目的。在导航原理中，还有一种测角方法，这就是时间式波束扫描测角方法。这种方法通过测量由扫描波束形成的脉冲信号与基准时刻的时差，将该时差与所测角度建立一一对应关系；此外，导航原理的测角方法中还有一种最小值法，这种方法利用天线方向图的最小值确定目标所在方向，具有测角灵敏度高的优点。俄制近程导航系统的测角采用的正是时间式波束扫描和最小值法联合测角原理。

俄制近程导航系统地面设备方位扫描天线采用了双针状波束，如图 7-1（a）所示，有时又称之为“羊角波束”。该波束以规定的速度顺时针在 360°方位内旋转，每当“照射”到作用区域内的飞机时，在机载设备内就形成一个双峰脉冲信号，这个双峰脉冲的包络如图 7-1（b）所示。很显然，如果能够确立一个时间基准点，那么在不同方位上的飞机其机载设备获得的双峰脉冲信号所处时刻是各不相同的（以双峰脉冲信号中心点作为其定时点，相当于利用双针状波束最小值进行测向，是 E 型最小值法测角）。假定以双针状波束最小值点位于正北时作为时间基准点，那么图 7-1（b）所示的 t_θ 就是双针状波束由北向转至飞机所在方位的时间，在波束扫描速度或周期已知的情况下，飞机的方位角即可由下式给出：

$$\theta = 360^\circ\, t_\theta / T \tag{7-1}$$

其中 t_θ 是双针状波束由北向开始旋转至“照射”到飞机的时间，T 为扫描周期。式（7-1）即为俄制近程导航系统实现测角的数理模型，这个模型确定了时间测量值与被测方位角度的对应关系，是一种时间式波束扫描和最小值法联合测角的方法。虽然这里测量的是飞机方位角，但依据飞机方位角和导航台方位角的关系，也可很方便地直接给出导航台方位角度值。

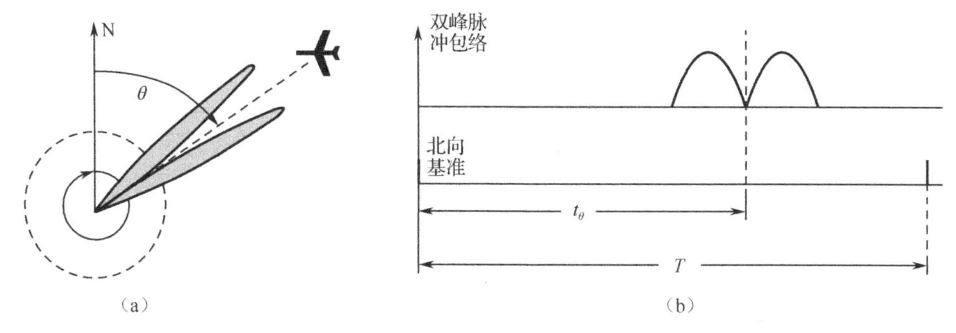

图 7-1　时基波束扫描测角原理示意图

实际的俄制近程导航系统在实现极坐标定位测角当中，并不是简单地在双针状波束零值点位于正北时发射一个时间基准信号作为机载设备测角的时间基准，而是采取了一种较为特殊的基准发射方式，其主要目的是克服飞机在高机动情况下容易产生基准丢失的问题，确保基准传送的可靠性。

俄制近程导航系统地面方位信标原理框图如图 7-2（a）所示，它包括工作在相同频率上的两部发射机及相应的两部天线。其中一部发射机输出连续波，通过顺时针旋转的强方向性天线辐射方位信号，该天线的水平方向图是双针状波束，旋转速度为100r/min，周期T=60/100=0.6s。另一部发射机以脉冲编码方式由全向天线（或无方向性天线）发射“35”“36”方位基准信号。双波束天线旋转一周发射等间隔35对脉冲，此信号就称为“35”方位基准信号；双波束天线旋转一周发射等间隔36对脉冲，此信号就是“36”方位基准信号。

系统规定，当双针状波束最小值方向和天线所处位置的真北向重合时，方位基准信号“35”与“36”脉冲恰好重合，这个重合脉冲可称为“35”“36”信号第1脉冲，在天线方向图旋转一周中它们只有在此时刻重合，因此定为方位零度，其后双针状波束将由零度方向开始扫过360°的所有方向。在波束扫过的飞机上将会收到连体的双峰脉冲，这个双峰脉冲的最小值点与“35”“36”重合时刻之间的时间间隔和扫描波束相对真北向顺时针转过的角度θ有关，其θ值依据式（7-1）获得。信标发射的方位信号波形如图7-2（b）所示，为简化分析，“35”“36”方位基准信号以单脉冲表示。图中序号1为机载设备收到的扫描天线发射的双峰脉冲，序号2为检波视频脉冲对，序号3、4分别为“35”“36”方位基准信号检波后的视频脉冲。

机上测角接收机接收地面信标发来的基准信号和双针状波束信号，通过放大和适当信号处理得到如图7-2（b）序号2所示的双峰脉冲和序号3、4所示的“35”“36”方位基准信号，并利用重合器获得序号5所示的北基准重合脉冲，该脉冲与双峰脉冲之间的时间间隔t_θ便可测得，利用式（7-1）可求得飞机真方位角θ或导出信标真方位角φ_m。

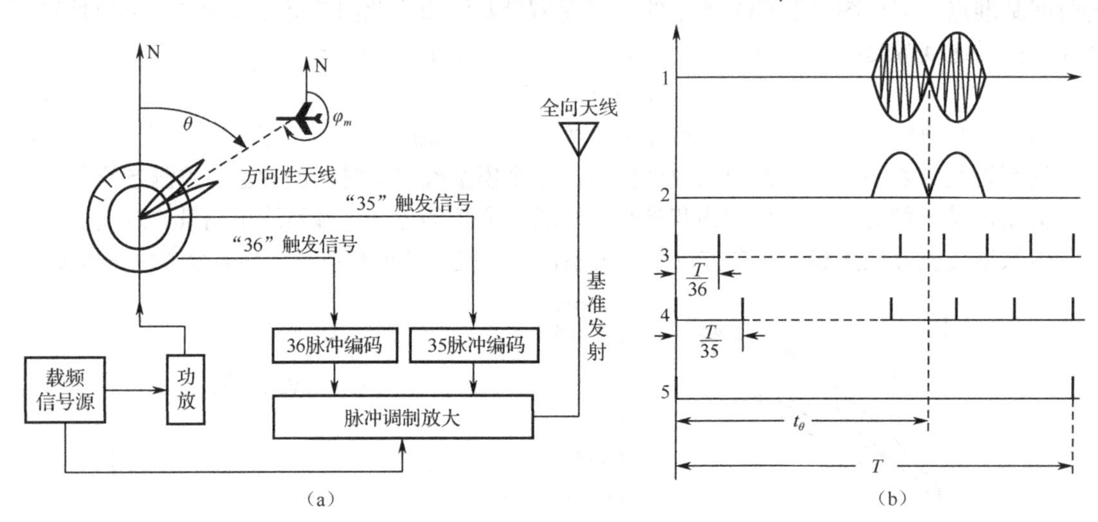

图7-2 极坐标定位测角原理示意图

2. 地面监视测角原理

俄制近程导航系统地面监视功能的实现，采用的是二次雷达定位原理，不同于一般二次雷达之处是其测角采用的并非E型最大值法，而采用了E型最小值法，这就与机上极坐标定位功能的测角结合起来了。地面监视测角方框如图7-3（a）所示，图7-3（b）为平面位置显示器显示的目标位置及识别示意图，图7-3（c）为信号波形图。

图中地面部分包括两部发射机，一部发射机通过旋转的双针状波束方向性天线发射连续波信号，另一部发射机通过无方向性天线向空中发射地面显示询问信号，该信号采用三脉冲编码以和测距应答信号相区别，这个信号因为和天线旋转同步，天线每转一周，便等间隔地产生 180 次，所以称为“180”脉冲信号。另外，系统还产生“1”“35”“36”基准脉冲信号。“180”“1”“35”“36”信号都是由方向性天线旋转部分带动的触发信号产生器产生的，并且系统规定当方向性天线的双针状波束最小值方向对准真北方向时，“1”“35”“36”“180”脉冲信号正好重合。这四种信号除作为上述“180”脉冲去触发询问发射机外，还作为雷达显示器的角度电标尺同步信号。地面部分还包括地面监视应答信号接收机，以接收机载设备发来的应答信号并输出到显示器。总之，上述介绍的四个部分中，其中两部发射机和一部接收机都是俄制近程导航系统空中极坐标定位功能地面设备的共用部分，只有雷达显示器及其相应接口是相对独立的。

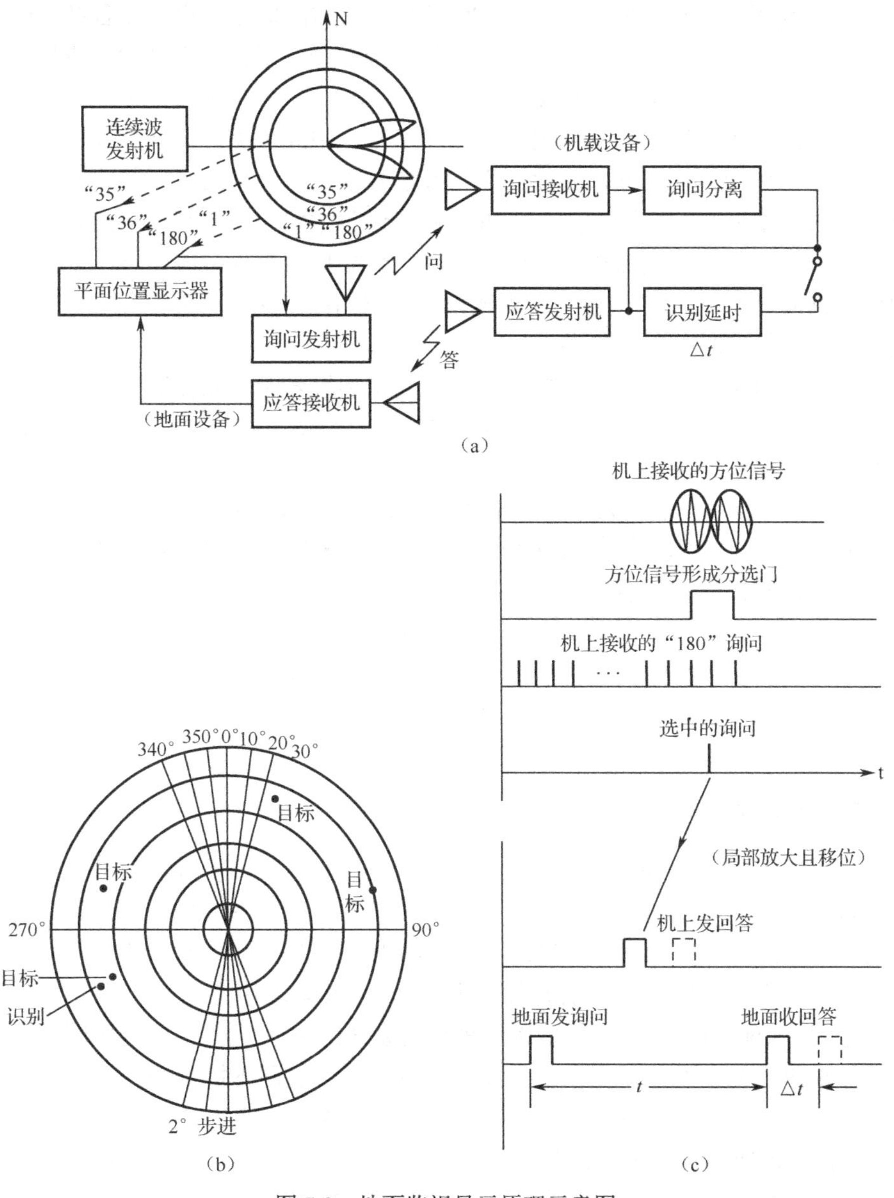

图 7-3　地面监视显示原理示意图

机上部分包括询问接收机、应答发射机、询问信号分离器、识别延时器等主要部分，其中接收机和发射机是系统机载设备共用信道设备，而询问脉冲分离器和识别延时器是为地面监视显示定位专用的。

地面监视显示器是典型的平面位置显示器，分径向扫描和圆扫描两部分，径向扫描与"180"脉冲同步，因此径向线反映距离；圆扫描和天线波束扫描严格同步，且在天线双针状波束最小值指向真北（基准方向，也是"1""35""36""180"脉冲重合时刻）时，显示器径向扫描线也正好至基准标志（零度角）方向。"1"脉冲作为圆（距离）显示基准亮线的同步信号，"180"脉冲作为显示器每2°间隔一条的角度标尺亮线（径向线）的同步信号。地面监视询问信号是重复率为每秒300次（180×100/60）的三脉冲信号，机载设备经译码器可以识别出地面监视测距询问信号，但并非对所有询问信号都予以回答，而是通过方位信号形成的分选门脉冲进行重合分选（见图7-3（c）），只有和分选门脉冲重合的"180"监视询问信号，机载设备才能做出相应回答，发出监视应答脉冲信号。由此可见，询问脉冲只有通过方位信号的分选，才能得到相应的回答，因此这个回答信号既包含距离信息，又包含方位信息，因为只有方向性天线双针状波束照射到的飞机，机载设备才能响应监视询问而做出回答，这个回答信号被地面台接收机接收后送到雷达显示器，就能形成目标回波亮点。也正因为如此，尽管地面台的询问速率为300次/秒，而机载设备给出的回答速率根据方位扫描天线是每分钟100转，所以也仅为100/60≈1.7次/秒。

通常情况下，目标亮点为一个，当被呼叫需要识别机号时，则在同一方位上出现两个亮点，其中离中心较近的一个亮点为目标位置，较远的一个是识别标志，这是由机载设备在发射回答脉冲后，再根据识别要求产生一延迟回答脉冲并予以发射实现的。

总之，系统工作时方向性天线进行不断地环视扫描，天线每转过2°地面发射一组三脉冲编码的"180"监视询问信号，机载设备只有在天线双针状波束对准飞机时才把此刻接收的询问信号分选出来进行回答，该监视应答信号传到地面，在雷达显示器上显示一个目标亮点。天线环视扫描一周，在工作区内的机载设备均可在天线波束对准它时发出回答，因显示器扫描线与天线同步旋转，所以不同位置的飞机被显示在显示器的不同位置上，如果采用长余辉显示器，则可在屏幕上同时把不同位置的目标亮点都显示在屏幕上，且利用监视应答脉冲的重发形成的双亮点识别飞机。

3. 空/空导航定位原理

空/空导航定位是勒斯波恩系统机载设备的一种功能扩展，即机载设备可以与地面信标配合工作，实现空中主动导航定位，也可以在装有该机载设备的飞机与飞机之间有测距、测向功能，适用于空中加油、空中编队和集结飞行。测距原理也采用询问/回答式双程脉冲测距原理，这里就不再讨论。而系统的空/空测向原理不同于塔康。塔康空/空测向采用相位式全向信标原理，实现0°～360°范围内测向。俄制近程导航系统的空/空测向主要测协同动作飞机的零航向，即以僚机纵轴为基准线，在僚机上显示前方长机（协同飞机）偏离基准线角度的方向及大小。为了测量零航向，在僚机机身两侧装有左、右两副天线，两副天线的方向图交叉，在飞机纵轴方向上形成等信号区，僚机用这两个天线接收长机信号。如果长机处在零航向上，左右两个天线收到的信号幅度相等，否则左右两个天线收到的信号幅度不等，说明长机偏左或偏右。根据收到的信号幅度的比较，还可以确定长机偏离零航向的大小。同理，为了判定长机是在僚机前方还是后方，在僚机上还装有前、后两个天线，测向原理同上。可见机载设备的空/

空测向不能实现 0°～360° 的全方位精确测向，而只能进行相对方位角（如零航向）测量。

7.2.2　信号格式

前面已经提到，俄制近程导航系统测向原理采用的是时间式波束扫描技术，测距原理采用的是询问/回答式脉冲测距技术。因此，系统的信号格式有两类，即方位的双钟形信号格式（见图 7-4）和基准与测距的矩形脉冲信号格式，前者是通过具有“羊角波束”的方向性天线对连续波采取时空调制的方式实现的，后者是利用键控连续波的方式形成的。采用矩形波信号的优点是产生方便，脉冲沿陡峭利于提高测距精度，缺点是属于宽带信号，占用频谱。由于系统使用了多种脉冲信号，为此采取了复杂的编码形式以完成不同的功能，具体编码规范如表 7-3 所示。

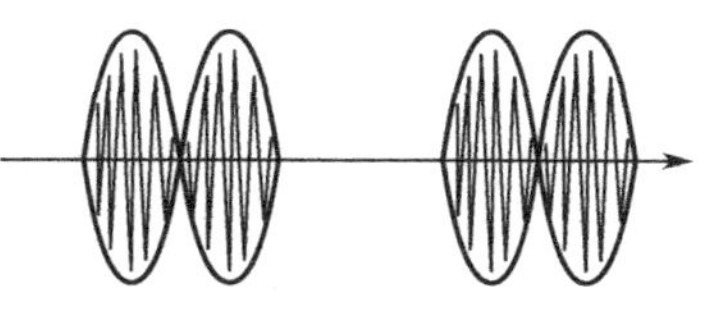

图 7-4　方位的双钟形信号格式

表 7-3　脉冲信号编码规范表

功能	信号名称	信号特性	编码间隔（μs）			
			Ⅰ	Ⅱ	Ⅲ	Ⅳ
极坐标定位	测距询问	双脉冲，脉宽 1μs，每秒 30 对或 100 对	0-25	0-19	0-21	0-23
	测距应答	双脉冲，脉宽 1.4μs，每秒 30 对或 100 对	6-20	4-20	2-20	0-20
	“1”（北基准）	三脉冲组，脉宽 5.5μs	0-40-58	0-40-68	0-40-78	0-40-88
	“35”	双脉冲，脉宽 5.5μs	0-58	0-68	0-78	0-88
	“36”	双脉冲，脉宽 5.5μs	0-18	0-28	0-38	0-48
地面监视	监视询问（“180”）	三脉冲组，脉宽 1.4μs，每秒 300 组	6-12-18	4-12-18	2-12-18	0-12-18
	监视应答	三脉冲组，脉宽 1μs，每秒约 1.7 组	0-9-16	0-5-14	0-5-16	0-9-14
	飞机识别	在监视应答之后重发一次	监视应答脉冲重发，间隔为 65～115			
	地面识别	四脉冲组，脉宽 1.4μs，每秒 30 组	6-12-18-22	4-12-18-22	2-12-18-22	0-12-18-22

7.3　系统技术实现

7.3.1　地面设备

俄制近程导航系统地面设备有机动式和固定式两种状态，这里以我国引进的机动式设备为例介绍，其外形与工作原理框图如图 7-5 所示。

俄制近程导航系统地面设备组成包括方位连续波发射机、距离发射机、方位基准发射机、测距接收机、方位距离编译码分机以及检验接收机、雷达与外置环视显示器和各种天线及馈线系统等，其中尤以天线种类多而最具特点，天线包括方位旋转天线、距离天线、方位基准天线、高角和低角接收天线及检验接收天线等。

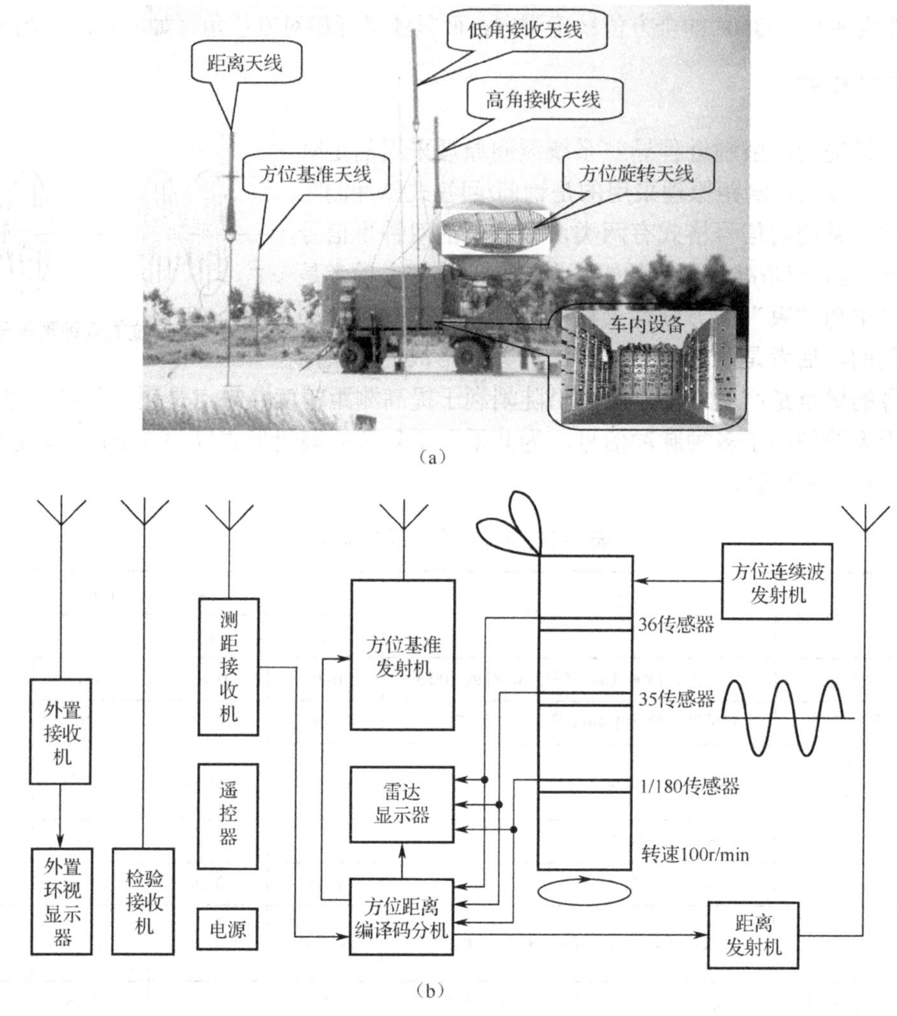

图7-5　机动式设备的外形与工作原理框图

俄制近程导航系统地面设备既作为极坐标定位功能的全向信标、测距应答器，又作为地面监视的二次雷达设备，其中许多组成部分在各种功能里都是复用的。方位连续波发射机经旋转的水平“羊角波束”方向性天线发射方位信号，方位基准发射机通过无方向性的方位基准天线发射方位基准编码信号，这两类信号供机载设备实现空中极坐标定位测向使用；测距接收机用于接收机载设备发出的测距询问和监视应答信号，其接收天线是由两副全向的高角和低角接收天线构成的，主要是为了满足在垂直面内扩大作用扇区的需要；方位距离编译码分机对机载设备发出的测距询问和监视应答信号进行译码，对距离回答和监视询问信号及方位基准信号进行编码；雷达显示器以平面位置显示器的形式监视空中飞机状况；外置环视显示器是雷达显示器的复制终端，一般设置在指挥员位置，通过接收机把空情传送给指挥人员进行指挥监视；检验接收机用来接收地面设备发出的所有信号，检查信号的参数质量。

7.3.2　机载设备

前面提到，俄制近程导航系统机载设备是勒斯波恩系统机载设备的一部分，其外形和安装情况如图7-6所示。勒斯波恩系统机载设备是一个综合体，与近程导航定位相关的部分包括电子设备中的接收机、发射机、方位和距离测量部件以及控制盒、综合指示器等。其中发射机、接收机、方位和距离测量部件安装在电子设备舱内，控制盒及显示器安装在飞机座舱和仪表板上。

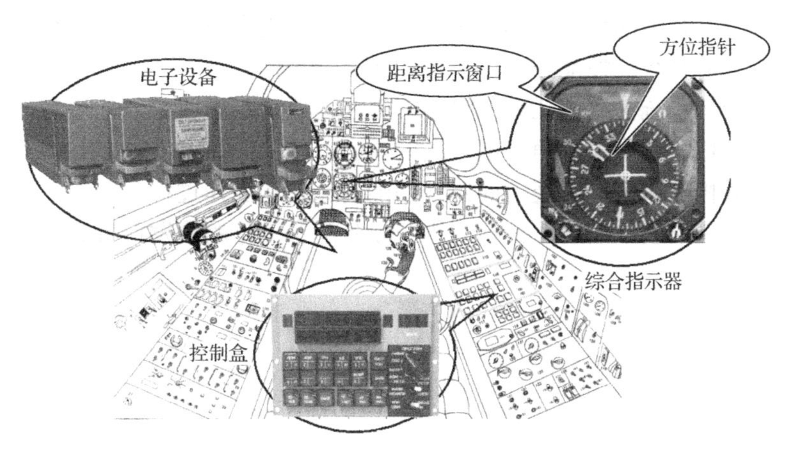

图 7-6　勒斯波恩系统机载设备外形和安装示意图

图 7-7 给出了机载设备进行近程导航时的工作框图，其组成包括了方位和距离两大部分。地面信标方位扫描天线发射的方位信号和全向天线发射的基准脉冲信号由机载设备方位部分的外差式接收机接收，经方位脉冲选择器、方位基准译码器处理，通过方位测量电路测出飞机方位角，送至综合指示器由方位指针予以指示，或者作为方位导航信息输出。距离部分的脉冲形成器产生测距询问信号，经编码后对载频信号进行脉冲调制，并放大输出发送至地面应答器；距离部分的外差式接收机接收地面应答器的回答信号，经译码后送至距离测量电路，测出距离数据送往综合指示器，由距离指示窗口显示或作为距离导航信息输出。

上述工作过程是针对机载设备处于机上极坐标定位状态而言的，当系统工作在地面监视的工作情况下时，机载设备将工作于应答机状态，此时的工作过程读者可自行分析。

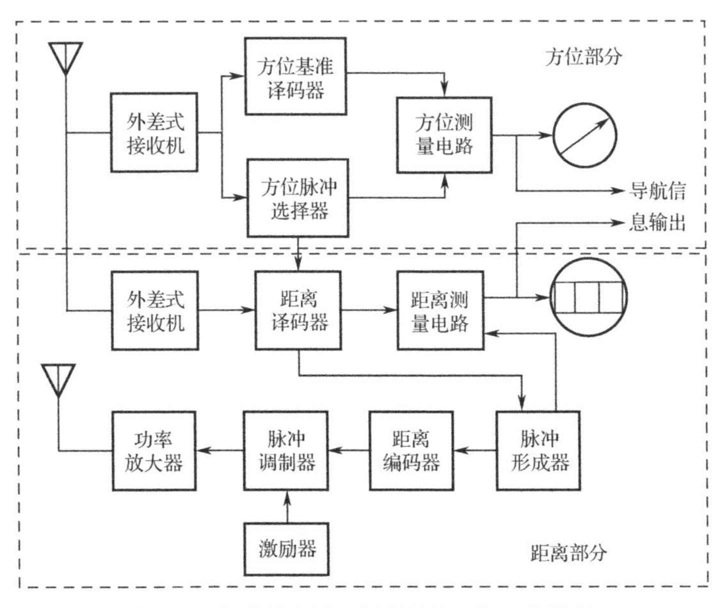

图 7-7　机载设备进行近程导航时的工作框图

作 业 题

1．俄制近程导航系统的组成、功能是什么？画出其地面设备的工作框图。
2．俄制近程导航系统的性能与塔康系统相比有何异同？
3．俄制近程导航系统信号格式是怎样的？其测角原理与塔康系统相比有什么不同？
4．说明俄制近程导航系统测角精度较高的原因。
5．阐述俄制近程导航系统实现地面监视功能的原理和工作过程。
6．给出俄制近程导航系统地面信标与机载设备配合工作的收发信机关系。

第8章　罗兰-C系统

8.1　概　　述

“罗兰”一词是英文“远程导航”（Long-Range Navigation，LORAN）词头缩写的译音。罗兰-C 系统是由美国最先研制使用的双曲线远程无线电导航系统，由用户设备直接导出位置等导航参量，属于陆基、低频、中远程、主动精密无线电导航系统。

8.1.1　系统组成、功能与配置

罗兰-C 系统主要由地面设备和用户设备两部分组成。地面设备包括发射台链、工作区监测站和台链控制中心。发射台链是由一组发射台形成的网络，用于向用户提供无线电导航信号；工作区监测站和台链控制中心用于监视和控制系统的工作情况与信号质量，使其满足系统的要求。用户设备包括各种类型的接收机，接收来自发射台的导航信号，进而获取位置信息与其他导航信息。

罗兰-C 系统利用沿地波传播的中长波信号，通过测量来自两个基台的无线电信号相位差获得到两基台的距离差，从而获得以两基台为焦点的双曲线，得到两条这样的双曲线就实现了双曲线相交定位。罗兰-C 系统信号覆盖区可深达水下，不仅可用于船舰、飞机、车辆等导航和定位，也可以用于水下潜艇的导航和定位。

罗兰-C 系统同一发射台链中的发射台组具有共同的时间基准并位于同一地理区域。为了实现用户的定位，一个发射台链至少由 3 个发射台组成，其中一个发射台称为主台，其余各台称为副台。通常，主台都用英文大写字母“M”表示，副台用大写字母“W”“X”“Y”“Z”等表示，台链中副台的数量一般不超过 5 个。台链中各发射台之间位置的相互关系，包括发射台之间的距离和方位，称作台链的配置。台链配置形状主要取决于感兴趣的服务区域。为了使在感兴趣的那些区域具有比较好的位置线交角和较高的信噪比，从而得到较高的定位精度，常见的台链配置有三角形、Y 形和星形 3 种，如图 8-1 所示。三角形的台链配置是最简单的一种，也叫一个台组。在 Y 形和星形配置中，一个台链包含了若干个台组。例如图 8-1 中，Y 形配置台链包含了 XMY、YMZ 以及 ZMX 3 个台组。

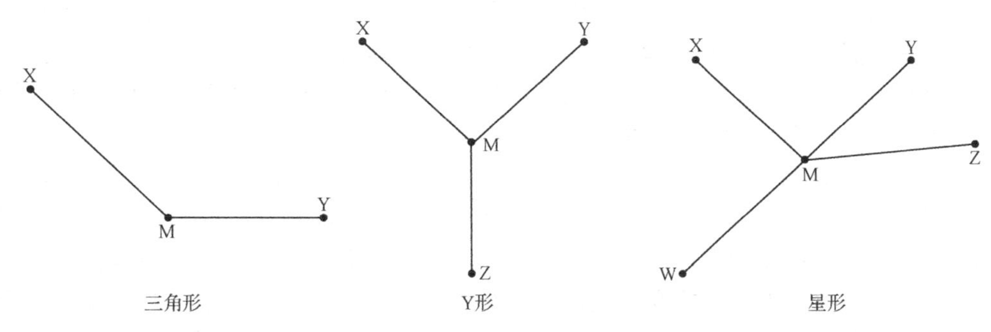

图 8-1　台链配置示意图

目前工作的国外罗兰-C系统台链有北美链（36个发射台）、西北欧链（9个发射台）、独联体链（10个发射台）、远东链（含中国的3个链，16个发射台）、地中海和沙特阿拉伯链（9个发射台）、印度链（6个发射台）以及3个在黑海、波罗的海、巴伦支海的台链，覆盖了北半球大部分地区。

我国的长河二号系统就是罗兰-C系统。全系统总计有6个发射台和3个系统工作区监测站。6个发射台分别位于吉林和龙、山东荣成、安徽宣城、广东饶平、广西贺县和崇左。系统海上覆盖区包括北起日本海，南至南沙群岛，东达东经130°线的整个周边沿海；陆地则覆盖了中东部大部分省市，包括吉林、辽宁、北京、天津、河北、山东、江苏、上海、安徽、浙江、福建、广东、广西和海南的全部或大部区域。

8.1.2 系统应用与发展

1. 系统应用

罗兰-C系统的应用比较广泛，虽然其主要应用是海上舰船与水下潜艇的导航定位，但在航空导航方面也有非凡的表现，其主要应用有：

（1）航路导航。罗兰-C系统在其覆盖区内可以为飞机提供足够精度的航空导航信息。与传统的航空导航系统（伏尔，伏尔/地美仪，塔康等）相比，罗兰-C航空导航具有作用距离不受视距限制，在山区和海上无法布设导航台的地方提供导航应用，地面台附近和顶空没有盲区，一个台链可以提供更大工作区等优点。

（2）非精密进近。进场是每次飞行的重要飞行阶段，用罗兰-C系统引导飞机进场，其定位精度优于非精密进场要求，并且在机场不用增建新的导航台，节约了投资和管理费用，具有明显的经济效益。

（3）机场的飞行跟踪（亦称自动相关监视ADS）。机上罗兰-C接收机得到的位置信息可以通过数传方法送回指挥塔，高分辨率大屏幕显示器可以将飞机动态直观地用图像形式显示出来，使机场指挥塔调度或指挥人员通过视觉直观掌握外飞飞机的飞行动态。

（4）在航空领域的其他应用。诸如监视避撞导航，航空交通管制，海上、荒原、沙漠的航空营救，农林业的航空播种、杀虫、施肥、灭火，空中地形测绘等方面亦有重要价值。

另外，罗兰-C系统还可用于高精度授时。罗兰-C系统采用低频载波的脉冲发射，其地波信号相位十分稳定，对于已知物理特性的传播路径，能够以比较高的精度预告信号的传播时延，而且发射台的时间频率基准又使用了高稳定度和高准确度的铯束原子频标，具有很强的守时能力。在此基础上，如果发射台时间与国际或国家的标准时间建立同步关系，那么，在已知地理位置的用户就可以借助其信号获取准确的时间信息。罗兰-C系统还能进行台间通信，基本的方法是在罗兰-C正常相位编码的基础上，为传输莫尔斯码信息进行再调制，变成复合码，即该复合码中既含有罗兰-C的正常相位编码，也含有携带通信信息的莫尔斯码。因为是台间业务通信，所以数据传输率可以低一些。

采用差分罗兰-C可以大大提高用户的定位精度。它的基本工作原理是在已知地理坐标的适当位置设立差分监测台，该台的实测时差经统计处理后与理论时差进行比较，得出的差值即作为差分修正信息播发给用户。差分的结果可以消除或部分消除台链的同步误差、信号传播的昼夜和季节变化误差、气象变化误差、接收机测量误差及各种干扰造成的传播误差等，大大提高了用户导航定位精度。差分系统的建立可借助罗兰-C系统工作区的监测站来实现，一般监测接收机的时差测量精度在 25ns 以上，它对时差数据的处理不是简单的数字平均，而要用线性回归和平滑滤波等技术来计算最适当的差分修正值。一个设计完善的差分罗兰-C 系统，其定位精度可提高 5 倍以上，一个差分基准站的覆盖范围为 100～150km。不过差分罗兰-C 系统对定位精度的改善会受到用户所在区域的限制，如在台链覆盖区边缘和几何精度因子特别差的地方，由于基准监测接收机监测的原始精度受到限制，加之几何精度因子很大，差分的效果就很有限了。

2. 系统发展

在罗兰导航系统这个家族中，有罗兰-A、罗兰-B、罗兰-C 和罗兰-D 四种类型。罗兰-A 由美国在 1940 年提出方案，1942 年大规模建台，1943 年覆盖面积扩大到西、北大西洋，1944 年扩展到太平洋和东南亚，到 1977 年为止，世界上有 83 个罗兰-A 台，用户接收机有几十万台之多。罗兰-A 系统当时的发展速度是很快的，但由于它工作在中波，陆地衰减很严重，多半只服务于海上，因此到 1980 年，美国的 40 个罗兰-A 台已全部关闭；罗兰-B 虽然有人设想过这种系统，但很快就发现它是不实际的，因此没有发展起来；罗兰-D 是在 1975 年由美国从罗兰-C 演化出来的近程战术导航系统。作为低高度系统，主要用于那些不适合使用视距覆盖系统（如塔康等）的战术场合，它的基本原理和工作方式同罗兰-C 类似。

罗兰-C 系统是第二次世界大战末期在罗兰-A 的基础上研制开发的。当时，军事上需要一种比罗兰-A 覆盖范围更大，定位精度更高，而且可以在陆地上应用的新型导航系统。经过大约十年的研究和试验，美国海岸警卫队终于在 1957 年建成了世界上第一个罗兰-C 台链。工程鉴定表明，该系统在覆盖范围、定位精度、可靠性、应用范围等方面都可以满足军方的要求。于是，此后的十几年里，美国在本国和北半球的其他地区陆续建设了十个罗兰-C 台链，这些台链主要用于军事目的。在 20 世纪 60 年代和 70 年代初期，美国的罗兰-C 技术对外还是保密的。1974 年 5 月 16 日，美国政府运输部发布公告，正式确定罗兰-C 系统为美国海岸汇流区的官方导航手段，规定进入美国海域的船只必须装备罗兰-C 接收设备。相应地，罗兰-C 技术不再列入军事保密的内容，即对民用开放。

从 20 世纪 70 年代后期开始，随着商用铯束频标、大规模集成电路、微型计算机和电子技术的发展，特别是固态大功率器件和低频大功率合成技术的飞跃，使罗兰-C 技术和设备日臻完善，在系统信号可靠性和用户设备性能价格比这两个最重要的系统性能上有了突破性进展。同时，罗兰-C 系统的应用领域也在不断扩展和开拓，包括飞机航路导航、终端导航和非精密进近的航空应用，陆上载体定位和车辆自动调度管理方面的应用，海上与空中交通管制应用，高精度区域性差分应用，精密授时应用和与其他导航系统的组合应用等，都有了长足的进步。目前，拥有罗兰-C 系统的国家除美国以外，还有俄罗斯、中国、加拿大、沙特阿拉伯、日本、韩国和法国等。美国政府于 1994 年年底退出了它设在境外的罗兰-C 的管理，将其在远东、西北欧和地中海地区的罗兰-C 台站交付给驻在国自己管理。从第一个罗兰-C 系统于 1957 年在美国投入运行到 2000 年截止，世界上总计有 25 个台链在工作，它们分别属于美国、加拿大、沙特阿拉伯、中国、日本、韩国、俄罗斯、挪威、丹麦、法国、德国、荷兰和爱尔兰。

20 世纪 90 年代中期以来，随着卫星导航系统 GPS 和 GLONASS 逐渐投入使用，美国的罗兰-C 政策发生了较大变化，开始热衷于用 GPS 及其广域增强系统（WAAS）来取代其他现存导航和着陆系统的计划。但由于众多的专家和用户对 GPS/WAAS 作为唯一导航系统的可靠性或抗干扰性和抗破坏性提出了疑问（GPS 曾多次出现无法解释原因的信号丢失；由于卫星故障或突发噪声可能导致覆盖区出现“空洞”；无法抵御太阳电离层爆发带来的强干扰。更为严重的是，GPS 容易受到敌对势力或恐怖组织的人为干扰），并且考虑到以下几个方面的因素：（1）对 GPS 及其增强系统的过分依赖增加了单点故障和级联效应的可能性；（2）任何单一系统都具有其固有的易损性。没有一个单一系统能在百分之百的时间里提供百分之百的可用性；（3）应建立和保持备份导航和着陆系统能力，尽可能保留现存导航和着陆系统设施。因此，虽然 GPS 对罗兰-C 系统的存在形成了压力，但是这种压力反过来也促进了罗兰-C 系统的发展。许多国际组织、研究群体、制造商围绕罗兰-C 系统的改进做了大量的工作，极大地改善了罗兰-C 系统的性能，扩展了罗兰-C 系统的功能。他们的努力和取得的成果，改变了人们对罗兰-C 系统形成的传统认识，并成为影响国家政策的主要因素。可以预见，罗兰-C 系统将成为 GPS/WAAS 的一个即有效又经济的备份系统，具有巨大潜力和竞争性，具体表现在：（1）罗兰-C 系统与 GPS 具有完全不同的传播特性和故障模式，用罗兰-C 为 GPS/WAAS 做备份，可以提供完好性极高的导航能力；（2）罗兰-C 系统是现存系统，为 GPS/WAAS 备份所增加的软硬件设施经费远比其他方案节省；（3）可以兼顾陆、海、空多种用户的需求。

我国的罗兰-C 系统是长河二号系统。1988 年，在南海地区建成第一个罗兰-C 台链-南海台链，该台链装备了从美国引进的大功率固态发射机。1993 年，国产发射机装备的东海、北海台链建成，从而完成了我国罗兰-C 系统的初步建设。长河二号系统经过成功的运行，其年信号发射率逐年稳步提高，目前已达到 99.5%以上。台站设备运行稳定，管理也日臻完善，系统信号可利用率（标志系统可靠性的指标）达 99%以上。

8.1.3 系统性能及特点

1. 系统性能

（1）工作频率：100kHz。

（2）作用距离与定位准确度：

① 利用地波定位的精度：

370km 距离上，定位准确度为 15～90m；

925km 距离上，定位准确度为 60～210m；

1390km 距离上，定位准确度为 90～340m；

1850km 距离上，定位准确度为 150～520m。

② 利用天波的定位精度（天波接收可以提供更大的作用距离，但定位精度将变差）：

2780km 的距离上定位准确度将降低到 18km；

3700km 的距离上，定位准确度将降低到 31km。

（3）用户容量：无限。

（4）系统可用性：>99%。

2. 系统特点

（1）作用距离远。由于系统工作在中长波频率上，地波传播具有稳定、衰减小的特点。基台采用大功率发射，并采用多脉冲相位编码、特殊调制形状波形、相关检测等技术，使地波作用距离白天海上达 2222km、夜间达 1850km，陆地比海上小 370～550km，天波作用距离达 3700～4260km。

（2）导航定位精度高。在测量原理上，采用了“粗测与精测相结合的测量方法”，即在利用脉冲包络测量时间差的同时，还利用主、副台载波间的相位比较，实现精确时间差的测量；在实现技术上采用了主从同步方式或自由同步方式、相位编码相关检测（减小干扰导致的误差）、电波速度修正等措施，使测量均方误差小于 0.4μs，定位精度近区小于 460m、远区小于 2200m，近区重复定位精度可达 18～90m，在某些特定区域可达 15m。其定位精度不仅可以用于远程导航与常规航空导航，而且也足以作为机场引进系统，引导飞机着陆时段的进场。

（3）测量无多值性。利用时间分割和相位编码识别主、副台发射的信号，靠测量脉冲包络时差消除载波相位测量的多值性。其中采用编码延迟消除基线中垂线两侧的双值性（中垂线上相位差值为零，左右相位差值相等、符号相反）。

（4）抗干扰能力强。系统信号采用脉冲-相位体制和多脉冲相位编码体制，用户设备采用相关接收技术，提高了辐射功率电平和信号的利用率，具有低信噪比接收的性能，提高了抗天波、连续波和交叉干扰的能力。

（5）可靠性高。由于采用了高稳定度的铯频标，设置了监测站，采用了主从同步方式或自由同步方式，固态发射机采用了脉冲压缩技术、积累式功率合成技术，采用单塔高 Q 值天线等新技术，使系统具有很高的可靠性。

（6）用途广。系统在陆地和海上具有差不多的导航能力，不仅可用于海上船舰、地面车辆、水下潜艇等的导航和定位，也可以用于飞机载体的导航和定位。不受天气、时间限制，隐蔽性好，可独立控制，操作简单、功能全，深受军民用户欢迎。

8.2　系统工作原理

8.2.1　定位原理

罗兰-C 系统采用双曲线无线电导航的定位方式，即通过在其工作区内某点接收同一罗兰-C 台链一个主台与一个副台的两个发射台信号到达的时间差获得距离差，得到以两个发射台为焦点的一条双曲线；接收主台与另一个副台信号就可以得到另一条双曲线，两条双曲线的交点就是要确定的目标位置。其定位原理示意图如图 8-2 所示，对应的定位方程见式（8-1）。为了使用户直接得到用经纬度表示的位置信息，实际应用中还需要进行坐标转换。

$$\begin{cases}[\sqrt{(x_1-x)^2+(y_1-y)^2}-\sqrt{(x_2-x)^2+(y_2-y)^2}]^2=d_{21}^2\\[\sqrt{(x_1-x)^2+(y_1-y)^2}-\sqrt{(x_3-x)^2+(y_3-y)^2}]^2=d_{31}^2\end{cases}\tag{8-1}$$

罗兰-C 系统采用脉冲-相位共同完成距离差的测量。脉冲式测距差利用射频脉冲信号包络从一点到达另一点的传播时间延迟特性，进行脉冲时间差的测量，其精度不高，但具有单值性优点（或无多值性）；相位式测距差通过比较主、副台载波间的相位，以干涉式相位测量方式得到观测点到两发射点的距离差，其精度虽然高，但存在多值性。罗兰-C 系统采用脉冲-相位式测距差，即将脉冲式测距差和相位式测距差两者结合，取长补短，利用发射脉冲的包络特性进行距差粗测，又利用发射脉冲的载波相位特性进行距差精测，从而实现了既精度高又单值的测距差目的。这种测距差原理和脉冲式、相位式一样需要两个台建立一簇双曲线，台间脉冲包络和载波相位均有严格的同步关系。

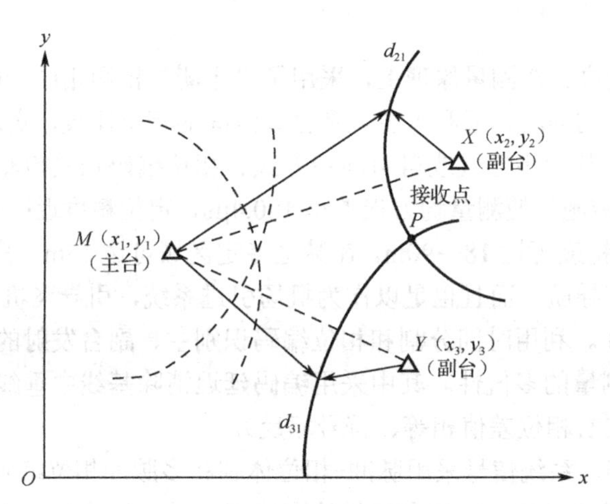

图 8-2 罗兰-C 系统双曲线定位原理示意图

如图 8-3 所示，M 为主台、X 为副台，基线长度为 d，接收点 P 到两台距离为 R_M、R_X。若主台辐射脉冲信号为：

$$e_m = U(t)\sin\omega t \tag{8-2}$$

式中，$U(t)$ 为脉冲信号的包络函数；$\omega = 2\pi f$ 为载波角频率。副台 X 在收到主台信号后，延迟一个编码延迟 $\varDelta$ 后再发射形状与主台相同的脉冲信号：

$$e_X = U(t-e)\sin\omega(t-e) \tag{8-3}$$

式中，$e = \beta + \varDelta$ 为发射延迟，这里，$\beta = d/c$ 为信号在基线上的传播时间，$\varDelta$ 为编码延迟。为了保证测距差精度，主、副台信号发射时必须在时间或相位上保持某种特定的严格同步。

接收点 P 收到的主、副台信号分别为（不考虑信号传播过程中的衰减）：

$$e_{PM} = U(t-t_M)\sin\omega(t-t_M) = U(t-t_M)\sin\phi_M \tag{8-4}$$

$$e_{PX} = U(t-e-t_X)\sin\omega(t-e-t_X) = U(t-e-t_X)\sin\phi_X \tag{8-5}$$

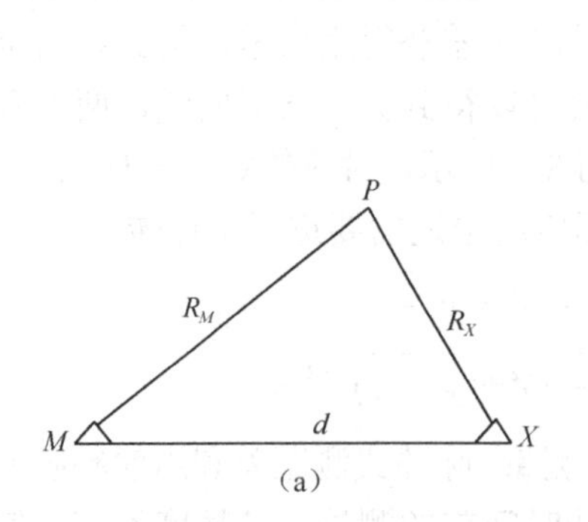

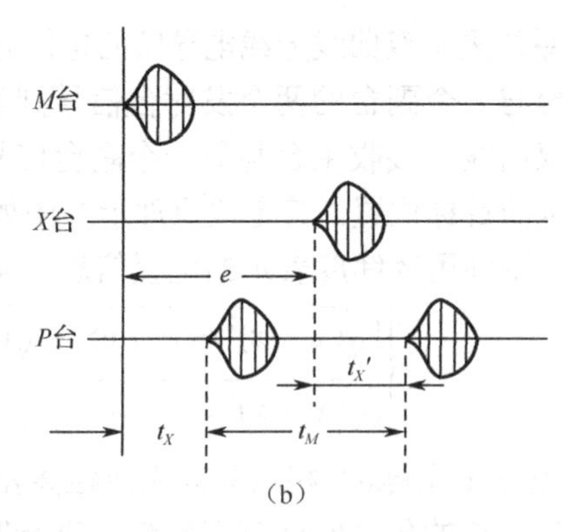

图 8-3 信号的时间关系

式中，$t_M = R_M/c$ 为主台信号传播到点 P 的时间；$t_X = R_X/c$ 为副台信号传播到 P 点的时间；$\phi_M = \omega(t-t_M)$、$\phi_X = \omega(t-e-t_X)$ 分别为 P 点收到主、副台载波信号的全相位。

在接收点 P 测量到的主、副台信号包络前沿的时差为：

$$t_N = t_X - t_M + e = \frac{R_X - R_M}{c} + e \tag{8-6}$$

在接收点 P 测量到的主、副台载波信号的相位差为：

$$\phi_P = \phi_M - \phi_X = \omega(t_X - t_M + e) \tag{8-7}$$

将上式的相位差 ϕ_P 换算成时间表示，即：

$$t_N = \frac{\phi_P}{\omega} = t_X - t_M + e \tag{8-8}$$

可见，测量包络前沿所得到的时差与测量载波相位所得到的时差 t_N 是一致的，都表示了接收点 P 测量到的主、副台的距离差。但是相位是周期性函数，故相位差可写为：

$$\phi_P = 2N\pi + \varphi_P \qquad N = 1,2,3,\cdots \tag{8-9}$$

φ_P 是 ϕ_P 中不足 2π 的余数部分，于是有：

$$t_N = \frac{2N\pi}{\omega} + \frac{\varphi_P}{\omega} = NT + t_\varphi \tag{8-10}$$

式中，$T = 2\pi/\omega$ 为载波周期；$t_\varphi = \varphi_P/\omega$ 为 t_N 中不足一个载波周期的余数部分。

由于相位是周期性函数，在测量相位差时，只能精确测出不足一周的余数 t_φ 部分，而整周期 NT 部分无法测出，这就造成了多值性。利用测量包络的时差 t_N，则可以得到整数部分 $N = (t_N - t_\varphi)/T$，从而消除了多值性。测量结果以 $t_N = NT + t_\varphi$ 表示，由 t_φ 的测量精度决定时差的测量精度。在接收点 P 测量到两个主、副台的时差后，利用电波传播速度恒定的原理，时间差可以转换为距离差，这就是脉冲-相位式测距差系统的基本工作原理。

这里需要说明一点，采用“粗测+精测”消除测量多值性是有条件的，具体条件为：包络测量的最大误差应小于载波的半个周期，这是因为相位式双曲线定位系统的巷宽是 2π 的缘故。所谓“巷宽”是相位式双曲线定位系统的一个术语，它指的是测量相位差为 $2N\pi(N = 0,1,2,3,\cdots)$ 时对应双曲线所夹区域，通常以两条双曲线所在基线上的长度表示，如图 8-4 的 Δd 所示。很显然，每个巷内由相位差测量唯一确定一条双曲线，而在各个巷之间相位差测量是多值的。

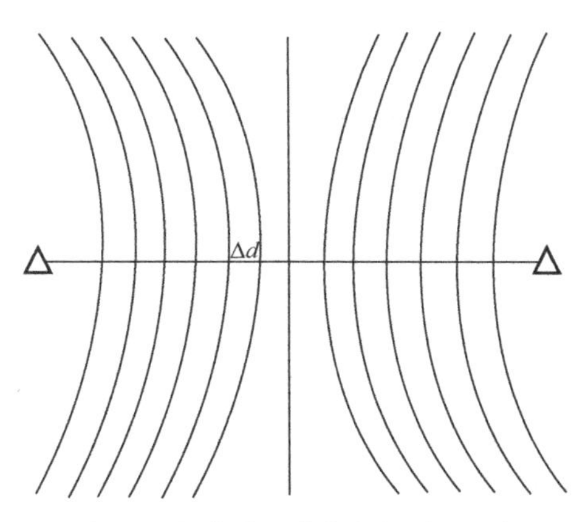

图 8-4　相位式双曲线定位系统巷宽

8.2.2　信号格式

罗兰-C 系统同一个台链中的发射台，采用时间分割方式发射信号，即在一个发射周期内，主台先发射，接着是一个一个的副台发射，且各个发射台采用相同的脉冲组重复周期；不同的台链采用不同的脉冲组重复周期区分，同时利用精巧的波形设计与相位编码，降低干扰影响，提高定位精度。下面对罗兰-C 导航系统的信号波形与信号格式进行讨论。

1．信号波形

由于要进行主、副台信号包络之时差的测量，同其他任何脉冲导航系统一样，人们都希望辐射脉冲的上升时间要短。很显然，在中低频要辐射一个短上升时间的脉冲，对频谱覆盖和天线设计方面都会产生问题。每个罗兰-C 发射机将产生 4MW 的功率加到天线上去，可以想象这样大功率的脉冲发射，如果它的频谱覆盖过宽，将会对邻近信道的信号产生怎样的干扰；同时在中低频段，天线高度的电长度是有限的，当要求天线能辐射更宽频谱的信号时，天线的效率就会大大降低。因此规定，罗兰-C 脉冲波形要设计得使前沿尽可能地陡直，同时要使得信号能量的 99%集中在 90～110kHz 范围之内。这是通过调整发射脉冲的上升和下降时间来达到的。为避免天波干扰，相位差精确测量要求在脉冲包络内载频的第 3 个周期上进行。考虑到以上诸方面的要求，罗兰-C 脉冲波形的主要参数为：脉冲前沿载频第 3 个周期的振幅，要达到最大功率的 50%；脉冲的峰值振幅在第 8 个周期达到最大，脉冲的总宽度大于 200μs。罗兰-C 系统采用的脉冲波形如图 8-5 所示。

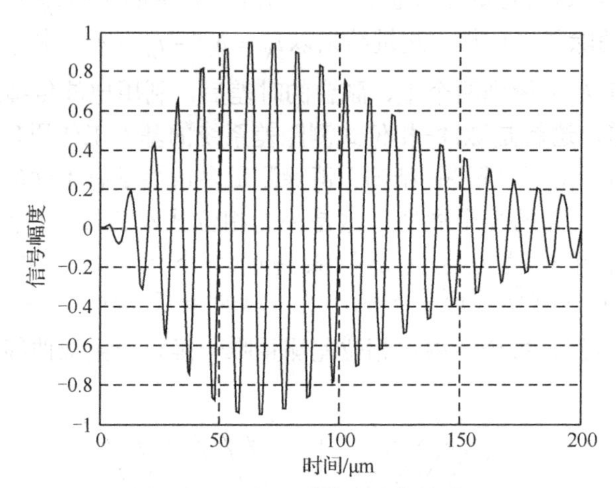

图 8-5 罗兰-C 系统脉冲信号波形

在 20 世纪 60 年代和 70 年代，罗兰-C 发射台的辐射波形只有上述的定性规定，各发射台调整自己的波形尽可能地接近该规定，但是没有明确的数字规范。1981 年 7 月 14 日，美国海岸警卫队导航办公室主任、海军少将 R.A.Bauman 签署了罗兰-C 信号的技术条件。从此，在设计者、制造者和用户之间就信号波形来说，产生了一个共同遵循的技术条件，这对保证和提高罗兰-C 系统的性能有着重要的意义。一般条件下，罗兰-C 信号的技术条件规定如下：

（1）标准罗兰-C 脉冲信号的前沿是：

$$\begin{cases} i(t)=0 & (t<\tau) \\ i(t)=A(t-\tau)^2\exp\left[\left|\dfrac{-2(t-\tau)}{65}\right|\right]\sin(0.2\pi t+\text{pc}) & (\tau\leqslant t\leqslant 65+\tau) \end{cases} \tag{8-11}$$

式中，A 表示与天线电流幅度有关的归一化常数；t 表示时间；τ 表示包周差 ECD；pc 表示相位编码常数，其中正相位编码 pc=0，负相位编码 pc=π。

（2）信号包周差 ECD 是信号前沿逼近标准波形的标志，包周差 ECD 的定义为：

$$\mathrm{ECD}=\left[\frac{\sum_{N=1}^{8}t(I_N)^2-t(S_N)^2}{8}\right]^{\frac{1}{2}} \tag{8-12}$$

式中，$t(I_N)$表示天线电流第 N 个半波峰值点采样时间；$t(S_N)$表示天线电流第 N 个半波峰值点标准时间。在罗兰-C 技术条件中规定 ECD 不大于 0.1μs。包周差实质是表示罗兰-C 信号的载波相位与其包络波形起点之间的时间关系。ECD 为零的定义是：对于正相位编码信号，脉冲包络的 30μs 点与 100kHz 载波的第 3 个正交过零点在时间上完全重合。如果包络 30μs 点滞后于上述过零点，规定 ECD 为正值；反之为负值。超前或滞后的大小就是 ECD 的数值。在实际应用中包周差必须符合一定的标准或处于合理的范围，否则会引起测量精度下降。

（3）半波峰点的振幅。包周差 ECD 在一定程度上描述了辐射波形接近标准波形的程度，但还不充分，还应对前沿每个半波的峰值幅度进行规定。罗兰-C 信号技术条件规定：每个脉冲内第 N 个天线电流脉冲的各半波峰点振幅归一化值 I_N 与标准波形对应的半波峰点振幅归一化值 S_N 之差应满足下列要求：

$$\begin{cases}\left|I_N-S_N\right|\leqslant 0.03 & 1\leqslant N\leqslant 8\\ \left|I_N-S_N\right|\leqslant 0.10 & 9\leqslant N\leqslant 13\end{cases} \tag{8-13}$$

罗兰-C 信号技术条件的三项规定是严格的。第 1 项定义了标准的波形前沿，这是基本的；第 2 和第 3 项分别从横向（时间轴）和纵向（幅度轴）两个方面，规定了实际波形与标准波形之间所允许的偏差。

2. 编码形式

罗兰-C 的信号格式还包括下述内容：一个脉冲组中包括的脉冲数目，脉冲组之间的间隔，脉冲组中的脉冲载波相位编码、包周差，脉冲组发射时间、重复周期，副台脉冲组相对主台脉冲组的发射延迟，向用户的闪烁告警方式和双工台封闭方式等。

1）脉冲组与组内脉冲间隔

罗兰-C 信号以多脉冲的脉冲组形式发射，副台每个脉冲组含 8 个脉冲，相互间隔为 1000μs；主台每个脉冲组含 9 个脉冲，前 8 个脉冲与副台一样，相互间隔为 1000μs，第 9 个脉冲与第 8 个脉冲间隔 2000μs，并且不作为导航信号使用，仅仅用于识别主副台。另外，主副台还采用脉冲的相位编码不同加以识别。一个主台和两个副台发射的脉冲组之间的时间关系如图 8-6 所示。

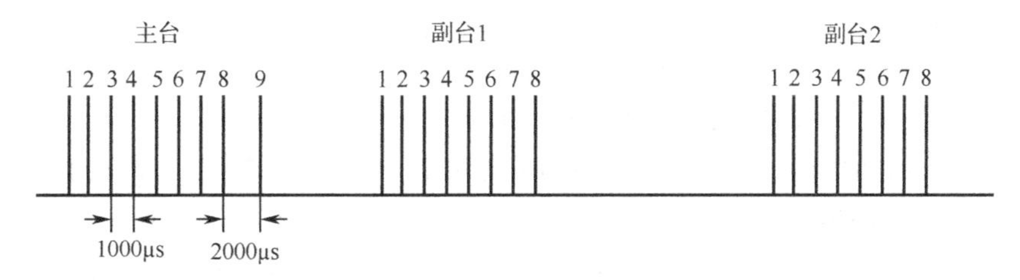

图 8-6　一个主台和两个副台发射的脉冲组之间的时间关系

2）脉冲组重复周期

脉冲组重复周期是指同一发射台相邻脉冲组之间的时间间隔，用字母 GRI 表示。我们知道，世界各地设置了很多台链，而所有的罗兰-C 台链都工作在 100kHz 频率上，占据 90～110kHz 带宽。那么如何选择需要接收的台链，而排除不需要接收台链的相互干扰，这是罗兰-C 系统设计必须要解决的一个问题。这个问题是通过每一个台链用不同的脉冲重复周期来解决的。整个罗兰-C 系统有六个所谓“基本重复周期”，每一个基本重复周期又包含有八个特殊重复周期，如表 8-1 所示。通过对相应的脉冲重复周期的选择来实现对需要台链的接收。

表 8-1　罗兰-C 基本和特殊重复周期

基本重复周期（μs）		特殊重复周期（减）（μs）	
H	30000	0	0
L	40000	1	100
S	50000	2	200
SH	60000	3	300
SL	80000	4	400
SS	100000	5	500
		6	600
		7	700

例如有一用户要用北美东海岸的罗兰-C 链来定位，他可以查得该罗兰-C 台链的脉冲重复周期为 SS7，也就是说它的基本重复周期为 SS（100000μs），而它的特殊重复周期为 7（减 700μs）。由此可知，SS7 链的主台（副台也一样）发射的脉冲组之间的间隔为 99300μs。在利用 SS7 链定位时，周期同步则借助于接收机相应的重复周期选择开关，人工地或自动地在 99300μs 发射周期上完成。其他台链发射的信号，由于具有不同的发射重复周期，因而相对于 SS7 的发射信号来说，将以一定的速率相对移动。这样，当接收机的重复周期选择开关打到 SS7 位置时，经过搜索只能唯一地与北美东海岸的罗兰-C 链建立稳定的同步关系，而对其他任何别的罗兰-C 链将不予响应。

3）相位编码

相位编码是指每个脉冲组中各个脉冲的载波相位排列方式。在罗兰-C 系统中，对所发射的脉冲组中各脉冲信号按照一定的编码规律调制其载波相位，即对主、副台发射的射频脉冲进行相位编码。每个台发射的射频脉冲中，一些射频脉冲的载波相位与另一些射频脉冲的载波相位差 180°，这种相位编码特别有助于建立起始同步过程，尤其是对自动化接收机更为有用。所有的罗兰-C 台链的这种相位编码都是相同的，如果以“+”代表 0° 相位脉冲，“−”代表 180° 相位脉冲，那么所有罗兰-C 台链的相位编码示意图如图 8-7 所示。

可见，每脉冲组中载波相位编码为 0° 或 180° 两相制，分为周期 1、周期 2，采取双周期循环方式。这样做，可以使罗兰-C 系统具有以下能力。

（1）主、副台自动识别。这对于空用自动化接收机是尤为重要的。在接收机定位过程中，首先要用接收机内部产生的主台基准信号（该主台基准信号的相位编码与接收到的主台信号的相位编码相同），在罗兰-C 系统的一个双周期发射中，搜索主台发射信号，建立起周期同步。如果主台基准信号与接收到的主台发射信号时间上重合（即同步），那么经过相关采样和累积，就会有一个超过某门限的最大值输出，表明周期同步实现，副台的发射时间也立即可知。如果主台基准信号未能对准所需要的主台发射信号，或对准了接收到的副台发射信号，就不会有超过该门限的值输出，表明周期不同步，应继续搜索，这种情况如表 8-2 所示。表中 a 为接收机内部产生的主台基准信号与接收到的主台发射信号同步时的情况，b 为主台基准信号对准所接收到的副台信号的情况。由表 8-2 可见，只有当主台基准与接收到的主台发射信号对准（或称同步），相关累积数才有最大值输出。

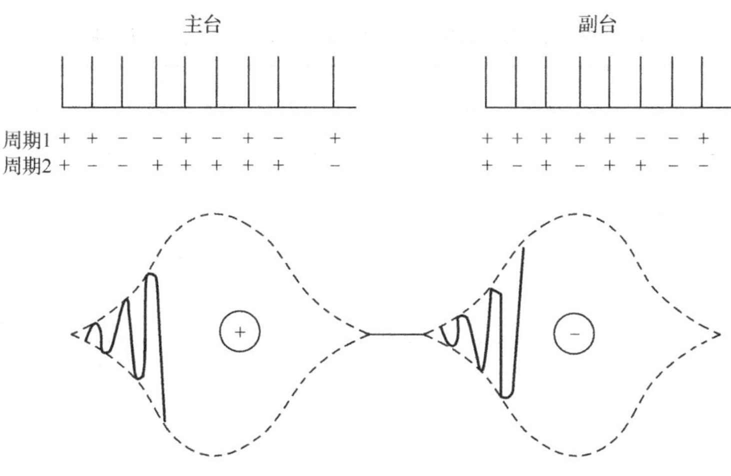

图 8-7　罗兰-C 台链的相位编码示意图

表 8-2　利用相位编码进行主副台识别原理

项　目		周　期	
		周期 1	周期 2
a	主台基准信号相位编码	+ + − − + − + −	+ − − + + + + +
	主台发射信号相位编码	+ + − − + − + −	+ − − + + + + +
	相关⊗输出	+ + + + + + + +	+ + + + + + + +
	累积数	（+8）　+	（+8）　=+16
b	主台基准信号相位编码	+ + − − + − + −	+ − − + + + + +
	副台发射信号相位编码	+ + + + + − − +	+ − + − + + − −
	相关⊗输出	+ + − − + + − −	+ + − − + + − −
	累积数	（0）　+	（0）　=0

（2）抗天波干扰。天波在某些条件下可以滞后地波 1000μs 以上。这种情况下，如果罗兰-C 系统的技术特性不具备抗干扰能力，那么天波就会干扰以地波形式传播的相邻脉冲信号。双周期互补序列相位编码能够消除这种干扰，这种情况以主台为例可用表 8-3 来说明。表中 a 表示当基准信号（由接收机内部产生）与地波接收信号对准时，两信号经过相关采样，将采样值累加，理想情况下可得累加值 16；而这时若有 1000μs（等于脉冲组的脉冲间隔）延迟的天波干扰信号到达，按上述处理过程如表 8-3 中所示输出的累加值为 0，可见天波干扰的影响被消除了。副台的相位编码也同样具有这种能力，不再赘述。对编码结构的进一步分析表明，在所有可能的脉冲失配（或者说在天波延迟为任何数值）情况下，都将发生同样的抵消过程。

（3）抗非罗兰-C 干扰。我们这里以同频连续波干扰为例。假如在接收到罗兰-C 脉冲信号的同时，还接收到一个同频连续波信号。在基准信号与接收到的罗兰-C 脉冲信号进行相关采样和累加的同时，同频连续波干扰信号也被进行了同样的处理。以副台相位编码为例，由表 8-3 可以看出，同频连续波干扰处理后的累加值也由于相互抵消而减弱了。

表 8-3 相位编码对天波（延时 1000μs）和同频干扰的抑制

项目		周期	
		周期 1	周期 2
a	基准信号	+ + —— + − + −	+ − − + + + + +
	接收地波信号	+ + —— + − + −	+ − − + + + + +
	相关⊗输出	+ + + + + + + +	+ + + + + + + +
	累积数	（+8） +	（+8） =+16
b	基准信号	+ + —— + − + −	+ − − + + + + +
	接收天波信号	+ + —— + − + −	+ − − + + + + +
	相关⊗输出	+ − + − − − −	− + − + + + +
	累积数	（-3） +	（+3） =0
副台编码基准		+ + + + + − − +	+ − + − + + − −
同频连续波干扰相位		+ + + + + + + +	+ + + + + + + +
相关⊗输出		+ + + + + − − +	+ − + − + + − −
累积数		（+4） +	0 =+4

8.3 系统技术实现

8.3.1 地面设备

罗兰-C 系统的地面设备包括发射台链、工作区监测站和台链控制中心。发射台链主要用于提供无线电导航信号，工作区监测站和台链控制中心用于监视和控制系统的工作情况与信号质量，使其满足系统的要求。

1．发射台链

发射台链由一个主台和两个以上副台组成主台需要发射规定格式的 9 脉冲组信号、建立台链的时间基准和脉冲组重复周期、监测副台信号；副台的功能是发射规定格式的 8 脉冲组信号、保持与主台规定的发射延迟、按主控制台的要求在系统超差时发射闪烁信号向用户告警。不论是主台还是副台均由四个部分组成，这四个部分分别是时频系统、发射机系统、发射天线系统和同步监测系统，其发射台外形及设备组成框图如图 8-8 所示。

1）时频系统

时频系统的任务是为发射台提供精确的时间频率标准，以保持台链中各发射台的发射信号准确同步。所有的发射台都装备着铯束频标，这些频标极高的准确度和稳定度允许每个台建立它自己的发射时间而不需要以另一个台为基准。用铯束原子频标对罗兰-C 发射进行控制的目的，是要使得在整个覆盖区域的任何位置上所观测到的每个主副台对的时差保持不变，这样，以时差读数标志的双曲线位置线与地理坐标就可以建立稳定的而且一一对应的关系。主台的时频系统与各副台的时频系统略有不同，图 8-9（a）、（b）分别是罗兰-C 主、副台时频系统方框图。

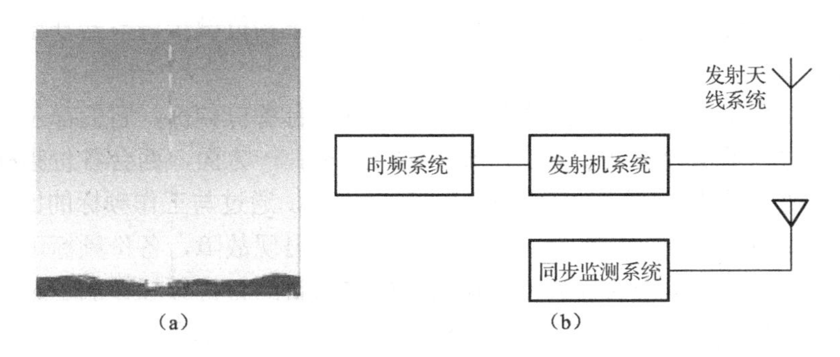

图 8-8　罗兰-C 发射台外形及设备组成框图

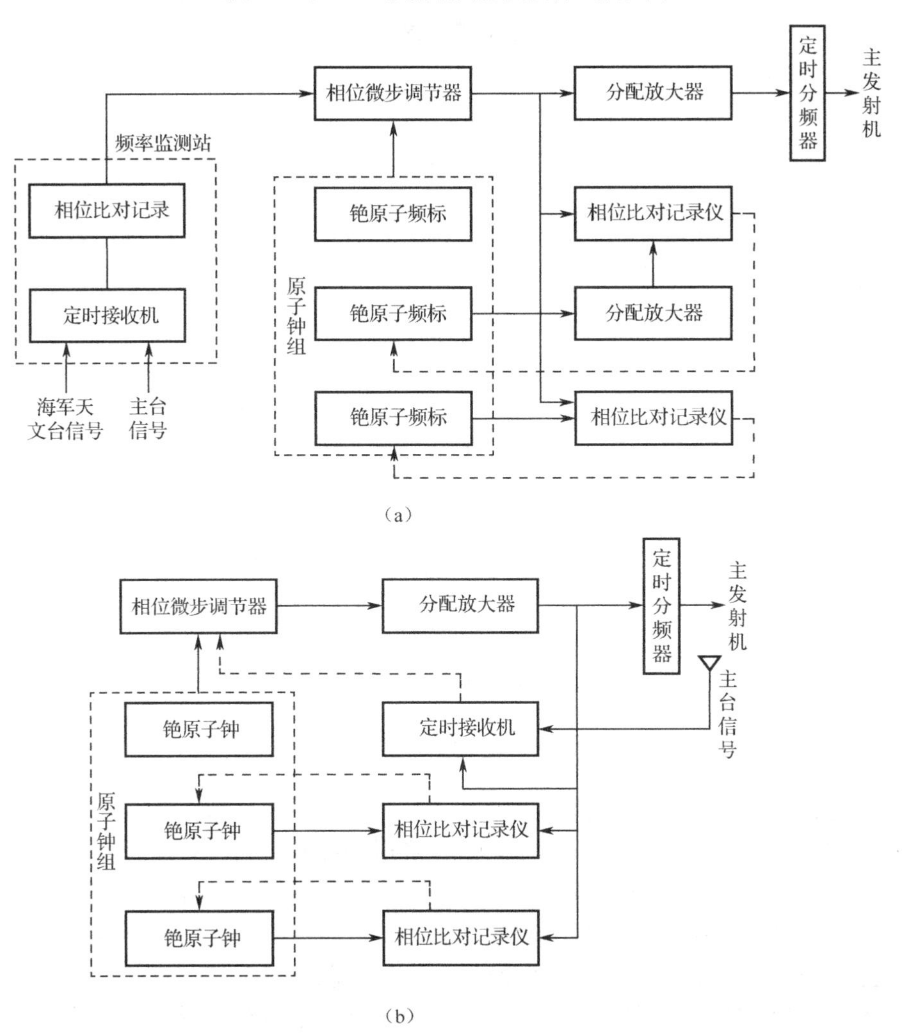

图 8-9　罗兰-C 主、副台时频系统方框图

由图 8-9 可见，两者的区别就在于，主台由频率监测站对主台信号和海军天文台频率信号进行监听接收，并进行相位比较，通过相位微步调节器对主台原子频标进行频率补偿，使得主台原子频标经过补偿后的输出与海军天文台的频率信号具有相同的频率。而副台用定时接收机接收主台信号，将主台信号与该副台的原子频标输出信号进行比对，根据比对结果，调整相位微步调节器的调节速率，使得副台原子频标经过相位微步调节器补偿后的输出信号频率与主台信号频率一致。

主、副台时频系统中，除一台工作频标外，还有两台备份频标，它们都是铯原子频标。当工作频标正常时，备份频标处于同工作频标比对状态。一方面，两台备份频标对工作频标的频率、相位跳动可以进行监视（多数判决）；另一方面，通过与工作频标的比对，调整备份频标使其输出频率与工作频标频率一致。一旦工作频标出现故障，备份频标可以立即代换工作而保持频率的连续性，将维修好的或更换的频标作为新的备份频标参加定时系统的工作。主台的相位微步调节器输出与海军天文台的信号频率一致，而副台的相位微步调节器输出与主台信号频率一致，据此建立整个台链中主、副台之间的时间同步关系。相位微步调节器的输出，加到定时分频器，该定时分频器为发射机提供必要的定时信号和控制信号，以实现罗兰-C 系统的信号格式。

2）发射机系统

罗兰-C 发射机系统应产生高功率的脉冲信号，其脉冲调制波形应严格符合设计要求。20 世纪 80 年代新建的罗兰-C 发射台中所用的发射机均为固态发射机。固态发射机系统一般包括以下几个部分：（1）脉冲幅度与定时控制单元；（2）半波产生器单元；（3）耦合输出网络单元。其原理框图如图 8-10 所示。

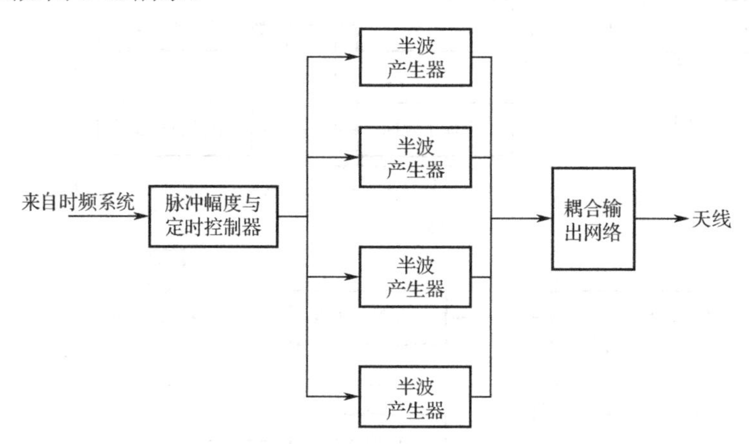

图 8-10　罗兰-C 固态发射机原理框图

对于利用脉冲包络和载频相位携带导航信息的罗兰-C 系统，脉冲包络波形的准确性是至关重要的。固态罗兰-C 发射机可以通过脉冲幅度和时间控制单元，对发射机输出波形中各单周的幅度和相位进行自动测量和调整，从而严格地保证输出波形的准确性。波形控制能力强、波形准确、波形调整自动化是固态发射机技术先进与否的主要标志之一。半波产生器和耦合输出网络是固态发射机的核心。半波产生器单元利用磁脉冲压缩原理，产生宽度为 5μs 的大电流脉冲（5μs 为 100kHz 的周期的一半），利用四个半波产生器单元所产生的四个接续的电流脉冲，来冲击耦合输出网络，使之在天线上产生符合要求的罗兰-C 电流脉冲波形。产生大电流脉冲的磁饱和电抗器，在饱和时和非饱和时，阻抗相差悬殊。因此，可以将若干个半波产生器并联到总线上，各半波产生器之间互相没有影响。利用这种并机技术，可以灵活地组成各种功率等级的固态发射；同时当某个并联的单元出现故障时，只要适当地采取单元数量冗余和单元功率冗余，就不会影响整个发射机系统的工作。磁饱和电抗器是用矩磁性材料制成的，它的寿命同变压器一样长。因此，在固态发射机中，用磁饱和电抗器代替了过去采用的电子管这类短寿命器件后，使发射机的整机可靠性大大提高。

3）发射天线系统

罗兰-C 导航系统的发射天线一般采用约 200m 高的顶负荷单极子天线。为了增加天线的带宽并提高辐射效率，有的已改建为四塔天线。用四塔天线后，发射台的辐射功率可以提高一倍。但是，由于固态发射机要求天线 Q 值不能过低，Q 值过低将使脉冲包络宽度过窄，信号频谱过宽。因此，采用固态发射机的发射台，采用的多半是 210～240m 的单塔天线。此外，罗兰-C 发射天线系统中，还包括天线绝缘子、地网、避雷装置等。

4）同步监测系统

早期的罗兰-C 系统所采用的是伺服同步方式，即采用副台跟踪主台测量的方式。副台跟踪主台信号，延时确定的时间（编码延迟）后发射副台信号，主台测量主台与副台之间的时差，以监视主副台同步的情况。伺服同步的弱点是：主副台之间的同步精度随时都受传播起伏的影响；地面台同步系统设备复杂；同步系统各设备间联系多，交联复杂。目前的罗兰-C 系统采用的是“自由”同步方式，这种方式的优点在于：一旦系统同步以后，由原子钟保持同步精度，同步精度不受传播起伏的影响；地面台同步监测系统的设备比较简单；同步监测系统是独立的，与定时系统无交联，使系统工作更为灵活。主要包括下面两种监测系统。

（1）主台同步监测系统。主台同步监测系统的任务是测量并记录各基线如 M-X、M-Y 等的时差、各副台信号的振幅、主台与副台的频差以及记录控制中心送来的主台信号的包周差 ECD。因此，在主台同步监测系统中，对应每个副台要有一部定时接收机、若干个相位比对记录仪，对应主台要有一部包周差 ECD 记录仪。

（2）副台同步监测系统。副台同步监测系统的任务是测量并记录主台与本台的时差、主台信号的振幅、本台与主台信号的频差及记录控制中心送来的本台信号的包周差 ECD。显然，在副台同步监测系统中，只要有一部接收主台信号的定时接收机和四个记录仪就够了。

2．工作区监测站

每个罗兰-C 台链需要配置一个或几个监测站，通常监测站上配置二部监测接收机和电源设备，以及必要的通信设备。它们的任务分别是测量各基线的时差、各台的振幅和各台的包周差 ECD，并将测得的信息用通信线路送至控制中心。

3．台链控制中心

罗兰-C 台链控制中心的任务是：接收并记录监测站送来的各基线时差数据及测量各基线的时差，由此推算出系统时差并与监测站的时差数据进行比较，用记录仪记录下比较结果；测量各台的振幅并与监测站提供的数据进行比较，用记录仪记录各台振幅；接收并记录监测站送来的各台的包周差ECD并将包周差分别发送给各台；根据所得到的数据发出必要的指令，包括令各台调整发射延时和调整包周差 ECD 的值。

8.3.2 用户设备

罗兰-C 系统用户设备包括各种类型的接收机，用户利用它们可以接收来自发射台的导航信号，进而获取位置信息与其他导航信息。目前罗兰-C 接收机大致可分导航型与测量型两类，导航型接收机又可分为船用接收机与机载接收机两种。无论哪一种罗兰-C 接收机，都必须要完成以下基本功能：（1）根据发射信号的重复周期，选择用以定位所需要的台链；（2）通过相位编码区分出主台、副台脉冲组；（3）本地基准（对应于主台和副台各有一个）分别与主台、副台信号锁相；（4）测出主台与副台信号之间的时差。一般机载接收机的基本要求是可靠性高、价格便宜、能提供时差和经纬度两种定位数据。这种接收机工作信噪比一般为 1∶3，时差分辨率为 0.1μs，时差精度不要求很高。此外，还要求接收机具有良好的动态跟踪性能和严格的机上环境（高低温、冲击振动、低气压）适应能力。某型罗兰-C 接收设备外形及原理方框图如图 8-11 所示。

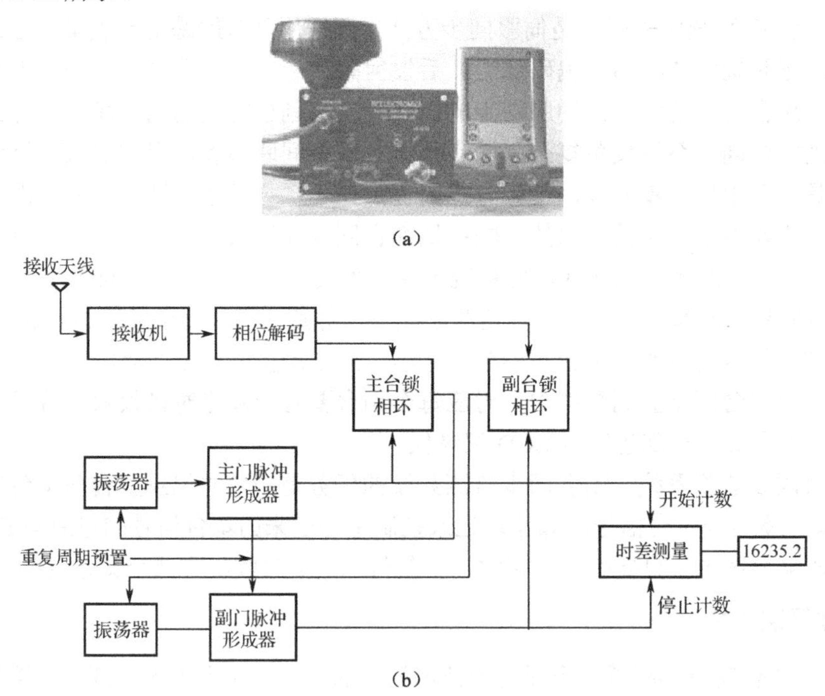

（a）

（b）

图 8-11 某型罗兰-C 接收设备外形及原理方框图

接收天线一般采用鞭状天线，同其他低频和甚低频系统一样，罗兰-C 接收天线要求不能过大，只要其尺寸大到使接收到的大气噪声大大地超过接收机内部噪声就够了。为了满足这一点，通常用有效高度小于 1m 的天线。因为所有发射机都在同一频率上工作，所以接收机的调谐设计是简单的，但是，接收机其他方面的设计是严格的。在接收机的 20kHz（90～110kHz）带宽之内，所要接收的信号常常低于噪声电平 20dB；其他干扰（脉冲的或连续波的）信号可能高于接收信号 35dB；进一步来说，要接收的信号强度，由于接收机离台的远近位置不同，动态范围可达 120dB。在这样恶劣条件下工作的接收机，必须要具有极高的有效选择性，这样的选择性用普通的带通滤波器是得不到的，而必须求助于具有很长积分时间的、能跟踪接收信号的慢响应伺服环，还要求附加一个或多个自动陷波滤波器。自动陷波滤波器能连续地在接收机带宽内进行扫描，以保证检查出所有的干扰信号，抑制掉其中最强的干扰并让有用信号通过。接收机接收到的信号根据主、副台相位编码的区别，由相位解码电路把主、副台信号区分开来，分别加到各自的锁相环。图 8-11 中只画出了一个副台锁相环，但实际上为了用两条双曲线位置线定位，最少需要用两个副台锁相环。精心设计的机载自动化接收机，一般有 3～4 个副台锁相环，这是为了能有 3～4 个时差读数加给计算机，经过计算能选出具有最好交角的两条位置线来定位。相位解码电路加到主、副台锁相环的，分别是主、副台经过相位解调的八脉冲组信号。

主、副门脉冲形成器加到它们各自锁相环的是间隔为 1000μs、宽度为 5μs 的八脉冲列，这些脉冲列的重复周期是根据要选的罗兰-C 台链人工预置的。当预置的罗兰-C 重复周期与某个罗兰-C 台链的重复周期一致时，门脉冲形成器输出的八脉冲列与接收信号中该台链的重复周期一致，门脉冲形成器输出的八脉冲列与所有接收信号中该台链的信号在时间上是相对稳定的，而相对其他具有不同重复周期的罗兰-C 台链信号来说则存在着相对运动，运动速率取决于它们的重复周期差值大小。如果门脉冲形成器的八脉冲列在罗兰-C 的一个双发射周期内扫掠，那么它一定能够与所选台链的接收信号八脉冲组重合，通过积累和一定的阈值检测，就能截获到所选罗兰-C 台链的信号。主、副台分别如此进行，这就是罗兰-C 自动信号截获过程，这个过程与 DME 测距搜索过程有相似之处，可以结合起来加以理解。

当主门脉冲形成器输出的八脉冲列与主台八脉冲组信号重合，副门脉冲形成器输出的八脉冲列与相应的副台八脉冲组信号重合时，罗兰-C 时差粗测就完成了，因为主、副门脉冲列之间的时差就代表着所接收的主、副台信号之间的时差，这就是我们前面所述的包络时差测量。但是，主、副门脉冲形成器输出的八脉冲列，各自对应着主、副台信号八脉冲信号包络内的哪一载频周上，这是不确定的，因此包络时差测量也是不准确的。为了进行更精确的时差测量，要进行主、副台载频相位的比较，即要进行所谓的周期匹配。所谓周期匹配，就是使主、副门脉冲形成器输出的八脉冲列分别对应地锁在主、副台接收信号八脉冲组中每个脉冲的第三载频周正斜率过零点上。选第三周是因为第一、二载频周信号太弱、信噪比差、采样点不能有效确定，而在第三载频周以后，虽然幅度较大，但有可能要遭到天波的污染。

在周期匹配过程中，进一步比较了主、副台接收信号脉冲组中对应脉冲的第三载频周相位零点之间的时差，然后对包络时差的测量进行调整和校正，最后给出精确的主、副台间的时差测量结果。由此可见，在主、副台信号截获后所得到的包络时差测量（粗测）将提供 10μs、20μs、30μs 等时差读数；而主、副台信号周期匹配后所得到的相位时差测量（精测）则在粗测时差读数的基础上，再提供±1μs、±2μs、±3μs、±4μs、±5μs，或零点几 μs 的时差读数。例如包络同步后，粗测指示为 15880μs，周期匹配又给出+8.1μs，那么粗测和精测的联合结果则为 15880+8.1=15888.1μs。为了消除精测的相位多值性，要求粗测的时差测量精度小于载频的二分之一周期。实现周期匹配的方法很多，例如图 8-12 所示的周期匹配锁相环原理框图。

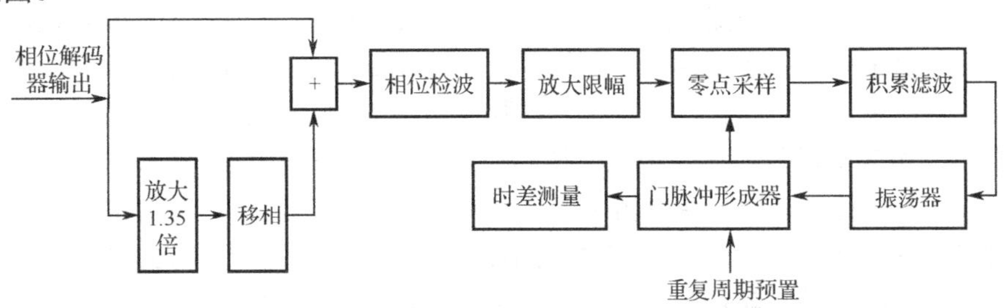

图 8-12　周期匹配锁相环原理框图

为了进行周期匹配，主、副相位环电路对于相位解码电路输出的每个脉冲信号，在同门脉冲形成器输出的脉冲列比相进行时差测量之前，还要把解调的射频脉冲信号分成两路，一路放大 1.35 倍再移相 180° 与另一路相加，使相加后的输出信号形成一个正好在第三载频周（30μs）处有一个包络零点然后反相的信号，图 8-13 是周期匹配环路中的有关波形示意图。

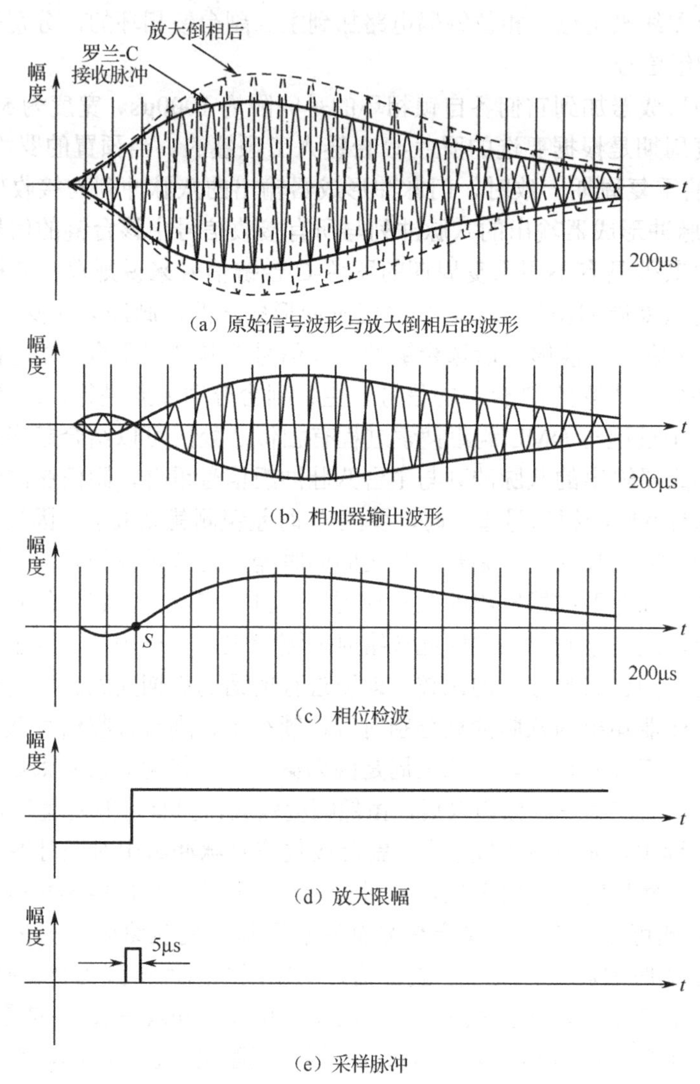

图 8-13　周期匹配环路中的有关波形图

经过相位检波，取出具有正、负极性的包络；在放大限幅电路中，变成双极性不对称方波加到零点采样器，门脉冲形成电路输出的宽度约 5μs 的采样脉冲也加到零点采样器，对不对称方波进行零点采样。如果采样脉冲中线不是对准 30μs 采样点 S，那么积累滤波电路就有正、负误差信号输出，正、负极性取决于采样脉冲相对 S 点是滞后还是超前。振荡器在误差信号的控制下，相应于误差信号的极性，使其输出信号的相位超前（误差信号为正）或滞后（误差信号为负）。这样，采样脉冲也相应地超前或滞后移动，直到采样脉冲对准 S 点时为止。值得指出的是，这种周期匹配过程，在主、副锁相环路中，以同样的方式进行。当主、副环周期匹配实现时，精测时差就得到了。之所以称罗兰-C 系统为脉冲相位双曲线导航系统，就是由于它在包络时差测量（脉冲系统的特性）的基础上，还要在脉冲包络内第三载频周上进行相位差测量（相位系统的特性）。

现代罗兰-C 接收机采用线性平均数字技术（Linear Averaging Digital，LAD）与自适应滤波数字信号处理（DSP）技术相结合，提高了传统罗兰-C 接收机的技术指标：①其信噪比（SNR）提高了约 20dB；②能够同时跟踪接收最多达到 40 个罗兰-C 发射台信号；③可使现有单个罗兰-C 台站的有效覆盖区半径向外延伸约 300km；④即使在市区也可利用；⑤消除噪声干扰和突发噪声的能力有很大提高；⑥减小了定时应用中的统计抖动。另外，已经开发出了新的小型罗兰磁场（H-field）天线，其直径 4 英寸，高约 1 英寸（见图 8-14）。这种天线能切实消除雨雪静电干扰（P-static），它与 GPS 天线合并在一起已经成为现实，可以满足组合导航、授时系统的应用需求。

图 8-14　磁性小型天线

作　业　题

1. 罗兰-C 系统从位置线的角度看属于什么导航系统？从测量电参量的角度看又属于什么导航系统？为什么这种系统至少要有三个地面发射台才能定位？

2. 画出罗兰-C 系统的组成方框图，简述其工作过程。

3. 罗兰-C 系统怎样组网配置？简述罗兰-C 系统信号格式中采用相位编码的目的。

4. 罗兰-C 台链如何实现同步？怎样区分不同台链以及同一台链内主、副台信号？

5. 罗兰-C 系统信号格式有何特点？其抗干扰能力是如何体现的？

6. 罗兰-C 系统能成为 GPS 备份系统的理由是什么？

第9章　卫星导航系统

卫星导航系统是以人造卫星作为导航台的天基无线电导航系统，能为全球陆、海、空、天的各类军民载体提供全天候、24 小时连续的高精度的三维位置、速度和精密时间信息。与地基无线电导航系统相比，由于卫星导航系统具有受外界条件限制小、导航定位精度高等优点，因而得到了迅速的发展。目前卫星导航系统主要有美国的全球定位系统（GPS）、俄罗斯的格洛纳斯系统（GLONASS）、中国的北斗卫星导航系统（BDS）及欧盟的伽利略系统（GALILEO）。

9.1　全球定位系统

1957 年 10 月，苏联发射第一颗人造地球卫星成功后，美国霍普金斯大学应用物理实验室的研究人员在对其所发射的无线电信号进行监听时发现，当地面接收站的位置一定时，在卫星通过其视野的时间内，所接收信号的多普勒频移曲线与卫星轨道有一一对应的关系。这意味着固定于地面的接收站只要测得卫星通过其视野期间的多普勒频移曲线，就可确定卫星的轨道。反过来，若卫星运行轨道是已知的，那么根据接收站测得的多普勒频移曲线，便能确定接收站在地面的位置。于是，研究人员提出了研制卫星导航系统的建议。1958 年 12 月，美国海军武器实验室委托霍普金斯大学应用物理实验室研制开发海军导航卫星系统（NNSS），该系统于 1964 年 9 月研制成功并投入使用，1967 年 7 月，美国政府宣布该系统兼供民用，这就是最早的卫星导航系统——子午仪卫星导航系统。这个系统因只能实现两维（经度、纬度）定位，且定位间隔时间较长，定位精度也不够高，因而应用受到限制。

为满足陆、海、空三军和民用部门越来越高的导航需求，20 世纪 60 年代末美国着手研制开发新的卫星导航系统。从 1973 年正式启动全球定位系统（GPS）计划，到 1993 年 12 月系统建成，历时 20 年，投资达 300 亿美元，成为继阿波罗登月、航天飞机之后的第三项庞大的空间计划。它实现了全球、全天候、连续、实时、高精度导航定位，对人类活动产生了巨大的影响。

9.1.1　系统组成、功能与配置

全球定位系统（GPS）是至今为止世界上最具代表性的卫星导航系统。卫星导航系统通常由卫星组成的空间部分，主控站、监测站和注入站等组成的运控部分，以及各种类型用户接收机组成的用户部分，三大部分构成如图 9-1 所示。

1．空间部分

GPS 星座由 24 颗工作卫星组成，均匀分布在 6 个倾角为 55° 的轨道面上，每个轨道有 4 颗卫星，其示意图见图 9-2。卫星运行在地球表面以上约 20230km 的近圆轨道，运行周期约 12h。这种由多颗卫星组成的星座，可在全天任何时间为全球任何地方提供 4～8 颗仰角在 15° 以上的同时可观测卫星。如果将遮蔽仰角（在此角度之上的卫星才能被用户观测）降到 10°，

最多可观测到 10 颗卫星；若将遮蔽仰角进一步下降到 5°，那么最多可同时见到 12 颗卫星。

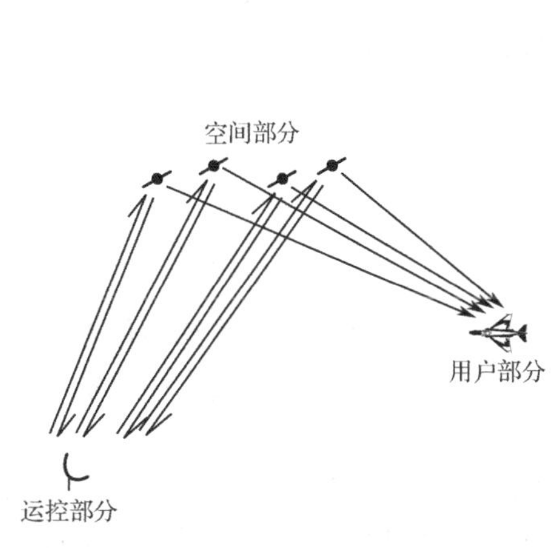

图 9-1　卫星导航系统组成示意图

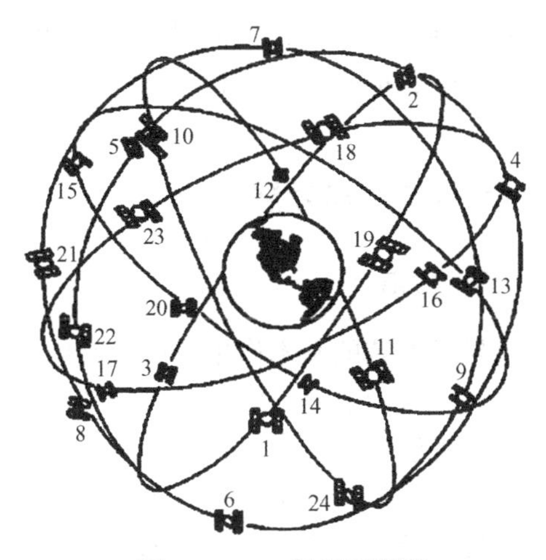

图 9-2　GPS 星座示意图

2. 运控部分

GPS 运控部分由 1 个主控站、1 个备用控制站、17 个监测站和 4 个注入站组成，主要任务是跟踪所有的卫星以进行轨道和时钟测定、预测修正模型参数、同步卫星时间和为卫星加载数据电文等。

1）主控站

主控站位于科罗拉多州的施里弗空军基地，另有一备用主控站设在加利福尼亚州范登堡空军基地。主控站设有计算中心，根据从各监测站收集对卫星的跟踪数据，计算卫星的轨道和时钟参数，然后将预测的卫星星历、时钟误差和校正参数等发送给注入站，以便最终向卫星加载数据。此外，主控站还担负对卫星的控制和系统运行管理等任务。

2）监测站

目前 GPS 共有 17 个监测站。其中 6 个为美国空军监测站，分别设在科罗拉多施里弗空军基地、加利福尼亚州范登堡空军基地、佛罗里达州卡纳维拉尔角、阿森松岛（南大西洋）、迭戈加西亚岛（印度洋）和夸贾林环礁（北太平洋马绍尔）群岛，其余 11 个为美国国家地球空间信息局所属的监测站。每个监测站都装备有多频 GPS 接收机、高精密原子频标等，接收卫星的导航信号，并将收集到的导航信号数据与气象数据等定时传输到主控站进行处理。

3）注入站

美国空军的 4 个注入站分别设在阿森松、迭戈加西亚、夸贾林和卡纳维拉尔角。当 GPS 卫星通过注入站视界时，注入站通过 S 波段无线链路卫星通信专用地面天线，将由主控站传来的卫星星历、时钟参数、电离层改正数据等上传到 GPS 卫星，上行注入每天 1～2 次。如果某地面站发生故障，那么在各卫星中预存的导航信息还可用一段时间，但导航精度会逐渐降低。

3. 用户部分

用户部分用于卫星信号的捕获、信号处理、数据解调、坐标转换、导航计算、人/机接口等工作。现已为 GPS 的用户研制出多种类型的接收机，从最简单的单通道便携式接收机到性能完善的多通道接收机，不同类型和不同结构的接收机适应于不同的精度要求、不同的载体运动特性和不同的抗干扰环境，一次定位时间也从几秒钟至几分钟不等，这取决于接收设备的结构完善程度。尽管各种类型接收机的结构复杂程度不同，但都必须完成下列基本功能：选择卫星，捕获信号，跟踪和测量导航信号，校正传播效应，计算导航解，显示及传输定位信息。

9.1.2 系统应用与发展

1. 系统应用

卫星导航系统的基本作用是向各类用户和运动平台实时提供准确、连续的位置、速度和时间信息。卫星导航系统的诸多优越性，使导航技术发生了重大变化，其应用已扩展和渗透到军事和国民经济的各个领域。

在民用领域方面，GPS 广泛应用于海洋、陆地和空中交通运输导航，推动世界交通运输业发生革命性变化。例如，GPS 接收机已成为海洋航行不可或缺的导航工具；国际民航组织在力求完善 GPS 可靠性的基础上，推动以单一卫星导航取代已有的其他导航系统；陆上长途、短途汽车正在以装备 GPS 接收机作为时尚。同时，GPS 在工业、农业、林业、渔业、土建工程、矿山、物理勘探、资源调查、陆地与海洋测绘、地理信息产业、海上石油作业、地震预测、气象预报、环保、电信、旅游、娱乐、管理、社会治安、医疗急救、搜索救援以及时间传递、电离层测量、航天飞行器的导航定位等领域已得到大量应用，显示出巨大的应用潜力。

在军用领域方面，GPS 应用可大致概括为以下几方面：

（1）功能由陆海空作战平台导航向精确打击武器制导方向发展。

（2）作为指挥信息系统的重要组成部分，通过实时提供参战成员精确的位置及运动信息，了解友邻分布，明确战场态势。GPS 对于形成陆、海、空、天协调一致、高度统一的指挥网络，起着坐标系的作用。

（3）在扫布雷、空投、侦察、搜救、卫星测控与跟踪等需要精确定位与时间信息的战术操作中发挥了重要作用。

（4）在通信系统及计算机网络的时间同步以及弹道测量、时统建立与保持、雷达精度校验等众多领域获得广泛应用。

2. 系统发展

20 世纪 70 年代，美国国防部因军事目的建立了 GPS，随后各国都相继开展了对 GPS 的应用研究，并取得了重大的进展。随着使用中不断暴露出来的问题，美国也在不断投入巨资更新完善 GPS，并对 GPS 进行技术攻关，其改进的路线在卫星导航系统发展过程中具有典型的代表意义。

1）GPS 增强系统

虽然 GPS 系统提供定位服务的精度很高，但是对于一些精度要求更高的应用场合，如海港引导、飞机精密进近与着陆、车辆导航定位、大地测绘、地球物理勘探、导弹轨迹测量等，其定位精度仍显不够，因此产生了差分 GPS 技术。

差分 GPS 技术（DGPS），有局域差分和广域差分之别。基本方法是把一台基准 GPS 接收机放在位置已精确测定的点上，将这台 GPS 接收机测得的定位数据与其准确已知的位置相比较，计算出 GPS 接收机的测量位置或测量伪距的误差作为校正数据，并通过通信链路广播出去，附近的用户 GPS 接收机在接收 GPS 卫星信号的同时，从通信链路接收来自基准 GPS 接收机的误差数据，用来校正自己的 GPS 测量数据，从而达到提高自己定位精度的目的。差分技术的机理是：在同一地区、同一时间内，GPS 缓慢变化的系统误差（包括卫星钟误差、星历误差、电离层延迟误差、对流层延迟误差）和 SA（选择可用性技术）对定位精度的影响是相同或相近的，因此经差分处理后会显著地消除它们，从而改善系统精度，这已被理论分析、试验和实际应用所证明。到目前为止，建设和推广较快的是海用 GPS 系统，它利用沿海岸已有的海用无线电信标台，在其发射载频上加一个副载波调制，以发射 DGPS 差分校正数据。

广域差分 GPS 由一些主站、许多本地监测站和向用户广播广域差分信号的地球静止卫星组成，如图 9-3 所示。每个本地监测站（又称广域参考站）都装有能跟踪视野内所有卫星的双频 GPS 接收机，所取得的 GPS 测量值通过通信链路发送给主站，主站根据已知的监测站位置和其所收集到的信息，估算出卫星星历误差和时钟误差以及电离层延迟参数，再通过上行注入站把这些数据发送至位于同步轨道的通信卫星，卫星再把由主站计算出的误差修正量发送给用户。

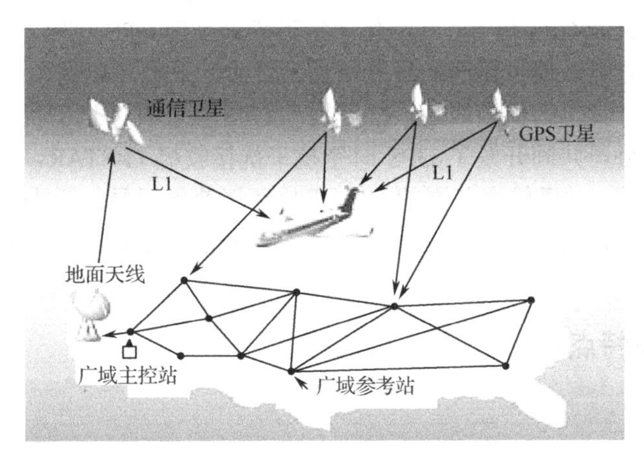

图 9-3　广域差分系统组成示意图

总之，差分 GPS 的发展已远远超出人们的估计，它既可以有力地抵消 SA 的影响，又能满足各种高精度应用的要求，还能提高导航信号的完好性，可以预见它将获得越来越广泛的应用，在美国已把它看作 GPS 系统的组成部分，而把原来的系统称作基本 GPS。

2）GPS 卫星的更新换代

GPS 发展到现在，先后发射了 Block-Ⅰ、Block-Ⅱ、Block-ⅡA、Block-ⅡR，Block-ⅡR（M）、Block-ⅡF 以及 Block-Ⅲ三代 7 个型号的卫星。1997 年，由洛马公司生产的 Block-ⅡR 卫星开始替换 1989—1996 年期间发射的 Block-Ⅱ和 Block-ⅡA 卫星。Block-ⅡR 卫星的设计寿命由 Block-ⅡA 的 7.5 年延长到 10 年，与 Block-ⅡA 卫星相比，Block-ⅡR 卫星抗核辐射和抗激光照射能力都有所提高，另外，卫星的天线经过新的设计，加强了抗干扰能力。到 2006 年年底，美国已发射了 3 颗装备 M 码的改进型 Block-ⅡR（M）卫星，它们具有一些新的功能：能发射第二民用码，即在 L2 上加载 C/A 码、在 L1 和 L2 上播发 P（Y）码的同时，在这两个频率上还试验性地加载新的军码，即 M 码；信号发射功率不论在民用通道还是军用通道上都有很大提高。新一代 Block-ⅡF 卫星的抗核打击能力比 Block-ⅡR 卫星进一步提高，并且使用 M 码和第三民用频率，即 L5 频率，设计寿命延长到 15 年，只有寿命的提高，才能保证长期稳定地运行，从而降低成本。目前，GPS 星座卫星均由第二代卫星构成，其中 Block-ⅡF

和 Block-ⅡR 两型卫星构成了星座的主要组成部分。GPS 的 Block-Ⅲ卫星作为 GPS 现代化计划中最后一步，其主要任务是加强依托 GPS 开展导航战的能力，为用户提供更高的定位精度、更强的抗干扰能力、更高的抗毁和顽存能力，目前已发射两颗实验卫星。

3）GPS 导航对抗能力的研究

GPS 是美国为其军事目的而建立的系统，该系统在海湾战争、沙漠之狐行动、科索沃战争和阿富汗战争中都发挥了举足轻重的作用，尤其是在阿富汗战争中，GPS/INS（惯性导航系统）制导武器得到普遍运用，对战争的进程和发展起到了决定性作用。但是，GPS 在设计初期并未考虑其对抗能力，即生存能力及抗干扰能力等，给 GPS 系统的军事使用带来了隐患。因此，美国重点加强了 GPS 系统导航对抗能力的研究，并提出了导航战的概念。

在提高系统的生存能力方面，美国在 Block-ⅡR 卫星中增加了星际横向数据链，以便一旦 GPS 主控站被摧毁，GPS 还能继续工作几个月。同时，计划将 GPS 的地面主控站由原来的集中式改变成分布式系统，大大提高了 GPS 的抗毁性。在提高系统的抗干扰能力方面，美国的研究主要集中在：一是提出利用伪 GPS 星座提高抗干扰能力。该计划是利用无人机或地面的虚拟机转发经过放大的 GPS 信号，在战场上空形成一个伪 GPS 星座，它能在受到干扰的战场环境下为己方或友方部队提供精确的导航信息。目前，采用多架无人机上的虚拟机和 1 台地面虚拟机相结合的方案也已试验成功；二是提高 GPS 接收机的抗干扰性能。美国洛马公司和洛克威尔·柯林斯公司共同开发了 GPS 时空抗干扰接收机 G-STAR，该接收机采用波束控制和调零控制天线技术，对于较大范围的 GPS 干扰环境效果明显；三是应用 M 码卫星。M 码是一种功率更大的军码，因为军、民信号频谱有一定间隔，M 码不会因对民用码实施干扰而影响使用。

9.1.3 系统性能及特点

1. GPS 的性能

GPS 作为一种星基无线电导航系统，已经在很多方面改变了以往陆基无线电导航系统所提供的导航理念。表现在系统性能方面，诸如作用区域、工作容量等似乎达到了人们预期的全球覆盖、容量无限的理想目标。

GPS 的定位精度这一性能指标，因该系统不同以往而变得计算复杂。前面已经提到，GPS 通过伪距测量、采用三球相交定位原理为用户提供导航定位服务，这种服务的水平取决于伪距测量的精度和作为导航台的卫星位置确定的精度。因此，影响 GPS 或任何卫星导航系统定位精度的因素包括卫星时钟误差、星历预测误差、选择可用性 SA（为使用户导航解变差而有意操纵广播星历和使卫星发生颤动的技术）、相对论效应、大气层效应（对流层延迟、电离层延迟）、接收机噪声和分辨率、多路径和遮挡效应、精度几何因子等。通常卫星导航系统定位精度的估计是件很困难的事情，但一般可以给出一个量级，如 GPS 利用 C/A 码的定位精度是在 10～100m 的量级上。目前，GPS 提供两种定位服务：C/A 码标准定位服务（SPS）和 P（Y）码精密定位服务（PPS）。SPS 定位精度可达：水平方向 20m（2σ），垂直方向 45m（2σ），测速 0.2m/s（2σ），测时精度 0.2μs（2σ）。PPS 精度更高，但服务于美国军方，未获准的用户不能使用 P（Y）码。

GPS 的可用性是指该系统服务可以使用的时间的百分率，是衡量系统提供导航服务能力的标志。为了确定对某一特定位置和时间来说的 GPS 可用性，首先必须确定可见卫星数及可见卫星的几何布局。另外，GPS 的可用性还与接收机所用的遮蔽角（在这个角度以上的卫星才能被观测）、卫星故障情况有关，全能力工作的 GPS 可用性能够达到 99.99%。

一种导航系统除了要提供导航功能，还必须具有在该系统不能使用时及时向用户发出告警的能力，这种能力就是系统的完好性。GPS 的完好性异常应当是很少的，每年仅发生几次，但它可能是关键的，特别是对航空导航来说更是如此。引起卫星导航系统完好性问题的主要原因一般有四种：卫星时钟异常，卫星星历异常，卫星故障，主控站故障。用于 GPS 完好性监视的两种方法是：接收机自主完好性监视（RAIM），广域增强系统（WAAS）。

任何十全十美的事物都是不存在的，GPS 同样也有不足之处。因为 GPS 是一种无线电导航系统，依赖穿梭于大气层的射频信号提供导航信息，这就必然会受到有意无意的电磁干扰，尤其是 GPS 接收机大多与发射导航信号的卫星相距甚远，所能够接收的信号极其微弱，这种脆弱的信号捕获毫无疑问地将受到干扰的严重威胁，引起导航精度的降低或信号跟踪的完全丢失。典型的干扰源包括：敌意的噪声干扰机、扩频干扰机，微波链路发射机、雷达发射机，商业广播电台发射机的谐波，等等。目前，对 GPS 抗干扰技术的研究方兴未艾，并取得了积极的成效。GPS 接收机抗干扰性能取决于所采用的抗干扰技术水平。

2. GPS 的特点

1）全球覆盖

我们知道，卫星离地面越高，可见卫星的地球表面或卫星的覆盖区域也越大，众多的 GPS 导航卫星，借助地球自转，可使地球上的任何地方至少能同时看到 6～11 颗卫星。实际上，完成一次有效定位，只需 4 颗卫星已足够。这种可见卫星的裕度设计，能保证用户挑选视野中几何配置最佳的 4 颗卫星来实现高精度的定位。

2）全天候

GPS 的导航卫星是人造天体，可以将描述卫星位置的轨道参数以及测距信号，居高临下地以无线电波发射给用户，这种无线电导航信号不受气象条件和昼夜变化的影响，是全天候的。

3）高精度

GPS 卫星导航系统的定位精度取决于卫星和用户间的几何结构、卫星星历精度、GPS 系统时钟同步精度、测距精度和机内噪声等诸因素的组合。卫星和用户间的最佳几何配置由可见星的裕度设计保证；由于大地测量技术的飞速发展以及人造卫星在测量领域的广泛应用，已经能够得到精确的地球重力模型，地面跟踪网对卫星的定轨精度可精确到 1～10m；卫星和用户之间的相对位置测量精度，利用伪码测距可达米级，利用载波相位测距可精确到毫米级；电波传播的电离层折射影响可采用双频接收技术消除；对流层折射的影响也可通过本地气象观测得到精确模型予以降低；有效利用用户和基准站（置于位置精确已知的点上）间误差在空间和时间上的相关性，即差分定位原理，可使实时定位精度提高到厘米量级。

4）多用途

由于 GPS 具有全天候、全球覆盖和高精度的优良性能，因而广泛应用于陆、海、空、天各类军民载体的导航定位、精密测量和授时服务，在军事和国民经济各部门乃至个人生活中都有着极其广阔的应用前景。实际上，随着微电子和计算机技术的飞速发展，GPS 应用已迅速扩展到国民经济的各行各业，不再局限于传统的导航定位。

9.1.4　GPS 定位原理

卫星导航技术已先后发展了两大类：一类卫星导航系统采用多普勒测速原理，如美国的子午仪卫星导航系统（Transit），即利用测量导航信号的多普勒频移来求出距离变化率进行导航定位，但由于这种方式存在不能连续实时导航等一些缺点，已逐渐淘汰。另一类卫星导航系统采用时间测距原理，即利用测量导航信号传播时间来求出距离进行导航定位，目前大多数卫星导航系统都采用这种方式。

卫星导航的主要任务是实现用户的定位。卫星定位就是在测站上以卫星为观测目标，获取测站至卫星的观测矢量 $\boldsymbol{\rho}$，利用观测矢量和已知的卫星位置矢量 $\boldsymbol{r}$ 计算观测点坐标。卫星定位示意图如图 9-4 所示。在测站观测卫星，已知卫星位置矢量为 $\boldsymbol{r}$，若得到观测矢量 $\boldsymbol{\rho}$，则测站的位置矢量 $\boldsymbol{x}$ 为：

$$\boldsymbol{x}=\boldsymbol{r}-\boldsymbol{\rho} \tag{9-1}$$

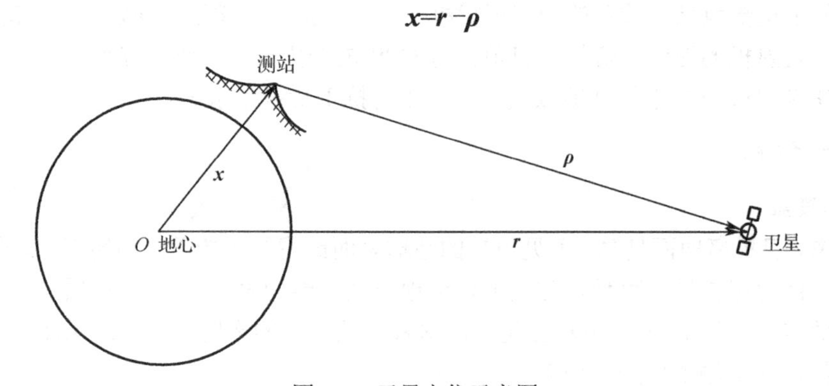

图 9-4　卫星定位示意图

相反，若已知测站矢量 $\boldsymbol{x}$，则由观测矢量 $\boldsymbol{\rho}$ 可求出卫星位置矢量 $\boldsymbol{r}$，即：

$$\boldsymbol{r}=\boldsymbol{x}+\boldsymbol{\rho} \tag{9-2}$$

式（9-1）是利用卫星进行测站点定位的基本方程式，式（9-2）是由已知点测定卫星位置的基本方程式。虽然式（9-1）是利用卫星进行测站点定位的基本方程式，但前提是不仅观测矢量的距离要确定，而且方向也要确定。现代导航卫星多采用测距体制进行定位，基础方程仍是式（9-1），不同的是，应联立多个距离方程来确定用户坐标定位。

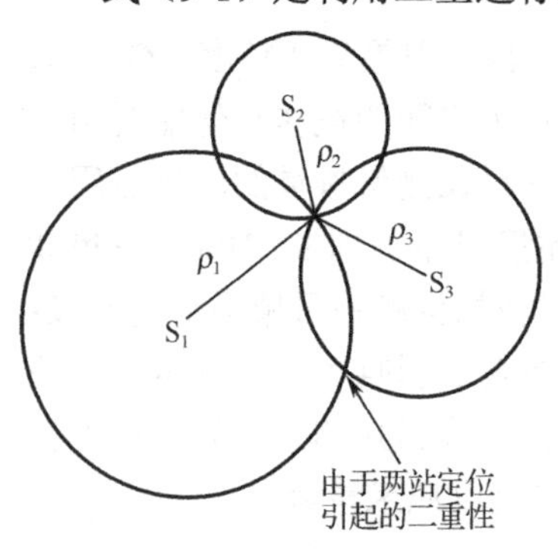

图 9-5　三球交会定位示意图

现代卫星导航通常采用三球交会定位的基本原理。所谓三球交会，即以位置已知的点（卫星点或地心点）为球心，以观测边长为半径，三个这样的大球可交会出测站点坐标。三球交会定位示意图如图 9-5 所示，S_1、S_2 和 S_3 为三颗已知其位置的卫星，ρ_1、ρ_2 和 ρ_3 为测站 U 观测各卫星所得的对应边长。

对每一个大球可列出方程：

$$\sqrt{(x-x_i)^2+(y-y_i)^2+(z-z_i)^2}-\rho_i=0 \qquad i=1,2,3 \tag{9-3}$$

式中，(x, y, z) 为测站点待求坐标；(x_i, y_i, z_i) 为卫星已知坐标。三个观测值可列出三个方程。由于球心坐标为已知，三个方程只有三个未知数，故可以求解得出测站坐标。

1．测伪距

测距、测距差或测伪距和都是利用无线电波在空间传播的恒速性和直线性，通过测量电波的传播时间（传播延时）来进行的。因此，测距的问题实质上变成了测时的问题，即由卫星发射信号，而用户接收信号，用户直接从所接收的信号中测得传播延时。这就要求，用户钟与卫星钟完全同步，即两时钟同频同相，没有误差。

实际上，由于只有费用极高的原子钟具有同步测距所需的稳定度，而用户钟一般都采用价格较低的石英钟，因此卫星钟和用户钟难以做到精确同步。当两钟间存在钟差 Δt 时，这样测得的距离并不是用户和卫星间的真实距离 r，而是一个带有误差的距离，简称伪距 r^*，这时用户到第 i 颗卫星的伪距为：

$$r_i^* = r_i + c\Delta t \tag{9-4}$$

那么，伪距用什么方法测量呢？常用的方法有码伪距测量、相位伪距测量和积分多普勒伪距测量三种。下面简要介绍伪码测距原理。

伪码是指由二进制码元“0”和“1”组成的伪随机序列，它具有周期性，故可用来作为测量电波时延的尺子；伪码具有事先可确定性，因此伪码的相位可以识别，这种可识别的伪码相位就是尺子上更细的刻度（标记）。GPS 中使用两种伪码：C/A 码和 P（Y）码。C/A 码是粗测/捕获码，它的频率为 1.023MHz，两个码位之间的时间间隔为 1μs，相当于 1 码位对应于 300m；P（Y）码是精测码，频率为 10.23MHz，两个码位之间的时间间隔为 0.1μs，相当于 1 码位对应于 30m。GPS 中的伪码测距是通过比较用户钟与在用户设备中再现（恢复）的卫星钟相对应的标记（刻度）来实现的。

实际上，用作测量电波时延尺子的还可以是 1ms（C/A 码周期）、20ms（数据位速率）、6s（数据子帧）、Z 计数（一周中，子帧的数目）以及总的周数 WN 等。C/A 码测距示意图如图 9-6 所示，可以看出，卫星钟和用户钟均从 0ms 启动，星上 C/A 码信号经过时延 $t_R=1017\frac{2}{5}$ C/A 码码位后传到用户，时延 t_R 乘以光速 c 就是测量的伪距。

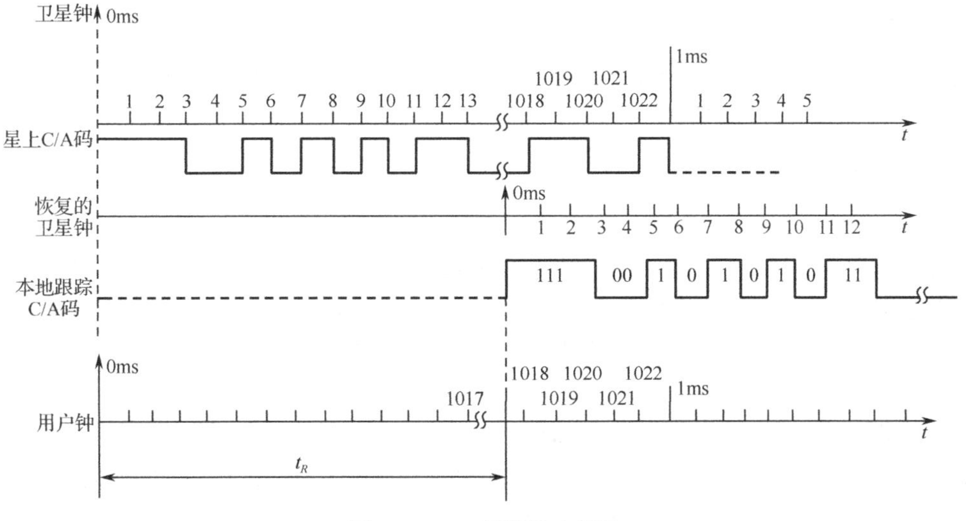

图 9-6　C/A 码测距示意图

2. 卫星位置信息的获取

在GPS中，卫星位置作为已知值由卫星广播给用户，卫星在空间的位置由描述卫星位置的轨道参数或开普勒参数确定。在空间，卫星运行规律符合开普勒三条定律。卫星在中心力场作用下，在一个通过地球中心的固定平面上运动，这个平面叫卫星运动的轨道平面，卫星在其轨道平面上的运动轨迹是一个椭圆，地球中心处于椭圆的一个焦点上。于是，要正确描述卫星的位置，首先必须描述卫星运动的轨道平面在空间的位置；其次必须描述卫星在轨道平面上做椭圆运动时椭圆的形状；最后必须描述卫星在椭圆轨道上的瞬时位置。总而言之，描述卫星在空间位置需六个轨道参数，通常把它们称为开普勒参数或历书数据。这些数据都按照一定的格式调制在信号载波中，由卫星发送给用户。当用户接收到这些信号后，可解调出相关参数，计算出卫星的实时位置。

3. 卫星定位解算

由式（9-3）可知，要计算出用户坐标，必须建立三个类似的独立方程式，通过测量3颗卫星的距离 r_i，并解出3颗卫星的坐标 x_i、y_i、z_i 之后才可得到用户坐标。由于实际中测得的不是 r_i，而是伪距 r_i^*，将式（9-3）代入式（9-4）后得：

$$r_i^* = \sqrt{(x_e - x_i)^2 + (y_e - y_i)^2 + (z_e - z_i)^2} + c\Delta t \qquad i = 1,2,3,4 \tag{9-5}$$

求解式（9-5），除 x_e、y_e、z_e 未知外，用户钟与卫星钟的钟差 Δt 也是一个未知量。因此，要建立四个方程式，即要测量到4颗卫星的伪距 r_i^*，就可以解出用户位置坐标。可见，解决降低用户钟精度（用户不要求使用同卫星上一样的高精度原子钟）的办法，是再多测一个伪距。

9.1.5 GPS信号格式

GPS卫星发射的信号，实际上是一种经伪码扩频的导航电文信号。它包含三种信号分量，即信号载频、扩频伪码和导航电文。

1. 信号载频

GPS 星座中的每颗工作卫星，其导航信息均采用两个固定的载波频率发射，其中一个称为 L_1 信号，频率为1575.42MHz，另一个称为 L_2 信号，频率为1227.6MHz。采用双载频是为了校正电离层产生的附加延时，提高定位精度。

2. 扩频伪码

GPS信号采用伪噪声码（Pseudo Randon Noice，PRN）直序扩频，以提高抗干扰和保密能力。它使用两种伪码，即P码（Precise or Protect，精确或保密）和C/A码（Coarse/Access，粗测/捕获）。C/A码对民用开放，P码保密，只对特许用户开放。

1）C/A码

C/A码相对来说是一种低码率、短周期的明码。C/A码的码率为1.023MHz，重复周期为1ms，在一个周期内的码长为1023位。C/A码仅调制在 L_1 载频上，是GPS标准定位服务的基础。在前面已经介绍过，在GPS系统中，C/A码可用来进行伪距测量。C/A码的码元宽度较大（1μs），假设两个序列的码元对齐，误差为码元宽度的1/100，则这时相应的测距误差为2.9m。

C/A 码的另一用途是识别卫星。GPS 是一个码分多址系统，各卫星用同一波段发射信号，由于每一颗 GPS 卫星都用不同的 C/A 码调制，利用伪随机序列良好的自相关特性，用户可利用 C/A 码来识别不同的卫星。

2）P 码

P 码是高码率、长周期的精密码。P 码频率为 10.23MHz，重复周期约为 267 天。实际上，在 GPS 中，P 码周期被分为 38 部分（每一部分周期为 7 天，码长约为 $6.19×10^{12}$ 位），其中 1 部分闲置，有 5 部分给地面监控站使用，其余 32 部分分配给不同的卫星。这样，每颗卫星所使用的是 P 码的不同部分，具有相同的周期和码长，但结构不同。由于 P 码很长，如果采用一般的逐位搜索办法来搜索一个整周期，所需时间是很长的。若假定搜索速度为 50 码位/秒，则搜索一个整周期所需时间约为 $14×10^5$ 天，因而可以保密。

P 码同时调制在 L_1 和 L_2 载频上，是 GPS 精密定位服务的基础。由于 P 码的码元宽度是 C/A 码的 1/10，因而 P 码的测距精度是 C/A 码测距精度的 10 倍，因而也称为精码。

3）P 码和 C/A 码的关系

P 码和 C/A 码之间是严格同步的，它们的时钟是一个统一的时间基准源，只是码率和码字长不同而已。前面已经提到，P 码是很难直接对其进行搜索的，实用中它可借助 P 码和 C/A 码的严格同步关系，先捕获 C/A 码，再转换到 P 码捕获，P 码和 C/A 码的码率是整数倍关系（10 : 1）。

3. 导航电文

导航电文指卫星发射导航信号中的基带信号，频率为 50Hz，它包括星历、时钟修正量、时间标志等数据信息。导航电文以数字通信形式，按数据帧格式编排。图 9-7 是 GPS 导航电文数据帧结构示意图。

1）数据帧参数

一帧的周期为 30s，数据码率为每秒 50 位（或 50Hz），共 1500 位，采用二进制编码。一帧均分成 5 个子帧。

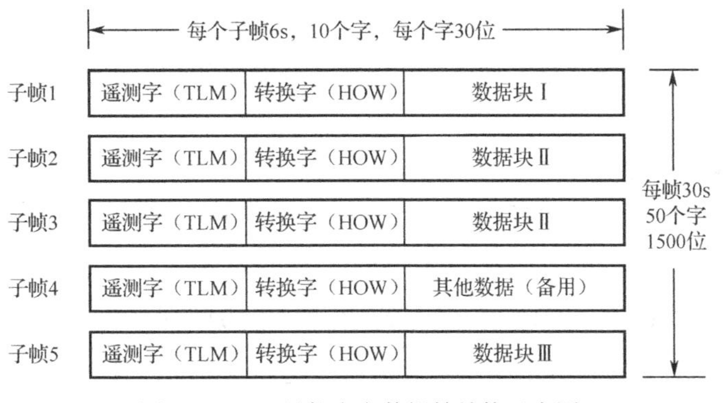

图 9-7　GPS 导航电文数据帧结构示意图

2）子帧

一个子帧周期为 6s，共发射 10 个字，每个字 30 位，共 300 位。它由遥测字（TLM）、转换字（HOW）和数据块三部分组成。

每一个子帧都是以遥测字和转换字开始的，其中遥测字的头 8 位为同步头，作为捕获导航信号的前导，其余主要是供控制部分使用的信息。转换字主要用于子帧计数（周期为一个星期），用于 C/A 码转至 P 码捕获。HOW 字符中的其他位包括子帧识别、同步标志、奇偶校验等。子帧识别用来区分一帧中的 5 个不同子帧（即子帧编号），同步标志用来指示导航电文中的子帧是否与伪码同步，只有在同步时，才能进行 C/A 码到 P 码的转换，否则不能转换。

第一子帧中的数据块“I”，主要用来传送卫星钟校正量、子帧 1 数据的基准时间、最新导航信息注入以来的时间、延迟校正参量（用于单频接收机的电离层折射校正）、卫星工作状态（信号质量好坏）标志等信息，这些信息都是用于对测距数据进行修正的，以提高伪距测量精度。

第二、三子帧中的数据块“Ⅱ”，主要用来传送卫星星历表，简称星历，它包括卫星轨道六要素（或六个基本参量）、星历表基准时和与轨道有关的各种修正量，用户据此可精确计算卫星的实时位置。

第四子帧中的数据块为由字母和数字混合编制的电文，备用。

第五子帧中的数据块“Ⅲ”，主要用来传送卫星的历书。历书中包括星座中全部卫星的信息，有历书的基准时间、粗略星历、粗略星钟校正量、卫星识别、卫星健康情况等。每颗卫星的数据占一个子帧，系统中 24 颗星的历书需要在 24 个数据帧中才能传送完，这样，用户只要连续收到一颗卫星的信息，就可以完整地了解星座中全部卫星的概略情况。用户通过历书了解卫星健康情况，便于事先决定是否选用；识别卫星的编号，便于确定搜索时采用的对应伪码；了解粗略星历和时钟修正量，可以粗略计算卫星位置，缩短捕获时间。总之，历书对于用户是很有用的信息。

4. 卫星发射的导航信号

GPS 卫星发射的射频信号是调相信号，即利用导航电文与伪码序列模 2 相加（扩频）后的脉冲编码序列对载频信号的相位进行双相相移键控（BPSK），产生射频调相信号。

1）L_1 信号的射频调相信号形成

前面提到，L_1 信号的工作载频 f_{L_1}=1575.42MHz，采用 P 码和 C/A 码两种伪码正交调制（正交调制便于对 P 码和 C/A 码分别解调），其已调信号可用下式表达：

$$S_{L_1} = A_P D(t)P(t)\cos\omega_{L_1 t} + A_{C/A} D(t)C_A(t)\sin\omega_{L_1} t \tag{9-6}$$

式中，A_P、$A_{C/A}$ 为信号振幅；$\omega_{L_1} = 2\pi f_{L_1}$；$D(t)$ 为导航电文的二进制编码信号；$P(t)$、$C_A(t)$ 分别为 P 码和 C/A 码的二进制编码信号。

2）L_2 信号的射频调相信号形成

L_2 信号的工作载频为 f_{L_2}=1227.60MHz，仅用 P 码扩频，所以其已调信号可表达为：

$$S_{L_2}(t) = A_{PL_2} D(t)P(t)\cos\omega_{L_2} t \tag{9-7}$$

式中，A_{PL_2} 为信号振幅；$\omega_{L_2} = 2\pi f_{L_2}$；信号 $S_{L_1}(t)$ 和 $S_{L_2}(t)$ 则为卫星发射的含有导航信息的已调信号，它是一个伪码直序扩频调相信号，是一个比较复杂的信号。

9.1.6 系统技术实现

1. 导航卫星

GPS 卫星载有无线电收/发信机、原子钟、计算机及系统工作的各种辅助装置。24 颗卫星的电子设备支持用户测量该卫星的伪距离 PR，而每颗卫星广播的信号则可使用户测定该卫星在任何时刻的空间位置，据此用户便能确定自己的位置。每颗卫星的辅助设备都包括两块 $7m^2$ 太阳能电源帆板和用于轨道调整与稳定性控制的推进系统，GPS 使用的 Block-ⅡA 卫星外形如图 9-8 所示。所有卫星均有自己的识别系统：发射序号，分配的伪码编号 PRN，轨道位置编号，NASA（美国国家航空航天管理局）产品编号和国际命名等。为避免混乱，并保持与卫星导航电文的一致性，主要使用伪码编号 PRN 这种识别形式。

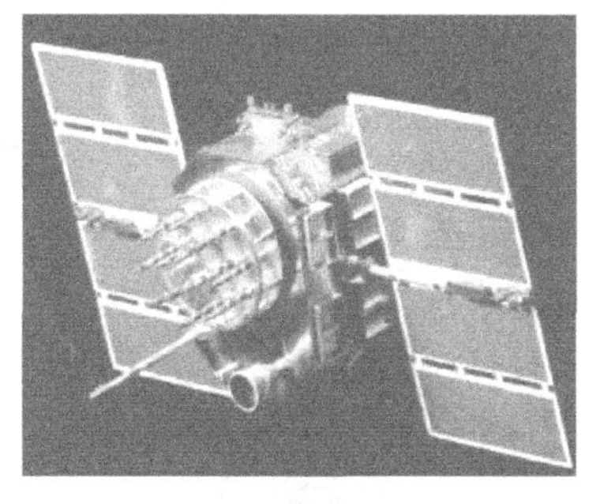

图 9-8　Block-ⅡA 卫星外形

卫星导航系统的建立首先要确定卫星星座布局，采用何种类型的卫星轨道，要根据用户需求和系统功能来设计。

（1）地球静止轨道（GEO）。GEO 卫星星座可一天 24 小时静止在规定的赤道位置上空，提供本区域导航服务，卫星利用率高，北斗双星导航定位系统所采用就是这种类型轨道的星座。由于地球静止轨道卫星都处于赤道面内，受导航定位所需几何构形的限制，每个用户最多只能利用 2 颗相间隔 30°以上经度的卫星。地球静止卫星也广泛应用于全球导航系统的区域增强系统。

（2）倾斜地球同步轨道（IGSO）。IGSO 是轨道倾角为 55°～63.43°的 24 小时地球同步轨道，即所谓的大“8”字形轨道，中心位于赤道某设定的经度上，高度与 GEO 相同，卫星星下点 24 小时轨迹在本服务区内南北来回运动，是一种利用效率较高的区域星座，但只限于在本经度区域内使用。我国北斗二号卫星导航系统在立足于国内台站测控的条件下，将 9 颗倾斜地球同步轨道卫星与 4 颗地球静止轨道卫星相结合，建立了区域卫星导航系统，但接近服务区边缘处因卫星定轨精度下降而导致导航精度明显恶化。

（3）中高度圆轨道（MEO）。这是一种周期为 12 小时、倾角为 55°～63.43°的轨道。GPS 和 GLONASS 系统采用了这种类型的轨道，并通过成功运行证明这种全球星座轨道性能优良。分析计算证明，24 颗倾角为 55°的 MEO 卫星分布在 3 个轨道面内，可满足全球导航精度（3 个倾角为 54.74°的轨道面通过地心相互正交，卫星在全球分布最均匀，明显优于 GPS 的 6 个轨道面）。这种单一由 MEO 卫星组成的星座必须布满全部 24 颗卫星才能有效投入运行，如要满足民航可用性要求和精密进近，则必须增加地球静止轨道（GEO）卫星进行区域加强，或大量增加 MEO 卫星。由于每一个 MEO 卫星星下点轨迹历经全球，其优点是可立足于本国国土内测控所有卫星。

2. 用户设备

用户设备就是 GPS 接收机。图 9-9 所示为一种多通道接收机的外形及原理方框图。GPS 接收机一般由天线、接收机、导航/接收处理器及控制显示单元四大部件组成。

1）天线

卫星信号是通过天线接收的。天线为右圆极化并且提供近于半球的覆盖，一般为圆锥螺旋天线或其变形，采用螺旋线或微带线形式。对于要求同时在 L_1 和 L_2 上跟踪 P（Y）码的接收机，天线需要在两个频率上具有 20.46MHz 的带宽，如果只跟踪 L_1 上的 C/A 码，天线至少要有 2.064MHz 的带宽。选择天线时需要考虑天线增益场型、可用的安装面积、空气动力性能、抗多径性能和无线电相位中心的稳定度等。高动态的飞机一般选用薄剖面的低空气阻力片状天线，而诸如陆地用户可选择较大的天线。军用飞机通常使用波束控制或自适应调零天线以提高抗干扰能力。

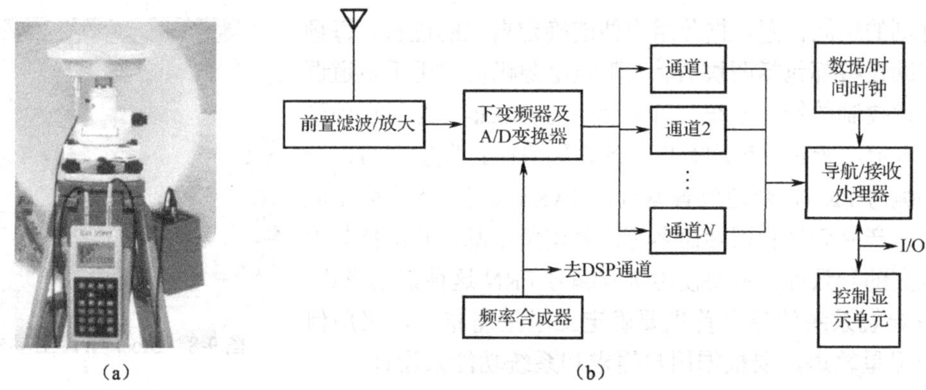

（a） （b）

图9-9 一种多通道接收机的外形及原理方框图

2）接收机

接收机有两种基本类型：一种是能同时跟踪P（Y）码和C/A码的；另一种是只能跟踪C/A码的。前者是在初始工作时，在L_1上跟踪C/A码，然后转换到L_1和L_2上跟踪P（Y）码（Y码跟踪必须有加密单元的辅助）。除了这两种基本类型，GPS接收机还有许多变形，比如无码L_2跟踪接收机，这种接收机跟踪L_1上的C/A码，并同时跟踪L_1和L_2频率上的载波相位。利用载波相位作为观测量能够得到厘米级（甚至毫米级）的测量精度。接收机的每个通道跟踪来自一颗卫星的发射信号，一般情况下所接收的射频CDMA卫星信号都要使用一个无缘带通滤波器滤波，以减少带外射频干扰。接收信号通过预放，到达下变频器变换到中频。在典型的现代接收机方案中，直接对中频信号进行模数变换和数字化采样。A/D采样速率典型情况下为PRN基码速率（L_1上C/A码的速率为1.023MHz，L_1和L_2上P(Y)码速率为10.23MHz）的8～12倍，最小采样速率是码的带止带宽的2倍以满足奈奎斯特判据。对只接收L_1上C/A码的接收机，带止带宽可能稍大于2MHz，而对于接收P（Y）码的接收机，带止带宽稍大于20MHz。采样信号送到数字信号处理器（DSP）中，DSP包含N个并行通道，以同时跟踪多达N颗卫星的载频和码。每个通道中包含码和载波跟踪环，完成码和载波的测量以及导航电文的解调。通道可以计算三种不同类型的测量值：伪距，Δ距离（有时又称Δ伪距），积分多普勒，将测量值和解调后的导航消息数据送至导航/接收处理器。

3）导航/接收处理器

一般情况下需要一个处理器对接收机的工作进行协调控制，从通道的信号截获开始，然后是信号跟踪和数据收集，在处理器中形成位置、速度、时间（PVT）解。现代化的接收机也能独立在通道内完成这些信号处理功能，完成PVT计算和相关联的导航功能。大多数处理器在1Hz速率的基础上提供独立的PVT解，而用作着陆引导和高动态应用的接收机需要至少5Hz的速率计算独立的PVT解。格式化的PVT解与其他有关的导航数据送至控制显示单元。

4）控制显示单元

控制显示单元是一种输入/输出装置，允许操作员输入数据，如航路点、待航时间等，同时显示出设备状态和导航参数。在与其他传感器（如惯导）组合使用时，要求有I/O接口，通用的接口是ARIN429、MIL-STD-1553B、RS-232、RS-422等。

9.2 北斗卫星导航系统

北斗卫星导航系统是我国着眼于国家安全和经济社会发展需要，自主建设运行的全球卫星导航系统，是能够提供全天候、全天时、高精度定位、导航和授时服务的国家重要信息基础设施。我国一直重视北斗系统建设发展，早在 20 世纪 80 年代就开始探索适合我国国情的卫星导航系统发展道路，形成了“三步走”发展战略：2000 年建成了北斗一号系统，向国土区域提供服务；2012 年建成了北斗二号系统，向亚太地区提供服务；2020 年建成北斗三号系统，向全球提供服务。

9.2.1　系统组成和特点

1．系统组成

北斗卫星导航系统由空间段、地面段和用户段三部分组成。空间段包括在轨工作卫星和备份卫星，主要功能是向用户设备提供测距信号和导航电文。地面段的主要作用是跟踪和维护空间星座，调整卫星轨道，计算并确定用户位置、速度和时间解算所需的重要参数。用户段完成导航、授时和其他有关的功能。不同卫星导航系统的组成部分虽然在名称、具体细节上不尽相同，但其构成及功能大体一致。

1）空间段

北斗一号卫星空间段由 3 颗地球静止轨道（GEO）卫星组成（1 颗为备份）；北斗二号系统卫星由 5 颗 GEO 卫星、4 颗中圆地球轨道（MEO）卫星以及 5 颗倾斜地球同步轨道（IGSO）卫星组成；北斗三号系统目前由 3 颗 GEO 卫星、24 颗 MEO 卫星和 3 颗 IGSO 卫星组成，其中 MEO 卫星的轨道高度约为 21500km，轨道近似为圆形，倾角为 55°，并均匀分布在 3 个轨道面上；IGSO 卫星轨道高度约为 36000km，轨道倾角 55°，分布在 3 个倾斜同步轨道面上。北斗三号卫星导航系统星座示意图如图 9-10 所示。

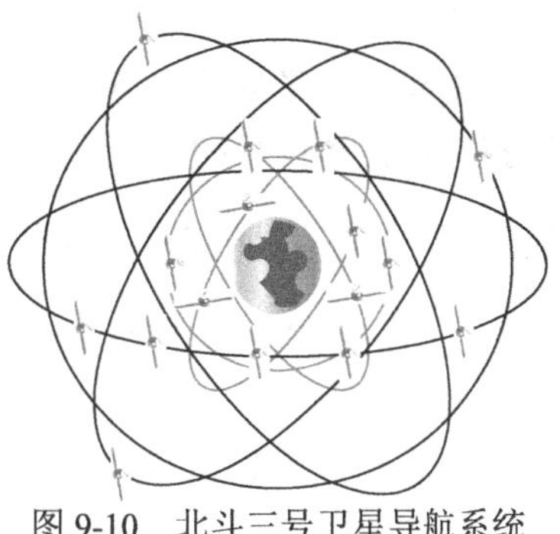

图 9-10　北斗三号卫星导航系统星座示意图

2）地面段

北斗卫星导航系统的地面段由主控站、时间同步/注入站和监测站组成，主要任务是跟踪所有的卫星以进行轨道和时钟测定、预测修正模型参数、同步卫星时间和为卫星加载数据电文等。

（1）主控站。

主控站用于系统运行管理与控制等。主控站从监测站接收数据并进行处理，生成卫星导航电文和差分完好性信息，而后交由注入站执行信息的发送。同时，主控站还负责管理、协调整个地面控制系统的工作。

（2）时间同步/注入站。

时间同步/注入站的主要任务是配合主控站完成星地时间比对观测，向卫星上行注入导航电文参数等，并与主控站进行站间时间同步比对观测。

（3）监测站。

监测站用于接收卫星的信号，并发送给主控站，实现对卫星的跟踪、监测，为卫星轨道确定和时间同步提供观测资料。北斗系统监测站分为一类监测站和二类监测站，一类监测站主要用于卫星轨道测定及电离层校正，二类监测站主要用于系统广域差分改正及完好性监测。

3）用户段

用户段即用户终端，既可以是专用于北斗卫星导航系统的信号接收机，也可以是同时兼容其他卫星导航系统的接收机。接收机需要捕获并跟踪卫星信号，测量出接收天线至卫星的伪距离和距离的变化率，解调出卫星轨道参数等数据，接收机中的微处理计算机根据这些数据按一定的方式进行定位解算，最终得到用户的位置、速度、时间等信息。

北斗系统具备导航定位和通信数传两大功能，提供七种服务，具体包括：面向全球范围，提供定位导航授时（RNSS）、全球短报文通信（GSMC）和国际搜救（SAR）三种服务；在中国及周边地区，提供星基增强（SBAS）、地基增强（GBAS）、精密单点定位（PPP）和区域短报文通信（RSMC）四种服务。其中，2018年12月，RNSS服务已向全球开通；2019年12月，GSMC、SAR和GBAS服务已具备能力；2020年，SBAS、PPP和RSMC服务形成能力。

2. 系统特点

除具有卫星导航系统全覆盖、全天候、高精度、多用途等特点外，与其他卫星导航系统相比，我国的北斗卫星导航系统还具有其他特点：一是空间段采用三种轨道卫星组成的混合星座，与其他卫星导航系统相比高轨卫星更多，抗遮挡能力强，尤其在低纬度地区性能优势更为明显；二是提供多个频点的导航信号，能够通过多频信号组合使用等方式提高服务精度；三是创新融合了导航与通信功能，具备定位导航授时、星基增强、地基增强、精密单点定位、短报文通信和国际搜救等多种服务能力。

9.2.2 系统有源定位原理

卫星导航系统又可分为有源（主动式）和无源（被动式）两种。我国北斗一号卫星导航系统采用有源方式，即用户进行导航定位时要主动向卫星发送信号，北斗二号和北斗三号卫星导航系统采用无源和有源相结合的方式，进行无源卫星导航时，用户只需接收导航卫星信号。美国的“全球定位系统”、俄罗斯的“格洛纳斯”、欧洲的“伽利略”等卫星导航系统都采用无源方式。9.1.4节已经介绍过无源定位原理，本节主要介绍北斗一号的有源定位原理。

我国的北斗一号系统采用有源定位的双星定位体制，为用户提供无线电定位（RDSS）服务，北斗二号和北斗三号都继承了该体制，继续为用户提供RDSS服务。

北斗有源定位基本原理同样也是三球交会测量原理，即地面中心站通过两颗GEO卫星向用户广播询问信号（出站信号），根据用户响应的应答信号（入站信号）测量并计算出用户到两颗卫星的距离；然后根据中心站存储的数字地图或用户自带测高仪测出的高程，算出用户到地心的距离，根据这三个距离就可以确定用户的位置，并通过出站信号将定位结果告知用户。授时和报文通信功能也在这种出、入站信号的传输过程中同时实现。

1）基本工作过程

系统的工作过程是：首先由地面中心向卫星1和卫星2同时发送出站询问信号（C波段）；两颗工作卫星接收后，经卫星上的出站转发器变频放大后，向服务区内的用户广播（S波段）；用户响应其中一颗卫星的询问信号，并同时向两颗卫星发送入站响应信号（用户的申请服务内容包含在内，L波段），经卫星转发回地面中心（C波段）；地面中心接收解调用户发送的信号，分别测量出用户所在点至两颗卫星的距离，然后根据用户的申请服务内容进行相应的数据处理。对于定位服务申请，地面中心根据测量出的两个距离，加上从储存在计算机内的数字地图中查寻到的用户高程值（或由用户携带的气压测高仪提供），计算出用户所在点的坐标位置，然后置入出站信号中发送给用户，用户收此信号后便可知自己的坐标位置；对于通信申请，地面中心根据通信地址将通信内容置入出站信号发给相应用户。图 9-11 为用户响应卫星转发的出站信号的工作示意图。

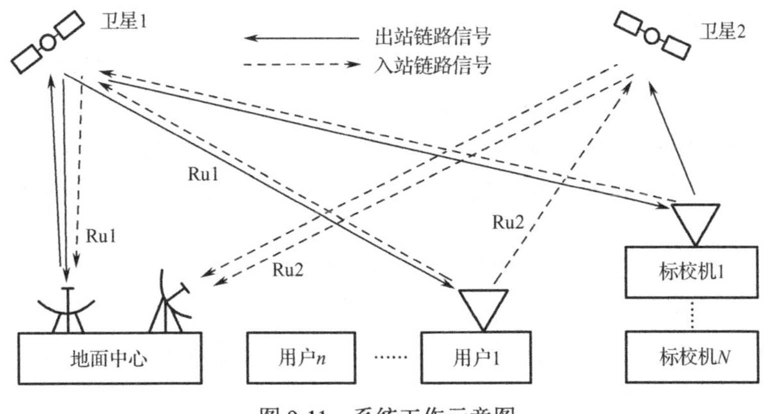

图 9-11　系统工作示意图

为了保证定位精度，该系统设置了定位、定轨、气压测高标校机，采用广域差分定位方法，利用标校机的观测信息，确定服务区内电离层、对流层及卫星轨道位置误差等校准参数，从而为用户提供更高精度的定位服务。

2）基本定位方程

系统测量的是电波在测控中心、两颗卫星和用户之间往返传播的时间。双星测距原理示意图如图 9-12 所示，换算为相应的距离，则有：

$$\begin{cases} l_1 = 2(\rho_1 + r_1) \\ l_2 = \rho_2 + r_2 + \rho_1 + r_1 \end{cases} \tag{9-8}$$

式中，ρ_1、ρ_2 分别为用户至卫星 1、卫星 2 的距离；r_1、r_2 分别为中心至卫星 1、卫星 2 的距离；l_1、l_2 为实际观测量。由于 r_1、r_2 为已知值，通过测量 l_1 和 l_2，利用式（9-8），可解得 ρ_1、ρ_2；再利用已知的用户高程，应用式（9-3）可解得用户的空间直角坐标系分量（x,y,z）。

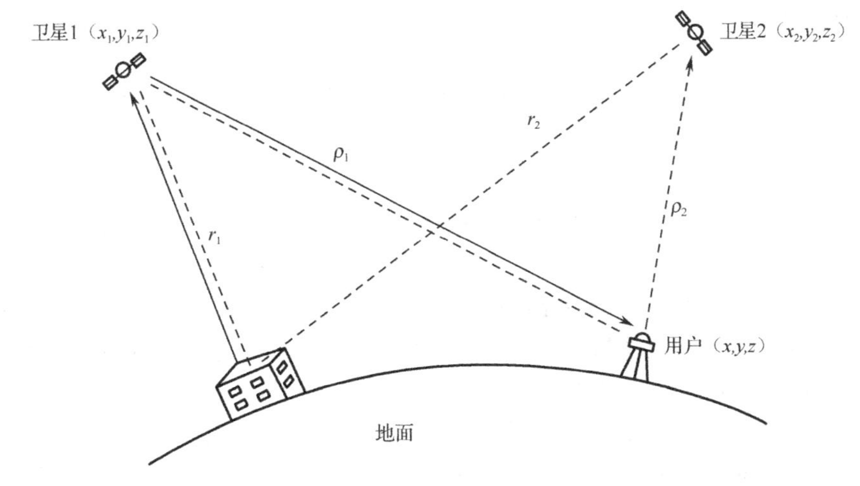

图 9-12　双星测距原理示意图

9.2.3 系统信号格式

北斗卫星发射的信号，也是一种经伪码扩频的导航电文信号，包含信号载频、扩频伪码（测距码）和导航电文。

北斗卫星导航系统工作在 B1、B2、B3 三个频段，其中，B1 为 1559.052～1591.788MHz；B2 为 1166.22～1217.37MHz；B3 为 1250.618～1286.423MHz。根据北斗卫星导航系统接口文件，目前北斗播发的信号主要有 B1I、B1C、B2I、B2a、B2bI 支路和 B3I，其信号格式如表 9-1 所示。其中 B1I 信号在北斗二号和北斗三号的 MEO 卫星、IGSO 卫星和 GEO 卫星上播发；B2I 信号在北斗二号所有卫星上播发，北斗三号系统用 B2a 取代了 B2I 信号；B1C 信号在北斗三号中圆地球轨道（MEO）卫星和倾斜地球同步轨道（IGSO）卫星上播发；B2a 和 B2b 信号在北斗三号中圆地球轨道（MEO）卫星和倾斜地球同步轨道（IGSO）卫星上播发；B3I 信号在北斗二号和北斗三号的中圆地球轨道（MEO）卫星、倾斜地球同步轨道（IGSO）卫星和地球静止轨道（GEO）卫星上播发。

表 9-1 北斗系统信号格式

信号	信号分量	载波频率（MHz）	调制方式	码速率（Mcps）
B1I	测距码+导航电文	1561.098	BPSK（2）	2.046
B2I	测距码+导航电文	1207.14	QPSK	2.046
B1C	数据分量 B1C_data	1575.42	BOC（1,1）	1.023
	导频分量 B1C_pilot		QMBOC（6,1,4/33）	—
B2a	数据分量 B2a_data	1176.45	BPSK（10）	10.23
	导频分量 B2a_pilot		BPSK（10）	—
B2bI 支路	测距码+导航电文	1207.14	BPSK（10）	10.23
B3I	测距码+导航电文	1268.520	BPSK（2）	10.23

由香农公式可知，当一个系统想要无误差地传输大量信息，就需要增加信道带宽并增加信号功率以增大信噪比。为了提高信息传输和抗干扰能力，通常在通信系统中使用频谱扩展的方法来对传输信号取得高信噪比。此外使用扩频通信的技术为无线通信中存在多址、干扰、保密性等问题提供了解决途径。因此，现代卫星导航系统都采用直接序列扩频（DSSS）技术，将伪噪声码（PRN）调制到射频载波上，展宽频谱以提高抗干扰和保密能力。同时，由于每颗卫星的 PRN 码都不一样，PRN 码还可以用来识别不同的卫星。北斗卫星导航系统采用的 PRN 码主要有两种：一种针对开放用户，码长 2046 位，码速率为 2.046Mcps，周期为 1ms；另一种针对授权用户，码速率为 10.23Mcps。

导航电文是用户解算自己位置的重要数据，包括电离层延迟改正模型参数、地球定向参数（EOP）、BDT-UTC 时间同步参数、BDT-GNSS 时间同步（BGTO）参数、中等精度历书、简约历书、卫星健康状态、卫星完好性状态标识、空间信号精度指数、空间信号监测精度指数等信息。北斗二号系统采用固定帧结构，各子帧播发内容固定。根据速率和结构的不同，北斗二号系统导航电文可分为 D1 导航电文和 D2 导航电文。D1 导航电文速率为 50bps，并调制成速率为 1kbit/s 的二次编码，内容包含基本导航信息（卫星基本导航信息、全部卫星历书信息、与其他系统时间同步信息）；D2 导航电文速率为 500bit/s，内容包含基本导航信息和增强服务信息（北斗系统的差分及完好性信息和格网点电离层信息）。MEO/IGSO 卫星的 B1I 和 B2I 信号播发 D1 导航电文，GEO 卫星的 B1I 和 B2I 信号播发 D2 导航电文。北斗三号系统对导航电文的数据结构编排、信息传输速率、导航电文内容、差错控制编码以及电文播发方式等方面进行了优化设计，在全球新体制信号上播发的导航电文采用固定帧和数据块相结合的模式，提高了空间信号精度，降低了用户使用成本。

9.2.4　系统应用与发展

1. 系统应用

自北斗卫星导航系统提供服务以来，已在交通运输、农林渔业、水文监测、气象测报、通信授时、电力调度、救灾减灾、公共安全等领域得到广泛应用，服务国家重要基础设施，产生了显著的经济效益和社会效益。在军事方面，北斗导航系统能够为各军兵种提供快速定位、简短数字报文通信和授时服务，改善我军长期缺乏自主有效的高精度实时定位手段的局面，从而大大增强我军快速反应、快速机动和协同作战能力，可满足我军在执行训练、演习、边防巡逻、抢险救灾、反恐维稳、防爆平暴和高技术局部战争等任务中对导航定位的需求。

北斗卫星导航系统的军事应用主要体现在以下方面。

1）精确的位置服务

随着高技术武器装备的发展和使用，现代战争在作战规模和作战形式上都发生了根本性的变化。卫星导航定位由于具有全天候、大范围、高精度等特点，在高技术战争中的地位越来越突出，而使用国外的卫星导航定位系统必将受制于人。如 GPS 在美国军方的严格控制下，可以根据需要随时采取干扰、降低精度甚至在某区域关闭 GPS 信号的方法，限制他人使用。因此，只有自主的卫星导航定位系统才能够在未来战争中提供有效可靠的导航定位服务。

北斗卫星导航系统可广泛应用于海陆空各用户，为部队的指挥调度、作战和训练提供有效的导航定位手段。

2）可靠的军事报文收发

北斗卫星导航系统能够提供数字报文通信和位置报告功能，具有服务区域广，覆盖范围大，不易受地形、地物影响，实时性强，保密性好等特点，同时具有一定的抗干扰能力。用户可以在点对点或一点对多点之间进行高可靠的有效通信，这可为部队的作战和训练提供一种十分有效的指挥控制手段。

3）精准的作战时间统一

用户通过北斗定时型用户机的单向授时和双向授时功能，可与军用标准时间保持高精度同步，可广泛应用于各种武器发射、高速传输、测量控制、信息化系统平台的时间传递与同步，与定位功能结合使用可实现多兵种在统一时空坐标系下的高度协同作战。

2. 系统发展

我国的北斗卫星导航系统建设共划分为三个阶段，遵循自主、开放、兼容和渐进的建设原则，分别建设了北斗一号、北斗二号和北斗三号三个独立系统。目前北斗一号系统已不再使用，北斗二号系统正在使用，北斗三号系统已经建成。

2000 年 10—12 月为第一阶段。我国先后发射了 4 颗北斗一号导航卫星（后两颗为备份），它们运行在经度相距 60°的地球静止轨道，从而建成了世界首个有源区域卫星导航系统。该系统不仅可提供区域导航定位，还能进行双向数字报文通信和精密授时，特别适用于需要导航与移动数据通信相结合的用户。其服务范围为国内，定位精度为 20m，授时精度为 100ns，短信字数每次为 120 个字。

2007—2012 年为第二阶段。我国陆续发射了 16 颗北斗二号导航卫星，最终建成了由 14 颗北斗二号（5 颗地球静止轨道卫星+5 颗倾斜地球同步轨道卫星+4 颗中圆地球轨道卫星）组成的、采用无源与有源卫星导航方式相结合的区域卫星导航系统。如果说 GPS 只能告诉用户什么时间、在什么地方，北斗系统还可以将用户的位置信息发送出去，让其他人可以知道用户的情况，较好地解决了何人、何事、何地的问题。其服务范围为亚太地区，定位精度为 10m，测速精度为 0.2m/s，授时精度为 50ns，短信字数每次为 120 个字。

2017—2020 年为第三阶段，我国先后发射了 30 颗北斗三号导航卫星（3 颗地球静止轨道卫星+3 颗倾斜地球同步轨道卫星+24 颗中圆地球轨道卫星），建成采用无源与有源导航方式相结合的全球卫星导航系统。其服务范围为全球；定位精度为 2.5～5m；测速精度为 0.2m/s；授时精度为 20ns；增加了短信字数。随着“北斗”地基增强系统提供初始服务，它还可提供米级、亚米级、分米级，甚至厘米级的服务。

9.3 其他卫星导航系统简介

除美国的 GPS 及中国的北斗系统外，目前全球卫星导航系统还有俄罗斯的 GLNOSS 和欧洲的伽利略系统，美国的子午仪系统是第一代卫星导航系统。本节对这几种系统进行简要介绍。

9.3.1 子午仪卫星导航系统

子午仪卫星导航系统又称为海军导航卫星系统（Navy Navigation Satellite System，NNSS），最初是为美海军潜艇导航而研制开发的，它于 1964 年在军事上正式投入使用，1967 年开始提供民用，是世界上最早建成并投入使用的第一代卫星导航系统。图 9-13 给出了子午仪卫星导航系统示意图。

NNSS 的空间部分由 6 颗高约 1000km 的卫星组成，它们分布在 6 个轨道平面内，其轨道面相对于地球赤道的倾角约为 90°，轨道形状近似为圆形，运行周期约为 108min。卫星发播 400MHz 及 150MHz 两种频率的载波，供用户及监控站对卫星进行观测。在 400MHz 的载波上调制有导航电文，它向用户提供卫星位置和时间信息，用于观测站位置解算。虽然 NNSS 导航星座由多颗卫星组成，但定位时只需连续跟踪视界内的一颗卫星便可解算用户位置，其他卫星是为了解决覆盖区和缩短两次定位间隔时间的。

地面监控部分包括跟踪站、计算中心和注入站。跟踪站不断地观测卫星，将数据传至计算中心；计算中心根据跟踪数据计算卫星轨道，并形成对应不同时间的一系列导航电文；注入站将电文注入卫星存储器，由卫星定时提供给用户。

用户部分主要是用户接收机。用户接收机接收卫星发播的无线电信号，测量因卫星相对接收机不断运动而产生的多普勒频移。由于多普勒频移反映了卫星与接收机相对运动速度，因此，它包含了卫星与接收机相对位置信息；同时，根据卫星发播的导航电文可以计算卫星位置，依据卫星位置和卫星与接收机相对位置信息，多次测量就可以计算接收机所处的观测位置了。

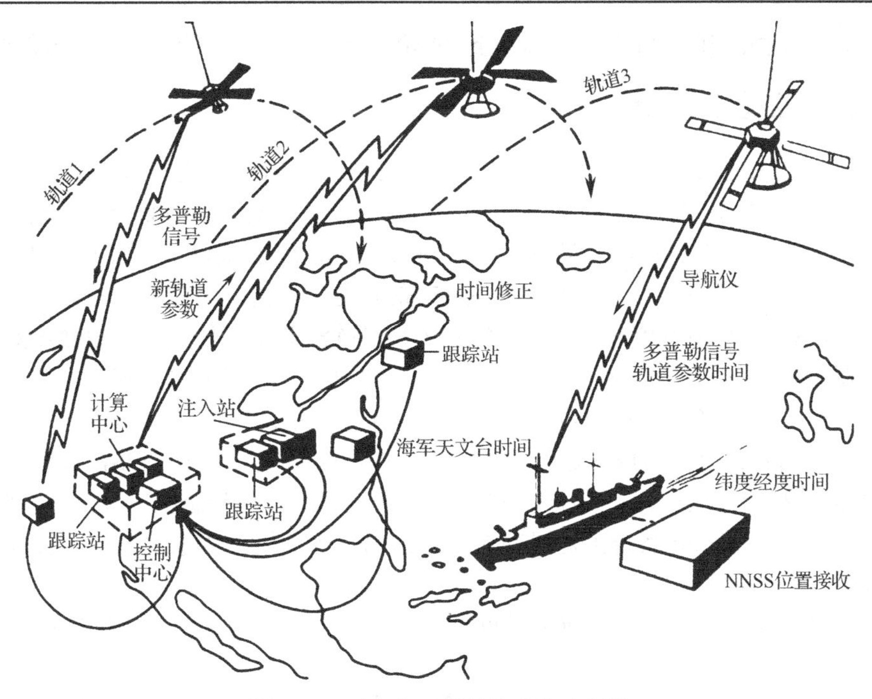

图 9-13　子午仪卫星导航系统示意图

NNSS 能在全球范围内全天候实现定位，航行定位精度为 180～500m。由于星座结构所限，用户可见导航星的临空时间短（一般为十几分钟），相邻两次临空的时间间隔又过长，因而定位的时间间隔较长，定位连续性差，并且精度也不高。20 世纪 90 年代以前，NNSS 是海上主要的导航定位手段，但随着 GPS 的完善，于 1996 年停止使用。

9.3.2　全球导航卫星系统

由苏联研制并为俄罗斯继续发展的全球卫星导航系统（Global Navigation Satellite System，GLONASS），其组成和工作原理都与美国的 GPS 类似，只是在具体实现技术上有所不同。GLONASS 空间部分也由 24 颗卫星组成，卫星高度 19130km（这一高度避免和 GPS 同一高程以防止两个星座相互影响），位于 3 个倾角为 64.8° 的轨道平面内，其周期为 11 小时 15 分钟，8 天内卫星运行 17 圈回归，3 个轨道面内的所有卫星都在同一条多圈衔接的星下点轨迹上顺序运行，这有利于消除地球重力异常对星座内各卫星的影响差异，以稳定星座内部的相对布局关系。

GLONASS 采用频分多址方式在两个子频带发射导航信号，时钟速率大约是 GPS 的一半，P 码和 C/A 码的频率分别为 5.11MHz 和 0.511MHz。两个子频带频率最初为 L_1 在 1602～1615.5MHz，L_2 在 1246～1256.5MHz。L_1 的频带间隔为 0.5625MHz，L_2 的频带间隔为 0.4375MHz，共 25 个信道，该频带与射电天文研究的频率存在一定的交叉干扰；另外，国际电讯联合会已将 1610.0～1626.5MHz 分配给近地卫星移动通信，因此俄罗斯减少了 GLONASS 卫星的频点数，波段移到 1598.0625～1605.375MHz 和 1242.9375～1248.6255MHz，共 14 个频点，其中处于统一轨道面上纬度幅角相隔 180° 的两颗卫星共用一个频点。

第一颗格洛纳斯卫星是在 1982 年 10 月 12 日发射升空的，到 1996 年星座达到额定工作的 24 颗。由于苏联的解体等原因，格洛纳斯星座的卫星数量至 2002 年最低降到 7 颗，正常工作的卫星只有6颗。到2011年，又恢复到24颗卫星的完全工作状态，并基本能够保持。

9.3.3 伽利略卫星导航系统

欧洲在经过几年的酝酿研究之后，1999年初正式推出伽利略导航卫星系统计划。该计划方案由21颗以上中高度圆轨道核心星座组成，公布的卫星高度为24000km。经概算估计，回归轨道卫星高度应为24045km，周期为52810.10s（或0.6129恒星日），每31圈回归一次，回归周期为19个恒星日。卫星位于3个倾角为55°的轨道平面内，另加3颗覆盖欧洲的地球静止轨道卫星，辅以GPS和本地差分增强系统首先满足欧洲需求（估计全球增强需要9颗地球静止轨道卫星），位置精度达几米。这是一种具有区域加强的全球系统，确定30颗卫星总投资为35亿欧元，主要投资将由欧洲联盟、欧空局提供，并从欧洲工业界和私人投资商集资，运营费和维持费由私营企业组成的运营公司承担。伽利略系统独立于GPS，波段分开，但将与GPS系统兼容和相互操作，包括时间基准和测地坐标系统、信号结构以及两者的联合使用。根据欧委会的文件，伽利略系统虽是民间系统，但仍受控使用，采取反欺骗、反滥用和反干扰措施，在战时可以对敌方关闭。

目前共有9颗正常的伽利略导航卫星可以使用，已经初步具备全球导航能力。

作 业 题

1. 卫星导航系统由哪三部分组成？其作用如何？
2. 卫星导航定位至少需要接收几颗卫星的信号？为什么？
3. 简要说明DGPS是怎样提高定位精度的。
4. 简述我国北斗卫星导航定位系统的发展历程。
5. 比较GPS、北斗系统、GLONASS及伽利略系统各自的特点、优势。

第 10 章 自主无线电导航系统

自主无线电导航系统是一种不需要运行体之外的设备配合，由用户自主完成导航任务而独立配备的无线电设备或与其他设备的组合。多普勒导航系统和无线电高度表等都是典型的航空自主无线电导航系统。自主无线电导航系统因其具有不依赖外部设施、能够主动完成导航任务的特性，使其具有了隐蔽导航、远程使用等优越能力，从而在军事领域有着广泛的应用。

10.1 多普勒导航系统

多普勒导航系统作为频率测速推算导航系统，它能连续地输出飞机相对于某航路点的位置，是一种基于多普勒效应的自主无线电导航系统。系统的基本测量部件是多普勒雷达，通过测量载体在运动过程中发射到地面并反射回来的信号频率偏移或变化，计算出地速和偏流角，并在航姿系统的辅助下完成飞机位置的推算功能。由于可以提供精确的地速测量，多普勒导航系统广泛应用于飞机的导航定位，是许多军用、民用飞机自主远程导航的必选设备之一。

10.1.1 系统组成及功能

多普勒导航系统以多普勒效应为基础，采用频率测速基本原理，可自动、连续地测量雷达载机相对地面运动的地速和偏流角，进行导航参数计算，是一种用推算法定位的自主无线电导航系统。

多普勒导航系统由多普勒雷达、航姿系统、导航计算机、显示控制装置等组成，如图 10-1 所示。其中航姿系统包括航向姿态基准、陀螺磁罗盘或惯性平台等，负责提供航向信息。

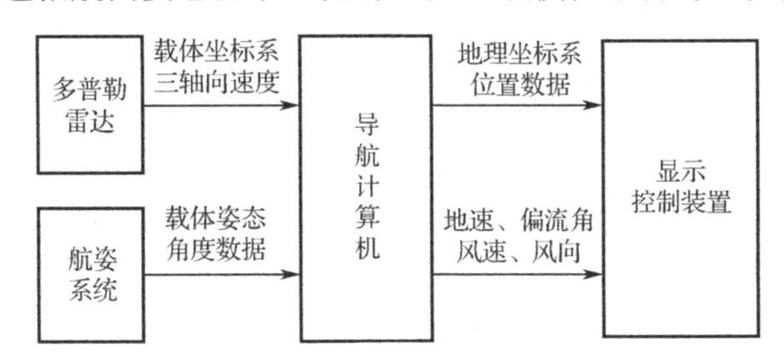

图 10-1 多普勒导航系统结构图

多普勒雷达是多普勒导航系统的核心测量部件，它由工作频率在 13.25～13.4GHz 的收发机和多个天线组成，通过发射并接收回波信号，测量各个天线波束上收发信号之间的频率偏移，解算出载体坐标系中三个轴向的速度分量 v_x, v_y, v_z。这三个速度分量是对飞机坐标系来说的，但在推算法导航中应求的三个速度分量应以地平坐标为基准，而多普勒雷达本身不能提供坐标转换的信息。一个简单的解决办法是将天线在飞机前后纵倾和左右滚动时稳定起来，即当飞机姿态变化时，天线纵轴总是指向飞机的航迹方向，实现“航迹稳定”，在这种情况下相对地平坐标速度分别等于飞机坐标系中各轴向的速度，这时天线相对飞机是可动的，称为

“可动天线系统”多普勒雷达。而对于“固定天线系统”多普勒雷达，其天线系统固定在飞机上，飞机坐标速度分量与地平坐标速度分量是不相等的，必须引入航姿系统的角度信息进行坐标转换，即利用飞机的纵向俯仰角、横滚角、航向角进行换算。导航计算机就负责将雷达测量的载体坐标系中的速度分量转换到地平坐标系，并根据给定的起飞点地理坐标值，完成推算导航定位任务。导航计算机输出的导航信息以及飞行控制数据送往指示器或直接送给自动驾驶仪，实现导航及飞行控制。

10.1.2 系统应用与发展

1. 系统应用

在GPS出现之前，多普勒雷达有两种用法：一种是与计算机、航姿信息一起构成多普勒导航系统；另一种是用于对惯性导航系统做闭环阻尼。后一种系统利用卡尔曼滤波器把多普勒雷达测速长期精度高和惯导短期精度高的特性结合在一起，以提高惯导的精度。在GPS投入运行之后，出现了把GPS的速度和定位数据与多普勒雷达速度数据用卡尔曼组合起来的多传感器导航系统。这种系统的优点是，当两种传感器都工作时，能够用GPS不断校准多普勒导航系统，一旦GPS因地形遮挡或干扰而停止工作，还能用多普勒导航系统继续进行高精度导航。而反过来，当多普勒雷达因在光滑的水面环境或实施无线电静默而停止工作时，GPS可以继续提供导航信息。

20世纪90年代以来，广泛开展了对专用多普勒导航系统与嵌入式GPS接收机组合的研究。这样的组合必然带来高精度、费效比理想的设计，它可以将GPS的高定位精度与多普勒雷达的推算导航相结合。使用此技术的系统将具有非精密着陆能力，而且可能逐步升级到具有I类着陆能力的系统。

到1996年，大多数用于直升机的多普勒导航系统还是从传统的磁罗盘接收航向信息的，后来研制了采用三轴稳定捷联磁传感器的设备，其输出可与俯仰角及倾角数据相结合，以计算机为平台输出轴方向信息，这种信息基本上不受飞机机动性引起的瞬间误差的影响，在GPS数据不可用时利用这样的传感器将提高多普勒导航精度。另外，低成本的惯性传感器也可用作多普勒导航系统/GPS的机轴方向基准。

2. 系统发展

多普勒导航的研究始于1945年，其速度测量及导航技术与机载雷达的发展密切相关。自20世纪50年代中期开始，军用飞机就开始使用这种设备导航；而民用飞机利用机载多普勒导航作为越洋导航手段，则开始于20世纪60年代初。在远程军用飞机上往往都装备多普勒导航和惯性导航的组合系统。

20世纪70年代以来，随着大规模集成电路和数字处理技术的发展，脉冲多普勒雷达广泛用于机载导航、导弹制导、卫星跟踪、战场侦察、靶场测量、武器火控和气象探测等方面，成为重要的军事装备。装有脉冲多普勒雷达的预警飞机，已成为对付低空轰炸机和巡航导弹的有效军事装备。此外，这种雷达还用于气象观测，对气象回波进行多普勒速度分辨，可获得不同高度大气层中各种空气湍流运动的分布情况。

世界上第一部完整的多普勒导航系统出现在20世纪40年代末至50年代初，由多普勒雷达和导航计算机组成，其中多普勒雷达采用非相干脉冲体制，具有“自动风记忆”（由多普勒地速减去真空速计算而得）和世界磁差存储功能，总的定位误差为所飞距离的 1%或 2%。另外，还有一种采用连续波体制的多普勒雷达也研制成功，它采用两收两发共四个天线，只有两个波束，测速精度为 0.35%±0.3 节。接着，一批多普勒导航系统采用了连续波频率调制（FM-CW）体制。

在 20 世纪 50 年代和 60 年代，那时机载惯性导航部件还未出现或普及，奥米伽远程无线电导航系统也未研制成功，多普勒导航系统曾经是唯一可以提供全球覆盖的导航系统。因此，多普勒导航系统在海、陆、空的军用飞机上广泛装备，大量安装到轰炸机、运输机、预警机、侦察机、战斗机和直升机上。从 1962 年开始，许多国家的国际航线为了远距离越洋飞行，也大量使用多普勒导航。许多高精度、体积小、重量轻、功耗低、价格便宜的多普勒导航系统不断地生产出来，型号随着科学技术的发展在迅速地更新换代。随着奥米伽系统投入运行和航空惯性导航技术的发展，多普勒导航系统的应用逐渐减少。在 GPS 投入运行后，多普勒导航系统应用进一步受到 GPS/惯性导航组合系统的挤压。然而，多普勒雷达的应用并未停止，尤其是在直升机上。

10.1.3　系统性能及特点

1．系统性能

这里以某型多普勒雷达的战术技术指标为代表，以此简要了解多普勒导航系统的主要性能。

工作频率：13.25～13.4GHz。

雷达功率：200mW。

天线波束宽：在俯角平面内 5°，在横侧平面内为 11°。

调制：连续波频率调制。

纵向速度范围：−50～+300 节。

横向速度范围：±100 节。

高度范围：0～6000m（陆地，或当海面风≥5 节时海洋上空）。

测速精度：小于 0.3%或 0.25 节，取较大者（陆地上空）。

截获时间：小于 20s。

偏流角范围：±40°。

偏流角指示精度：优于±0.5°。

2．系统特点

多普勒导航系统相对于其他导航系统有如下优点：

（1）它可以连续地提供飞机的速度、角度和位置信息。

（2）飞机自备导航设备，不需要设置地面站，因而不需要像陆基无线电导航系统那样要有国际协议。

（3）载机发射机只需要很小的功率，因而易于采用高可靠性的全固态设计，且体积小、重量轻、价格低。

（4）雷达波束窄，指向地面的角度陡，因而难以被探测。

（5）除了太大的雨和在完全光滑的水面上，在其他所有气象和地理条件下均能使用。

（6）多普勒雷达不要求飞行前的校准或预热。

多普勒导航系统的主要缺点是：作为一种推算式导航定位系统，随着距离增加，其定位精度随之下降。产生这种现象的原因是当飞机从一个已知的位置开始飞行后，以后的位置数据是通过飞机速度对时间的积分及航向数据辅助计算出来的。举个简单的例子，一架飞机从 *A* 点起飞到 *B* 点，*AB* 之间相隔 5556km，*B* 在 *A* 正东。利用方向传感器（如磁罗盘）所提供的航向信息，多普勒雷达系统测得飞机向东以 300 节的速度飞行。1 分钟后系统给出的位置读数为在航线上离 *B* 点距离为 5547km；1 小时后，离 *B* 点 5000km；10 小时后，多普勒雷达指示的位置是 *B*。但是如果多普勒雷达有±1%的速度测量误差，那么在 1 分钟、1 小时和 10 小时后，位置读数误差（航行方向上的纵向误差）将分别为±93m、±5.56km 和±55.6km；如果方向传感器提供的航向有误差，就会产生航向误差效应（航行方向上的横向误差）。实际上，限制多普勒雷达精度的主要因素是航向信息。当然，这种积累误差是可以定期地借助于其他导航方法予以校正的。

多普勒导航系统还存在一些缺陷，比如需要罗盘、航姿系统等的姿态信息支持才能完成位置定位，系统测量的瞬时速度不如平均速度准确，等等。

10.1.4 系统工作原理

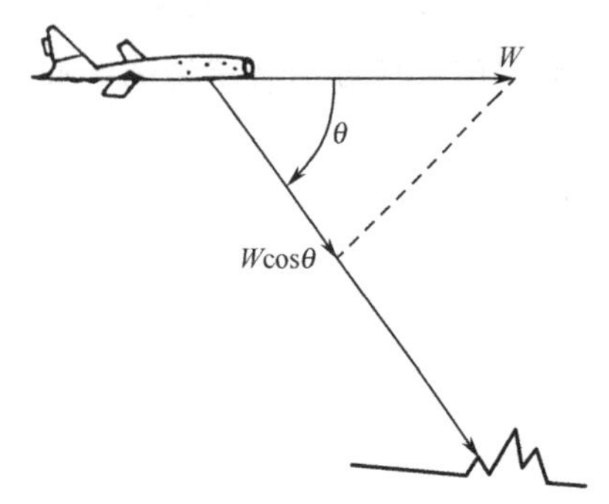

图 10-2 多普勒频移示意图

多普勒导航系统的工作原理主要是利用了无线电信号的多普勒效应。图 10-2 中，飞机相对地面运动速度为 W，飞机上雷达发射机发射频率为 f_0 的电磁波，雷达天线发射角与飞机纵轴夹角为 θ，则沿电波方向飞机相对运动速度为 $W\cos\theta$。由于多普勒效应电波到达地面后的频率 f_1 大于 f_0，因为地面的漫反射作用，f_1 沿波束来向又返回接收机，产生新的频率 f_2，所以多普勒频率为 $f_d=f_2-f_0$，最后可得到：

$$f_d = \frac{2W}{\lambda}\cos\theta \tag{10-1}$$

从式（10-1）可知，只要测出 f_d，即可由已知的 θ 和波长 λ 求出地速。雷达发射的波束相对飞机纵轴夹角为 θ，波束个数影响着测速和测偏流角的精度。由于单波束多普勒雷达存在许多缺点，现在已经很少采用，下面以双波束多普勒雷达为例介绍有关原理。

在双波束多普勒雷达系统中，天线形成两个窄波束，以照射角 θ 射向地面。按照两个波束的空间位置，又可以分成双向双波束多普勒雷达和单向双波束多普勒雷达。

1．双向双波束多普勒雷达

进行双向双波束多普勒雷达的波束配置时，其两条波束是对称配置的，波束 1 指向飞机前下方，波束 2 指向飞机的后下方，它们都处于同一个铅垂平面内，波束中心线与飞机纵轴的夹角均为 θ。假设偏流角为零，地速为 W，垂直速度为 W_z，在这种情况下，波束 1 和波束 2 所测得的多普勒频率分别为：

$$\begin{aligned} f_{d_1} &= \frac{2W}{\lambda}\cos\theta + \frac{2W_z}{\lambda}\sin\theta \\ f_{d_2} &= -\frac{2W}{\lambda}\cos\theta + \frac{2W_z}{\lambda}\sin\theta \end{aligned} \tag{10-2}$$

从式（10-2）可见，每条波束的多普勒频率都包含两个成分：一个是由地速 W 产生的；另一个是由垂直速度 W_z 产生的。因此，如果将两条波束分别所测得的多普勒频率相减，就可以消除由垂直速度所产生的多普勒频率，而只剩下与地速有关的多普勒频率。

2. 单向双波束多普勒雷达

单向双波束多普勒雷达的波束配置是斜射向飞机前方的，每条波束的中心线与飞机垂直轴之间的夹角都是 ψ_0，而波束中心线与飞机纵轴在水平面上投影线之间的夹角为 δ_0，因此两条波束相对于飞机纵轴是对称配置的。当飞机的垂直速度分量为零，飞机以地速 W 和偏流角 α 做水平飞行时，两条波束测得的多普勒频率分别为：

$$\begin{aligned} f_{d_1} &= \frac{2W}{\lambda}\cos(\delta_0+\alpha)\sin\psi_0 \\ f_{d_2} &= \frac{2W}{\lambda}\cos(\delta_0-\alpha)\sin\psi_0 \end{aligned} \tag{10-3}$$

将两条波束分别测得的多普勒频率送到解算设备或计算机中，就可以计算得出所需测量的地速和偏流角数值。

一般说来，由于空间是三维的，要完全确定载体速度的三个分量至少需要三个波束，典型的多普勒雷达都是左右侧、前后方指向的三波束、四波束等多波束系统。波束的配置形式如图 10-3 所示，这些扩展的多波束系统不仅能够有效地导出三个速度分量，而且能对飞机的姿态变化进行补偿。

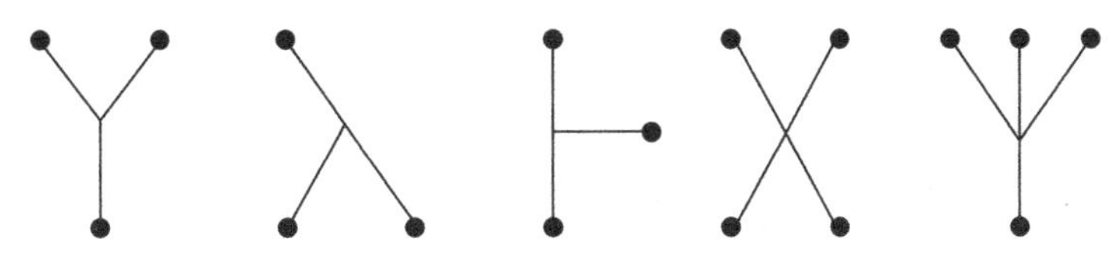

图 10-3　多波束系统波束的配置形式

需要说明的是，多普勒雷达与一般的雷达不同。一般雷达通常用来发现和探测点目标，如飞机、舰船等。多普勒雷达的反射面是大地表面，它所接收的是从地面反射回来的信号，因此多普勒雷达的接收信号具有独特的散射特性。因为电磁波的能量是沿着波束方向辐射到大地表面的，地表面相当于二次辐射源，再将电磁波向周围的空间散射，因而有部分电磁波的能量又沿着波束返回到天线，被雷达接收机接收。实验表明，多普勒雷达接收到的能量，除了和雷达本身的参数有关，还受到电磁波传播距离和大气衰减等因素的影响，而且还与波束和大地表面垂线之间的夹角（即电磁波的入射角）以及地表面的散射特性有关。

10.1.5　系统技术实现

下面以固定天线多普勒雷达构成的系统为例，说明多普勒导航系统的技术实现方法。

固定天线多普勒雷达工作原理框图如图 10-4 所示。天线可由裂缝波导或印刷振子平面阵组成，收/发天线共用。波束开关可用变容二极管来实现，它把发射信号和接收信号分别耦合到相应的出入口。接收到的信号与调频连续波发射信号混频，把想要的边带滤波出来并进行放大。如果只要求得到地速和偏流角，那么可以进一步混频，像可动天线系统那样，引出多普勒频率。但是，这时频移的方向（正或负）信息丢失了。如果要求得到飞机坐标方向上的三个速度矢量，那么必须要加一个量或减一个量以保持中频为 f_0，是加还是减要看是哪一个波束在辐射。因为天线的辐射和接收是由波束开关定时转换的，这样所得到的时分多路多普勒频移信号 f_0 可用一个信号分离器分开，当然信号分离器也应受波束开关控制。分离出来的信号分别加到四个跟踪环路。跟踪环路中的压控振荡器通过频率搜索（扫描）锁到它的输入信号 $f_0 \pm f_d$ 上，这时四个跟踪器的输出在联合网络中进行相加和相减，通过该联合网络就可给出与飞机坐标速度成正比的 f_x、f_y 和 f_z。

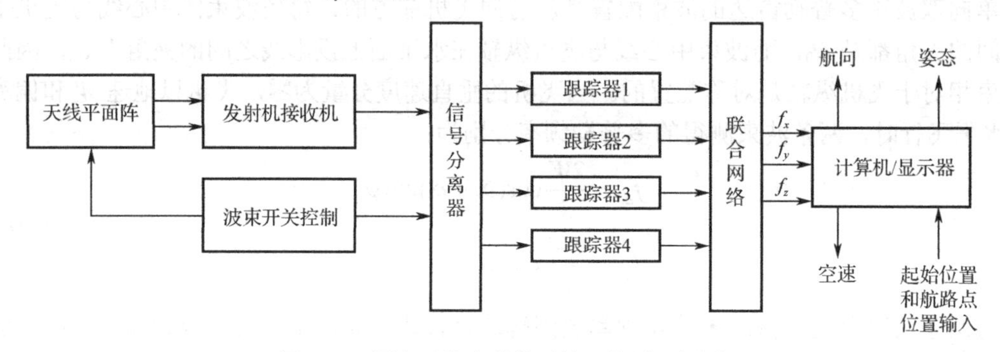

图 10-4　固定天线多普勒雷达工作原理框图

在计算机和显示单元内，飞机坐标的速度分量与垂直基准陀螺仪产生的姿态信号（仰俯、横滚等）相结合，由计算机计算出以预定航线方向为基准的地平坐标速度分量。对一个已知的航路点来说，驾驶员预先把相应于这个航路点的航向、希望的航线和距离送入计算机，计算机就可以对纵向和横向的速度积分，从而给出到航路点的纵向距离以及横向距离偏差。计算机和显示单元也常常提供飞机位置的经纬度读数，这对于远程导航来说更是这样，这时就需要把飞机速度信息变换成以正北为基准的水平速度分量。在有航向、姿态和空速输出的情况下，计算机还可以很容易给出风速和风向。

10.2　无线电高度表

在航空导航中，飞机的高度通常由气压式高度表和无线电高度表来测量。气压式高度表测量的是飞机上的大气静态压力，利用它与本地海平面或机场水准面的静态气压之差给出地理高度。而无线电高度表则采用无线电技术实现对飞机距当地地表面垂直距离的测量，也就是飞机的相对高度，属于不需要地面设备配合的自主无线电导航系统。气压高度表的基准一般用本地海平面或机场水准面的气压，而无线电高度表测量的则是飞机相对于地表面上空的高度。如果一架飞机处于平飞状态，气压高度表的读数是稳定的，而无线电高度表的读数将是变化的，除非飞机在平静的海面上空或平坦的地面上空飞行。

10.2.1　系统组成与功能

无线电高度表运用的是无线电测距的基本思想，即通过测量无线电信号在飞机与地表面之间的传播时间来获得高度信息。无线电高度表通常包括收/发天线、收发机和指示器等部分，如图 10-5 所示。有些老式的无线电高度表还有预定高度给定器、滤波器和专用电源等。无线电高度表通过向地表面发射信号，然后接收反射的信号并测量其信号延时，从而测量出飞机到地表面的垂直距离，以此获得飞机正下方的高度。

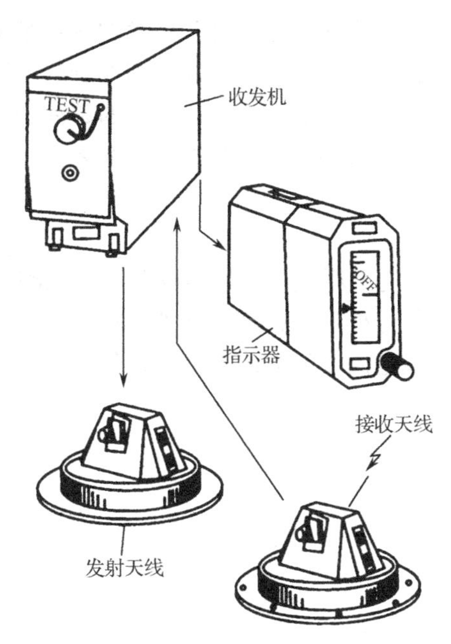

图 10-5　典型无线电高度表的组成

10.2.2　系统应用与发展

1. 系统应用

飞机的许多航行操作和军事操作需要有实时的离地高度信息，不同的应用对高度表有不同的要求。无线电高度表的指示随地形而改变，与地面的覆盖层和大气条件（气压、温度、湿度）无关。单独巨大的建筑物、高山、河谷、湖泊也可以在指示器中反映出来。

在民用航空中，利用无线电高度表可以在复杂的气象条件下飞行、穿云下降，以及在低能见度下着陆等，还可以同其他导航系统（如仪表着陆系统）配合完成仪表着陆任务，或同自动着陆系统配合工作，完成全自动着陆、拉平和接地时的高度计算。

高性能低飞的军用飞机和巡航导弹不但需要有精确的高度信息，而且要求无线电高度表在运行体以 600m/s 的垂直速度爬升或俯冲时能够保持跟踪，以及具有高的隐蔽性和抗干扰能力。为地形辅助导航设计的无线电高度表要求具有很窄的照射波束，使地面照射点有小的尺寸，从而提供所需要的对高度的分辨力。工作在低高度上的无线电高度表要在运行体处于特定高度时提供标记信号，以启动一些自动操作，例如，触发弹药的引信，或打开登月系统的降落伞等。

2. 发展情况

实际使用的无线电高度表主要有调频式和脉冲式两种体制。目前，采用脉冲测距技术的无线电高度表得到了广泛的应用。20 世纪 60 年代初期的脉冲式无线电高度表一般采用谐振腔调谐的电子管振荡器。70 年代，发展为有接收机前置放大器的 5W 固态发射机，可靠性高、被截获概率低、体积小、精度高。80 年代，分离的发射/接收射频电路被砷化镓微波单片集成电路（GaAs MMIC）所取代。90 年代，接收/发射功能由带有 GaAs MMIC 功能的射频混合组件实现，数字集成技术的发展导致用数字式高度跟踪环取代了模拟式前沿高度跟踪环。虽然无线电高度表的基本功能并无太大变化，但是这些技术的发展带来了性能和可靠性的巨大改进，而价格和体积则远远低于初期的系统。在无线电高度表的测高精度方面，采用了统计平均技术；另外还有伪码测距技术应用在了无线电高度表的脉冲测距中，达到了提高无线电高度表测高精度的目的。无线电高度表小型化也是发展趋势之一，使无线电高度表能够应用于导弹测高上。在脉冲式无线电高度表中，还可以通过对载波的双相调制实现脉冲压缩，提高高度分辨力。

现代调频式无线电高度表广泛采用微波单片集成电路（MMIC）和 FFT 处理器，FFT 处理器用以完成频率跟踪和数字信号处理与控制。此外，把毫米波、窄波束、前视、受控天线传感器与向下定位的宽波束无线电高度表天线相结合，使无线电高度表具有测定飞机前方高度的“前视”能力，是无线电高度表进一步发展的趋势。

10.2.3 系统性能与特点

1. 系统性能

（1）工作频率

无线电高度表工作在 4200～4400MHz 频段。

（2）脉冲式高度表

测量范围：100～17000m；

测高误差：低量程为 15m±0.25 %×H（H 为所测高度），高量程为 150m±0.25 %×H。

最小测量高度：由脉冲宽度来确定，例如脉冲宽度为 100ns 时，其最小可测高度大于 15m。

（3）调频式高度表

最大可测高度：典型的为 1500m、750m、150m（用于自动着陆系统）；

最小测量高度：可达 0.5m；

调制频率：一般为 100～200Hz；

精度：当飞机在 150m 上空时，测高精度一般可达±0.6m 或 2%×H，飞机更高时，精度为 5%×H。

目前，更精密的无线电高度表，在整个测量高度上，精度可达 0.3m 或 1%×H。

2. 系统特点

（1）自主性好，适应性强。只需安装机载设备，不依赖外界导航台，完全自主，适合民航客机、运输机、战斗机、直升机、导弹等各种机型和各类飞行器。

（2）隐蔽性和抗干扰性强。机载无线电高度表只需向地面发射针状波束，而且飞行器是移动的，所以隐蔽性和抗干扰性都很强。

（3）测高精度高。脉冲式无线电高度表适合大高度测量，调频式无线电高度表适合小高度测量，特别是进近着陆阶段高度判决和地形辅助导航的高度测量，精度很高。

不足的方面是：随着高度的增加，测高精度降低。

10.2.4 系统工作原理

无线电高度表所要完成的任务本质上就是无线电测距。

1. 脉冲式无线电高度表

脉冲式无线电高度表同所有脉冲测距系统一样，通过测量发射脉冲（直达信号）与接收脉冲（反射信号）之间的时间差来测量飞机高度（到地表面的距离）。脉冲式无线电高度表比调频式无线电高度表测高范围大，主要用来供高空轰炸和测量地速等情况时使用。

脉冲式无线电高度表的测高原理是向地面发射高频脉冲信号，该信号一部分被地面吸收，一部分被扩散，另一部分连同杂波反射回来，被无线电高度表接收。接收的高频脉冲信号经放大和检波后，加于高度测量电路。高度测量电路就是一个收发脉冲延时测量电路，即依据发射脉冲形成一个搜索脉冲，电子跟踪电路搜索并截获反射脉冲信号，自动地将搜索脉冲保持在与反射信号重合的位置上，搜索脉冲移动的时间就是发射脉冲与反射脉冲的间隔时间，被测高度 H 按下面公式算出：

$$H=\frac{ct}{2} \tag{10-4}$$

式中，H 为测量的高度；c 为无线电波传播的速度（3×10^8m/s）；t 是所测量的时间间隔。

图 10-6 所示为脉冲式无线电高度表的原理方框图。脉冲重复频率发生器（PRF）为发射机提供调制波形，为跟踪环提供 t_0 时间标记。发射信号由稳定振荡器导出、调制并放大到理想的功率电平。接收机低噪声放大器噪声系数通常为 2～3dB，使接收机灵敏度达到在不高的发射功率（1～5W）也能接收信号。还有一个单独的本地振荡器，使信号下变频到中频，然后进行带限、放大和包络检波。跟踪环将距离闸门定位在信号回波的前沿上，以提供与前沿门限基准相应的“闸门重叠”能量。由速率和距离积分器形成两级伺服环路，可为飞机最大速度条件下提供必要的跟踪速率，以跟随地形高低的变化。典型的闭环带宽为 100Hz，以提供 610m/s 距离变化率。闸门位置误差经积分后，送至高度寄存器。高度寄存器通过高度/时延变换器对闸门进行重新定位。典型情况下，时延变换器通常是一个高速计数器或以发射 t_0 时间标志为基准的模拟斜率发生器。

脉冲高度表的有些功能未在图 10-6 中画出，例如，接收机噪声自动增益控制、闭环发射功率管理控制（使发射功率最小，从而提高低截获概率）、接收机灵敏度距离控制（以确保防止天线泄漏或飞机附件上的假锁定），还有高度输出调节、高度速率变化及飞机数据总线接口等。

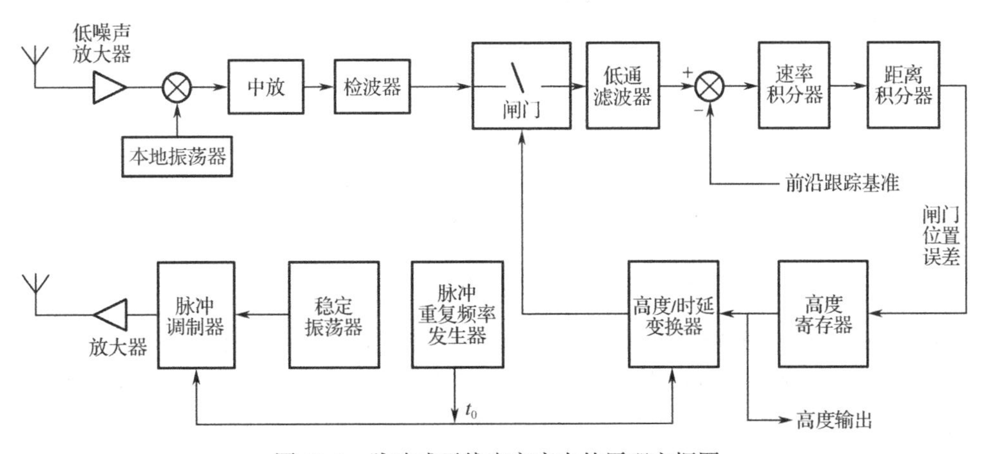

图 10-6　脉冲式无线电高度表的原理方框图

2．调频式无线电高度表

调频式无线电高度表主要用于低高度测量，也叫小高度表，通常利用调频发射信号与反射信号之间的差拍频率进行高度测量。图10-7给出了调频式无线电高度表的组成方框图。

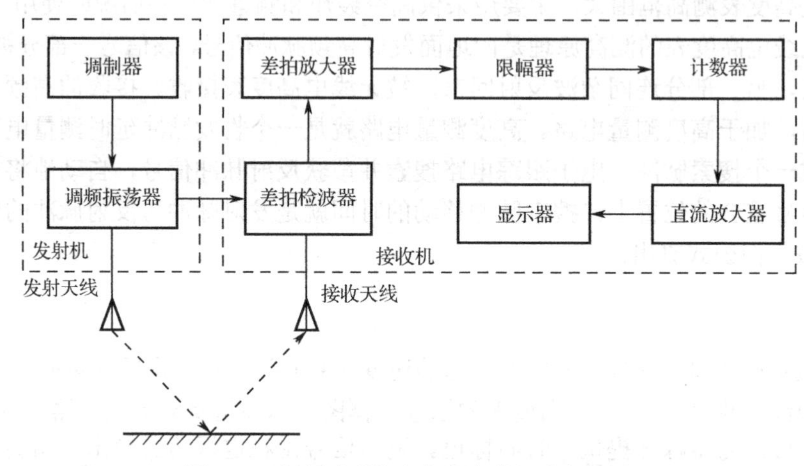

图10-7　调频式无线电高度表的组成方框图

图10-7中的高度表发射机是一个调频式发射机，其发射的是中心频率为f_0、受重复周期为T_r的锯齿波调制的载波信号。设相应于锯齿波电压最低值及最高值时的载波频率分别为f_{01}、f_{02}，随调制电压的变比，载波频率呈线性变化，则发射机载波频率随时间的变化规律如图10-8中实线所示。

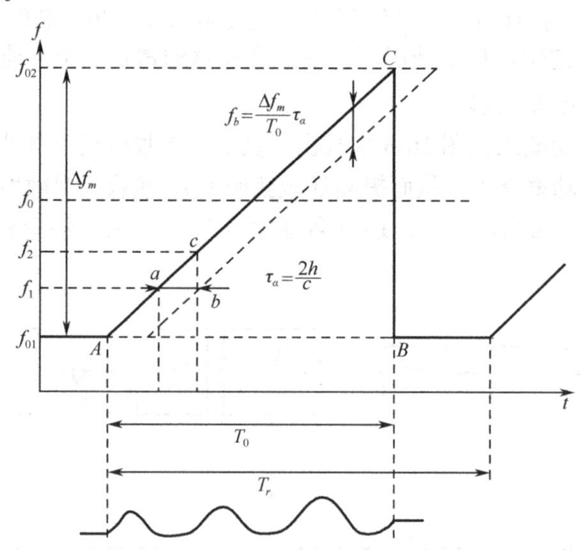

图10-8　调频式发射机测距原理方框图

设发射机a时刻向地面发射信号频率为f_1，经时间τ_α后，从地面反射回来的反射信号在b瞬时被无线电高度表接收机所接收。显然，接收到的反射信号频率也是f_1，与此同时也把发射机的发射信号送入接收机，但相应于b瞬时发射信号的频率为f_2（调频导致的变化），这样在b瞬时反射信号频率f_1与发射直达信号频率f_2在接收机检波器之中出现差拍频率f_b，$f_b=f_2-f_1$。显然，差拍频率f_b与τ_α有关，而τ_α为电磁波往返于飞机与地面之间所需的传播时间，它取决于飞机距离地面的高度 h，即 $\tau_\alpha = 2h/c$（电磁波传播速度 $c = 3\times10^8$ m/s）。据此，就可建立起频率 f_b 与飞行高度 h 之间的对应关系式了。

由图 10-8 可以看出，根据 $\triangle ABC$ 与 $\triangle abc$ 相似三角形之间的关系，有：

$$\frac{f_{02}-f_{01}}{T_0}=\frac{\Delta f_m}{T_0}=\frac{f_b}{\tau_\alpha}$$

由此：

$$f_b=\Delta f_m\frac{\tau_\alpha}{T_0} \tag{10-5}$$

$$\tau_\alpha=\frac{2h}{c}$$

所以：

$$f_b=\frac{2\Delta f_m h}{cT_0}$$

$$h=\frac{cT_0}{2\Delta f_m}f_b \tag{10-6}$$

式中，Δf_m 是锯齿波波峰之间所对应的频率差值 $f_{02}-f_{01}$，T_0 为锯齿波的上升时间，c 为电磁波的传播速度。Δf_m、T_0、c 都为已知数，所以，在测量出反射信号频率 f_1 与直达信号 f_2 的差值 f_b 之后，便可以计算出飞机距离地面的高度 h。

频率测距系统中所发射的调频信号，一般来说其调制信号可以是任意周期性的时间函数，如正弦形的、锯齿形的、三角形的等。调频式无线电高度表在特征频率测距（测高）原理方面有其突出的代表性，但由于其测量方法引入的阶梯误差很难降低到令人满意的程度，故限制了它的应用范围。为了降低阶梯误差，在原有方案的基础上提出了不少改进措施从而形成了各种型式的调频式无线电高度表，如具有旋转移相器的调频式无线电高度表、双调频式无线电高度表、调频深度渐增式无线电高度表等。这些改进方案的设计，虽然都在不同程度上降低了阶梯误差，提高了高度表的精度，但由于它是以 f_b 作为因变量的，即当高度变化时，f_b 也随之相应的变化。当高度由 $h_{\min}$ 变化到 $h_{\max}$ 时，f_b 的变化将高到几万或几十万倍，所以接收通道必须有足够的带宽容许 $f_{b\min}\to f_{b\max}$ 及其附近频谱成分通过，即接收系统必须是宽频带的，这将给大高度时微弱信号的检测带来很大的困难，加之为了增大相对频率偏移而不得不采用多次混频措施，这不仅使设备复杂而且也引入了大量的组合频率干扰。所以，阶梯误差的降低，皆是以此为代价的。

作　业　题

1．自主无线电导航系统主要有哪些？
2．多普勒雷达有哪几种？说明多普勒导航系统基本原理及系统构成。
3．说明无线电高度表基本原理及系统构成。
4．脉冲式高度表的发展方向是什么？
5．影响调频式小高度表性能的因素有哪些？

第 11 章　米波仪表着陆系统

11.1　概　　述

自从有动力的飞机问世以来，飞机的起降就是飞行过程中非常重要的阶段。统计显示，自从欧洲和美国开始有了商业航运和邮政航运，并渐渐有了定期航班后，飞行事故开始逐渐增多。因此，如何保障飞机在恶劣天气和夜间的飞行与着陆安全就变得愈来愈重要了，尤其是飞机的降落，飞行事故中大约有 60%发生在这个阶段。“飞机着陆系统”就是在这样的需求背景下逐渐发展起来的。从当今国内外实用的系统来看，专门用于精密进近着陆引导的典型系统主要有以下三种，即米波仪表着陆系统（ILS）、微波着陆系统（MLS）和精密进场雷达系统（GCA）。此外，俄罗斯等国家还使用了分米波仪表着陆系统。

着陆系统根据其在不同气象条件下引导飞机着陆的能力分为三类，如表 11-1 所示。从表中可以看出，着陆系统的类别是按在一定气象条件下引导飞机所能飞临的最低高度来划分的。其中决断高度是指在此高度上飞行员要依据能否充分看见跑道而决定是否继续下滑着陆，即着陆系统至少有能力将飞机引导到此高度上，而后由飞行员目视完成拉平、接地和滑跑，或者实施复飞。跑道视距是气象条件中能见度的一种距离度量，是指在跑道水平面上能见到目标的最大距离，一般用大气透射仪沿跑道方向进行测量，航管人员掌握该数据并及时通知恶劣气象条件下进场着陆的飞行人员。

表 11-1　着陆系统类别划分

类　别	决断高度或云底高度/m	跑道水平能见度或视距/m
Ⅰ	60	800
Ⅱ	30	400
$Ⅲ_A$	15	200
$Ⅲ_B$	0	50
$Ⅲ_C$	0	0

仪表着陆系统（Instrument Landing System，ILS）是一种能够为着陆飞机提供航向角、下滑角和距离三维导航信息，实现飞机精密进近着陆引导的无线电导航系统。因其工作在米波波段，为有别于分米波仪表着陆系统和微波着陆系统，称其为米波仪表着陆系统。由于该系统可以按照仪表指示方式引导飞行员按预定下滑线着陆，而无须目视飞行，故有时又称为盲目着陆引导系统或盲降系统。

11.1.1　系统组成、功能与配置

着陆引导系统必须为飞机提供方位（航向）、仰角（下滑）和距离三维进近着陆引导信息，因此，着陆引导系统就是提供这三种信息的电子设备的组合。如同其他无线电导航系统一样，

ILS 由地面设备和机载设备两大部分构成，如图 11-1 所示。地面设备是航向信标（Localizer）、下滑信标（Glide Slope）和指点信标（Marker）的组合，机载设备则是各信标接收机的组合。

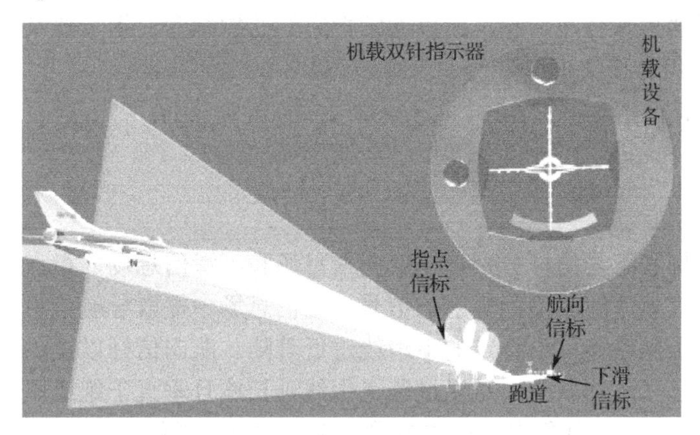

图 11-1　ILS 组成示意图

航向、下滑信标与机载接收机配合，通过测量无线电信号的调制度差（Difference in Depth of Modulation，DDM）获得飞机相对于跑道中线延长线的相对方位角以及相对于设定下滑线的相对俯仰角，引导飞机对准跑道并按规定的坡度着陆下降；指点信标与其机载设备配合，为着陆飞机提供到达跑道端口的距离指示信息。

航向信标是一个发射设备，通过辐射具有特定场型的无线电信号，在系统作用区域内建立一个所谓的航向面，这个航向面理想情况下应是垂直于跑道平面且通过跑道中线延长线的，在这个面内 DDM 始终为零，在面的两侧 DDM 数值符号相反，机载设备依据测量的 DDM 数值驱动一个左右移动的指针指示器，从而给进场着陆的飞机提供水平方向上的修正指示信息；下滑信标则用来产生一个与跑道平面成一定角度的下滑面，在下滑面上 DDM 始终为零，在面的上下方 DDM 数值符号相反，机载设备依据测量的 DDM 数值驱动一个上下移动的指针指示器，从而给进场着陆的飞机提供铅垂面内的修正指示信息；指点信标同样是发射设备，在下滑线上辐射点状场型信号，利用位置点标志方式给着陆飞机提供距跑道端口的离散（或称断续）距离指示信息。自地美仪（DME）系统出现后，许多机场将 DME 地面应答器与航向、下滑信标组合在一起构成 ILS，利用 DME 系统提供的连续距离信息引导飞机精密进场着陆。

米波仪表着陆系统地面设备的机场配置情况如图 11-2 所示。航向信标配置在跑道次着陆端，航向天线阵以跑道中线延长线为对称中心安装，距次着陆端端口 200～600m；下滑信标配置在跑道着陆端一侧，下滑天线距跑道端口 200～400m，距跑道中线 75～200m；指点信标分为内、中、外，分别架设在主着陆端跑道中线延长线上，距主着陆端口分别为 300m、900～1200m 和 6500～11100m。不同的指点信标采用的是相同的载频，但以不同的识别信号进行识别。采用 DME 系统时，其地面应答器通常与航向信标安装在一起。

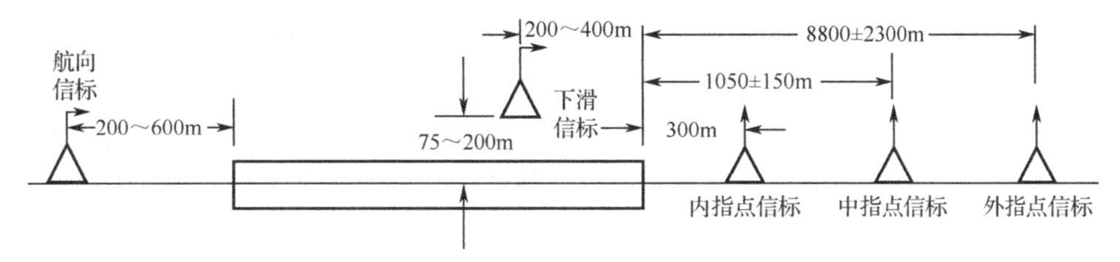

图 11-2　ILS 地面信标机场配置图

因为 ILS 的地面信标组合分别是工作在三个不同载波频段的发射设备，所以相应的机载设备实际上是三部接收机，即航向、下滑和指点信标接收机。因为航向和下滑的工作频率是配对使用的，指示器也综合在一起，所以通常把它们的控制盒、指示器及主机统一来设计，组成机载航向/下滑组合接收机。

11.1.2 系统应用和发展

1. 系统应用

ILS 由航向信标和下滑信标分别建立航向信息场和下滑信息场，指点信标建立距离信息场，机上接收机接收处理地面信标辐射的信号，在信息场中提取导航信息，通过机载设备终端指示器指示飞行员操纵飞机沿特定的下滑线进近着陆。航向信标以提供航向面的形式为飞机提供方位指示信息（所谓航向面是通过跑道中线延长线且垂直于跑道平面的平面，是一个位置面，它是通过保持某一几何参量或电参量为定值的方法提供的），下滑信标则以提供下滑面（与跑道平面成一定角度的平面，形成原理与航向面类同）的形式为飞机提供仰角指示信息，航向面与下滑面的交线即为设定的下滑线，如图 11-3 所示。

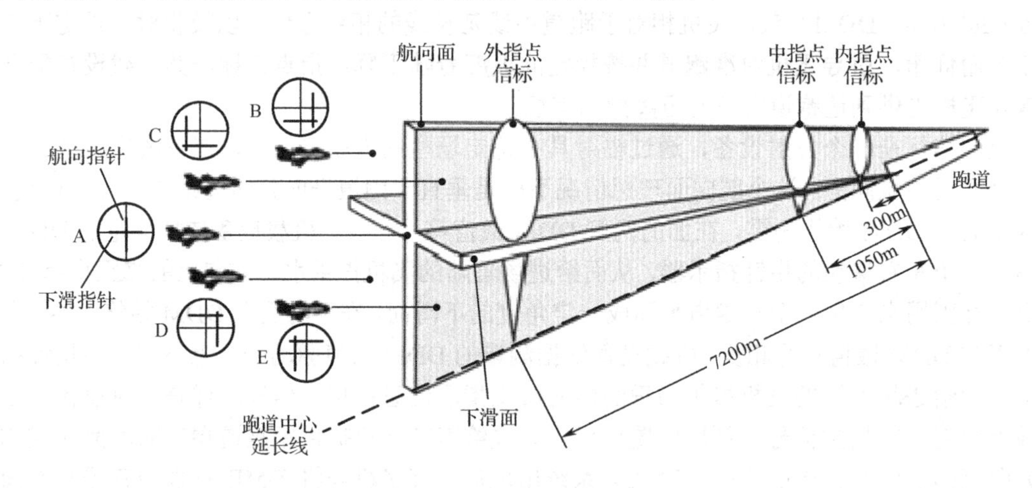

图 11-3 米波 ILS 工作示意图

ILS 机载设备航向角和下滑角指示器通常为摆杆式，其垂直杆为航向指针，水平杆为下滑指针，由图 11-3 中 A、B、C、D、E 五个位置的指示器指示情况可见，指针总是指示驾驶员需要调整飞机的方向。如 B 位置指示器，航向杆偏右，下滑杆偏下，则驾驶员就应该驾驶飞机向右和向下飞行，其余类推。按照指示器的指示，总可以使飞机达到 A 位置的状态，即两个指示杆完全与中心十字重合，表示飞机按正确下滑线（即航向、下滑角均正确）进近。飞机通过各指点信标上空时，将接收到指点信标机垂直向上辐射的纺锤形场型信号，只有飞机在其上空时才能收到此信号，机载指示铃响、灯亮或从耳机中监听到识别音响，通过识别音调或信号灯颜色判别外、中、内指点信标台，飞行人员确知距离和检查高度，从而实现安全着陆。这种依照仪表指示实现着陆的方式也正是仪表着陆系统名称的由来。此外，由于十字交叉指示器指针总是指向航道所在位置，所以又称该指示器为航道罗盘。

2. 系统发展

在出现无线电着陆系统前的很长一段时间里，飞机驾驶员主要依靠目视飞行和引进着陆。1935 年在美国试验了一套新的仪表着陆系统，它由 110MHz 航向信标、91MHz 下滑信标和 75MHz 指点信标组成，并于 1936 年在欧洲进行了实地安装和试验，这套仪表着陆系统开创了精密着陆引导系统的先河。第二次世界大战末期，美军出于军事目的研制开发了仪表着陆系统（ILS），用于在复杂气象条件下保障飞机安全起降，一经使用便在航空飞行中表现出非凡的能力和作用。战后不久，国际民航组织（ICAO）在 1948 年芝加哥会议上把 ILS 确定为国际标准着陆系统，还规定了全世界通用的信号格式和飞行规则。至此，飞机着陆系统进入了采用标准仪表着陆系统的新时代。

ILS 使用中虽发现其存在许多固有缺陷，无法满足快速发展的航空飞行要求，曾一度被确立将由微波着陆系统（MLS）所取代，但因其应用范围之广以及性能的不断改进，现今仍然在军用、民用航空中广泛应用。多年来，ILS 在系统体制上虽没有发生变化，但其设备所采用的技术随科技的发展不断进步，从原来采用电子管、分立元件，到现今采用计算机控制、超大规模集成电路等先进电子技术，设备技术水平不断提高。

除了发展标准仪表着陆系统，还陆续出现了精密进场雷达系统及微波着陆系统，以解决军用、民航飞机的着陆引导出现的新问题。近些年来，更多人开始关注利用差分卫星导航系统解决未来飞机着陆引导问题，目前研究比较成熟的是美国的广域增强系统（WAAS）和局域增强系统（LAAS）。WAAS 系统是将地面改正数据通过静地卫星转发给飞机，能使 GPS 三维定位精度提高到 7m 左右，使垂直和水平方向精度达到 1～1.5m，可满足Ⅰ类精密进近的要求；LAAS 是在机场附近半径为 50km 的范围内广播差分 GPS 改正与相关信息，可通过增加精密进近能力改进安全性，增加机场运作容量，改进调度的灵活性，单系统覆盖多跑道，支持机场地面运作，帮助飞行员自动工作，还可以实现精密的跑道监测，并促进航空电子的完善和进步，目标是实现Ⅱ、Ⅲ类精密进近和着陆。

11.1.3　系统性能及特点

1. 系统性能

1）工作频段

ILS 工作在超短波频段。其中航向信标及其机载接收机工作在 108.1～111.95MHz，共分 40 个波道，波道间隔 50kHz；下滑信标及其机载接收机工作在 329.15～335.85MHz，同样划分为 40 个波道，波道间隔 150kHz。航向、下滑信标频率成对分配。

指点信标及其机载接收机工作在 75MHz 点频。内、中、外指点信标以不同的莫尔斯码识别。其中，外指点信标为连续的“划”，调制音频为 400Hz；中指点信标为“点、划”，调制音频为 1300Hz；内指点信标为连续的“点”，调制音频为 3000Hz。这种识别方式，飞行人员从耳机中听到的音响是由远至近音调逐渐提高，并且声音愈加急促，造成一种临近跑道的紧迫感。ILS 指点信标发射的键控单音频调幅信号参数如表 11-2 所示。

表 11-2　ILS 指点信标发射的键控单音频调幅信号参数

参　　数	指点信标类型		
	内	中	外
键控形式	连续的“点”	“点、划”交替	连续的“划”
音频频率（Hz）	3000	1300	400
点划速率	每秒6个点	每秒6个点，每秒2划	每秒2划

2）系统工作区

航向信标信号在跑道中线左右10°扇区覆盖区的径向距离为46.3km，在跑道中线左右10°～35°扇区覆盖区的径向距离为31.5km。若提供左右35°以外的覆盖区，则覆盖区的径向距离为18.5km。在上述扇区内垂直覆盖通常是跑道平面和倾角为7°平面所限定的区域，如图11-4（a）所示。

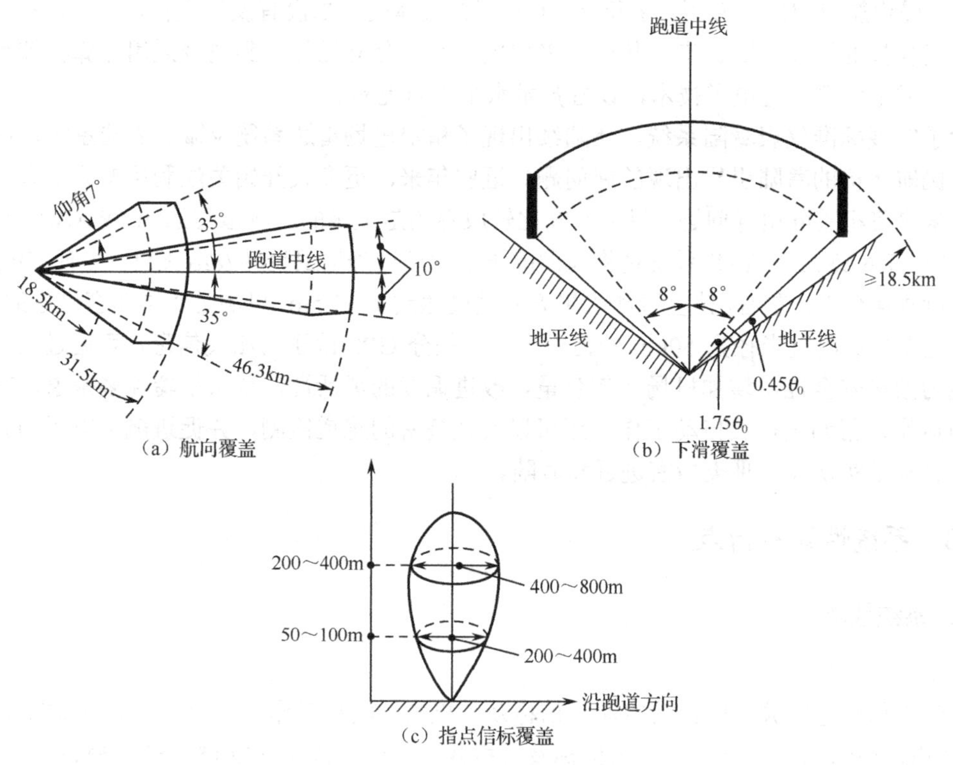

图 11-4　ILS 信号覆盖区示意图

下滑信标信号覆盖区的仰角范围为（0.45～1.75）θ_0（θ_0为设定下滑角），航向范围为跑道中线左右8°扇区，径向距离不小于18.5km的区域，见图11-4（b）所示。

指点信标辐射的信号场是一个垂直于地平面的纺锤形式。在离地高度为50～100m时，水平截面纵向宽度（沿跑道中线延长线方向）范围为200～400m；离地高度为200～400m时，纵向宽度范围为400～800m，见图11-4（c）所示。

3）系统精度

精度的度量是用参数误差来表达的，它应该是系统的总误差。ILS通常用着陆下滑线上特定点的线偏离数据表示其系统的精度。

（1）航向道准确度。

航向道准确度系指航向信标实际提供的航向道与跑道中线延长线实际对准的程度。例如Ⅰ类 ILS 在基准数据点处（规定为跑道入口上方 15m 高度上的一点）的水平线偏离或偏离跑道中线的横向位移距离要求不大于±10.5m，Ⅱ类为±7.5m，误差概率均为 2σ。实际航向道的弯曲程度也有限制，读者可参看《国际民用航空公约附件 10》中的有关规定。

（2）下滑道准确度。

下滑信标实际提供的下滑角应确保在 $\theta_0\pm0.075\theta_0$ 范围内（θ_0 为设定下滑角），在基准数据点处观察，要求Ⅰ类 ILS 下滑道高度为 15m±3m，Ⅱ类为 15m+3m。实际下滑道的弯曲程度也同样有限制。

4）位移灵敏度

位移灵敏度定义为单位偏移角度（或偏移距离）上的 DDM 数值，它反映了 DDM 数值随角位移（或距离位移）变化的程度。

（1）航向位移灵敏度。

在半航向道扇区（从跑道中线到航向道覆盖区边缘）内，以基准数据点为观测参考点，其额定位移灵敏度为 0.00145DDM/m。从航道线上 DDM=0 处到两侧 DDM=0.180 范围内，角位移和 DDM 的增加应为线性关系；继续向外到左右 10°，DDM 值应不小于 0.180；从左右 10°～35° 范围内，DDM 值应不小于 0.155；若提供 35° 以外覆盖，则 DDM 值应不小于 0.155。

（2）下滑位移灵敏度。

对Ⅰ类 ILS，在 θ_0 的上方和下方，角位移在（0.07～0.14）θ_0 范围内，DDM 值应为 0.0875；对Ⅱ类 ILS，角位移灵敏度应尽可能对称，在下滑道下方（0.12±0.02）θ_0 范围内和下滑道下方（0.12−0.05～0.12+0.02）θ_0 范围内，DDM 值应为 0.0875。

5）其他性能

对于精密进近着陆引导系统来说，其主要性能要求还包括系统的完好性、连续性和可用性，它们也是保证进近着陆安全的关键。

完好性是表述系统具有检测和显示自身故障的能力。当系统不能在其规定的性能范围内正常工作时，应能及时告警且不再继续工作。完好性一般用在指定工作时间内的漏检概率来表达，另外还要考虑及时告警时间限制。告警时间是指从系统性能变坏超出限定值到设备发出告警的时间。例如，非精密引进的告警时间为 10s；Ⅰ类精密引进的 ILS 告警时间为 10s。

连续性是指整个系统在预定工作期间连续工作而不中断的能力。就是说如果一个系统在特定工作时段一开始就可用的话，那么它在整个工作时段都可用（必须全时服务）。它是短时可靠性的标志，用每个进近时段（或特定时段）中所出现故障对应时间的概率来表达。对于着陆系统来说，连续性是指最后进场着陆的 30s，着陆系统信号失去连续性的概率，一般情况下它应小于 4×10^{-6}。

可用性是指飞机下降到最后进近点开始，获得所需引导能力的概率，它是系统在规定覆盖区内提供可用服务的能力。对大型繁忙的机场，精密引进着陆设备的可用性应达到 0.9999，而对小型机场不必要求这么高，甚至可以低于 0.995。

2. 系统特点

ILS 是第一种主动式引导飞机精密进近着陆的无线电导航系统，作为国际标准的飞机着陆引导系统，目前在世界上数千个军用、民航机场使用。

ILS 的主要问题：一是其只能提供一条固定下滑线，这不能满足各型飞机选择使用不同下滑线的要求；二是由于采用大型天线阵，通过建立复杂的辐射场型实现对飞机的着陆引导，因而系统正常工作对场地环境条件要求苛刻；三是系统只有 40 个波道，波道数量有限，无法满足密集机场布局情况下的波道选择要求；四是 ILS 工作在超短波频段，许多用频设备在此频段工作，如调频广播电台、传呼台等，因而系统易受电磁干扰，存在飞行安全隐患；五是 ILS 下滑信标安装在跑道一侧，由其提供的下滑面实际上是以下滑天线为顶点的圆锥面，该圆锥面与航向面相交，所得到的下滑线是一条抛物线（见图 11-5），故理论上 ILS 所提供的下滑线不能接地，因而该系统最多只能完成Ⅱ类着陆引导，而不像 MLS 那样能达到Ⅲ类以上的着陆引导水平。

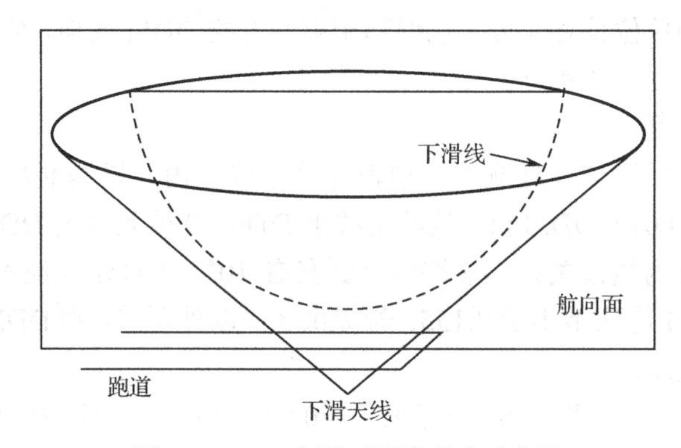

图 11-5 ILS 实际下滑线形成示意图

11.2 系统工作原理

着陆引导系统的作用就是为进场着陆的飞机提供相对跑道中线的方位角信息、相对跑道平面的下滑角信息和距跑道端口的距离指示信息，因而其本质上是一个测角、测距系统。ILS 的距离部分采用指点信标时，利用位置点标志方式提供离散（或称断续）距离指示，采用 DME 系统时，距离测量原理在第 5 章已做过介绍。这里，将着重讨论 ILS 的航向与下滑角测量原理。

11.2.1 测角原理

仪表着陆系统需要测量的角度，实际上都是相对的角度，如航向信标提供的方位角是以跑道中线延长线为基准的，下滑信标提供的俯仰角则是以跑道平面（或水平面）为基准的。ILS 航向角和下滑角的测量原理是相同的，都采用振幅式 M 型比值法测角原理，即通过比较两个调制信号调制深度的方法进行角度测量。实际中是将调制度差 DDM 与所测角度建立了一一对应的关系。

由导航原理可知，M 型测角必须采用边带信号与等幅或调幅信号合成的方式予以实现。ILS 为了实现振幅式 M 型比值法测角，采用了双音频调制的边带信号和调幅信号合成，形成复合调幅信号，取其两个音频的调制深度进行比较，以实现方位和仰角测量。

ILS 测角使用的双音频调幅信号为：

$$A_m(1+A_1\sin\Omega_1 t+A_2\sin\Omega_2 t)\sin\omega t$$

使用的双边带信号为：

$$A'_m(A'_1\sin\Omega_1 t-A'_2\sin\Omega_2 t)\sin\omega t$$

两种信号采用具有各自不同方向图的天线辐射，用户接收机接收到的是两种信号在空中的合成信号，即：

$$u(t)=f(\theta)U_m(1+U_1\sin\Omega_1 t+U_2\sin\Omega_2 t)\sin\omega t+f'(\theta)U'_m(U'_1\sin\Omega_1 t-U'_2\sin\Omega_2 t)\sin\omega t$$

在实际中通常取 $U_1=U_2$，$U'_1=U'_2$，故此：

$$u(t)=f(\theta)U_m[1+U_1(\sin\Omega_1 t+\sin\Omega_2 t)]\sin\omega t+f'(\theta)U'_mU'_1(\sin\Omega_1 t-\sin\Omega_2 t)\sin\omega t$$

$$=f(\theta)U_m[1+\frac{f(\theta)U_mU_1+f'(\theta)U'_mU'_1}{f(\theta)U_m}\sin\Omega_1 t+\frac{f(\theta)U_mU_1-f'(\theta)U'_mU'_1}{f(\theta)U_m}\sin\Omega_2 t]\sin\omega t$$

可见，用户接收机取得的是合成调幅信号。为了比较该合成信号两调制音频的调制系数，引入调制度差 $\mathrm{DDM}=M_1-M_2$，即：

$$\mathrm{DDM}=\frac{f(\theta)U_mU_1+f'(\theta)U'_mU'_1}{f(\theta)U_m}-\frac{f(\theta)U_mU_1-f'(\theta)U'_mU'_1}{f(\theta)U_m}$$

$$=\frac{2f'(\theta)U'_mU'_1}{f(\theta)U_m}=k\frac{f'(\theta)}{f(\theta)} \tag{11-1}$$

由此，建立了调制度差 DDM 与所测角度 θ 的对应关系，实现了振幅式 M 型比值法测角。在式（11-1）中可以看到，在 $f(\theta)$ 近似为 1 的情况下，DDM 就具有了与 $f'(\theta)$ 相同的方向图特性。

11.2.2　信号格式

为了实现上述测角原理，ILS 采用了要求的信号格式。

（1）导航音频：90Hz 与 150Hz 正弦波信号。

（2）“和”“差”信号：

①“和”信号：90Hz 与 150Hz 导航音频同相叠加信号，其表达式为：

$$A_{90}\sin\Omega_{90}t+A_{150}\sin\Omega_{150}t \tag{11-2}$$

式中，A_{90}、A_{150} 为 90Hz 与 150Hz 导航音频信号幅值，Ω_{90}、Ω_{150} 为 90Hz 与 150Hz 导航音频信号角频率。

②“差”信号：90Hz 与 150Hz 导航音频反相叠加信号，其表达式为：

$$A'_{90}\sin\Omega_{90}t-A'_{150}\sin\Omega_{150}t \tag{11-3}$$

式中，A'_{90}、A'_{150} 为 90Hz 与 150Hz 导航音频信号幅值。

（3）载波加边带信号（Carrier with SideBands，CSB 信号）：由“和”信号作为调制音频的双音频调幅信号，其表达式为：

$$A_m(1+A_{90}\sin\Omega_{90}t+A_{150}\sin\Omega_{150}t)\sin\omega t \tag{11-4}$$

式中，A_m 为 CSB 信号的载波幅度，ω 为载波角频率，A_{90}、A_{150} 分别为 90Hz 与 150Hz 调制音频的幅值。系统规定：$A_{90}=A_{150}$，即 90Hz 与 150Hz 音频幅度相同，调制深度相等。CSB 信号波形及频谱见图 11-6。

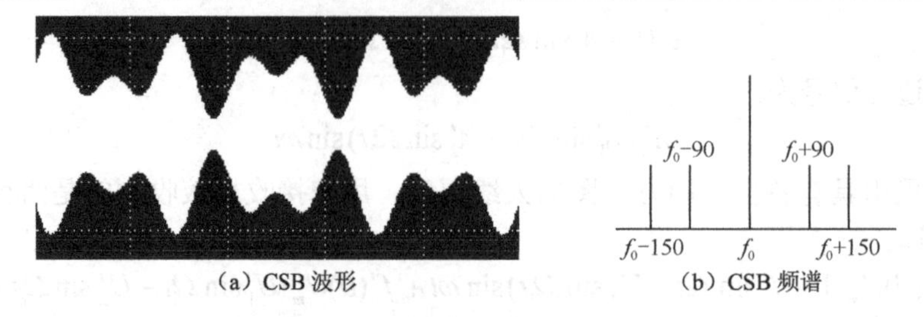

（a）CSB 波形　　（b）CSB 频谱

图 11-6　CSB 信号波形及频谱

（4）纯边带信号（SideBands Only，SBO 信号）：由“差”信号作为调制音频的平衡调幅信号，其表达式为：

$$A'_m(A'_{90}\sin\Omega_{90}t - A'_{150}\sin\Omega_{150}t)\sin\omega t \tag{11-5}$$

式中，A'_m 为 SBO 信号的载波幅度，ω 为与 CSB 信号同频的载波角频率，A'_{90}、A'_{150} 分别为 90Hz 与 150Hz 调制音频的幅值。同样，系统规定：$A'_{90}=A'_{150}$，即 SBO 信号的 90Hz 与 150Hz 音频调制深度相等。SBO 信号波形及频谱见图 11-7。

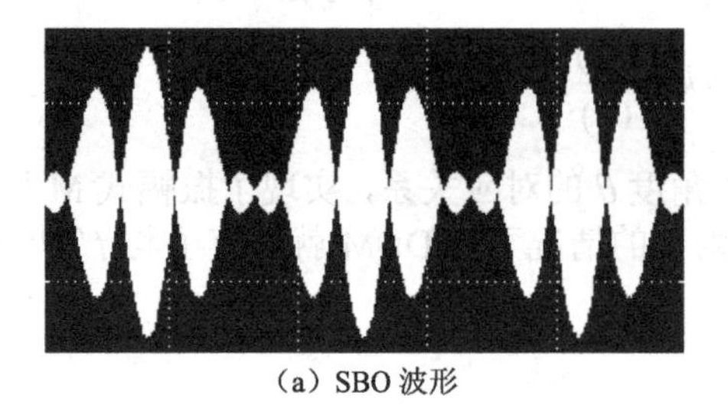

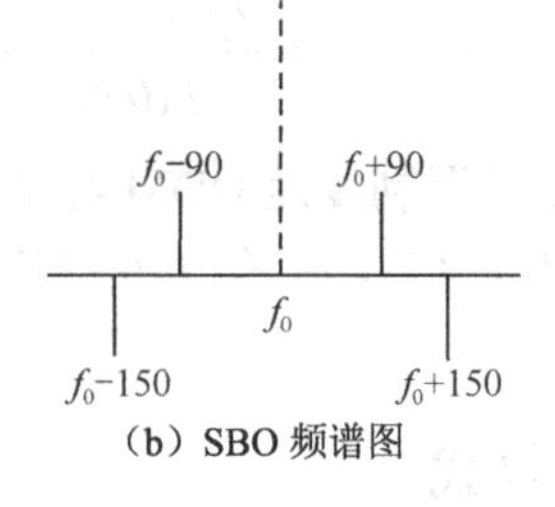

（a）SBO 波形　　（b）SBO 频谱图

图 11-7　SBO 信号波形及频谱

图 11-8 给出了产生 CSB 和 SBO 信号的物理模型，这也是 ILS 航向/下滑信标发射机的基本组成。

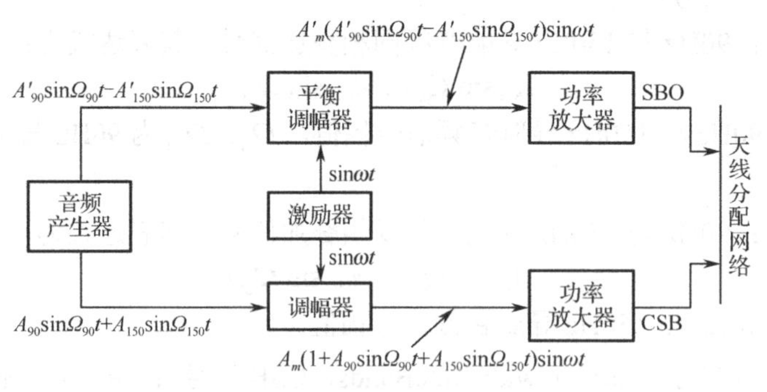

图 11-8　CSB/SBO 信号产生框图

11.2.3　航向角测量

1. 航道信号测量

航向角测量是由地面航向信标和机载航向接收机配合工作完成的。航向天线采用的阵列天线是由多副天线按一字形排列构成的，有宽口径和窄口径之分。国产某型仪表着陆设备航向信标窄口径天线阵是一个由 8 副对数周期天线组成的天线阵，如图 11-9 所示。为得到系统所要求的辐射场型，航向天线需要在跑道次着陆端以中线延长线为对称中心安装架设，并且各单元天线要求按如下方式馈电：CSB 信号以等幅同相方式馈给左右对称单元天线；SBO 信号以等幅反相方式馈给左右对称单元天线。表 11-3 给出了一种典型的航向天线阵馈电表。

图 11-9　航向天线外形图

表 11-3　典型的航向天线阵馈电表

项目		天线							
		左 4	左 3	左 2	左 1	右 1	右 2	右 3	右 4
CSB	幅度	0.055	0.143	0.363	1.000	1.000	0.363	0.143	0.055
	相位	180°	0°	0°	0°	0°	0°	0°	180°
SBO	幅度	0.415	0.700	0.890	1.000	1.000	0.890	0.700	0.415
	相位	90°	−90°	−90°	−90°	90°	90°	90°	−90°

航向天线在水平面上辐射 CSB、SBO 信号的主瓣方向图示于图 11-10。其中 CSB 信号辐射波瓣的最大值位于跑道中线上，两个 SBO 信号辐射波瓣的最大值位于跑道中线两侧，两波瓣所夹零值方向也位于跑道中线上。图 11-10 中还给出了在跑道中线延长线两侧以 CSB 与 SBO 信号频谱叠加的形式表达的航向信号在空间合成的情况，这里要注意的是两个 SBO 信号辐射波瓣内的载波相位是反相的。读者可依据 CSB 与 SBO 信号表达式自行给出复合信号表达式。

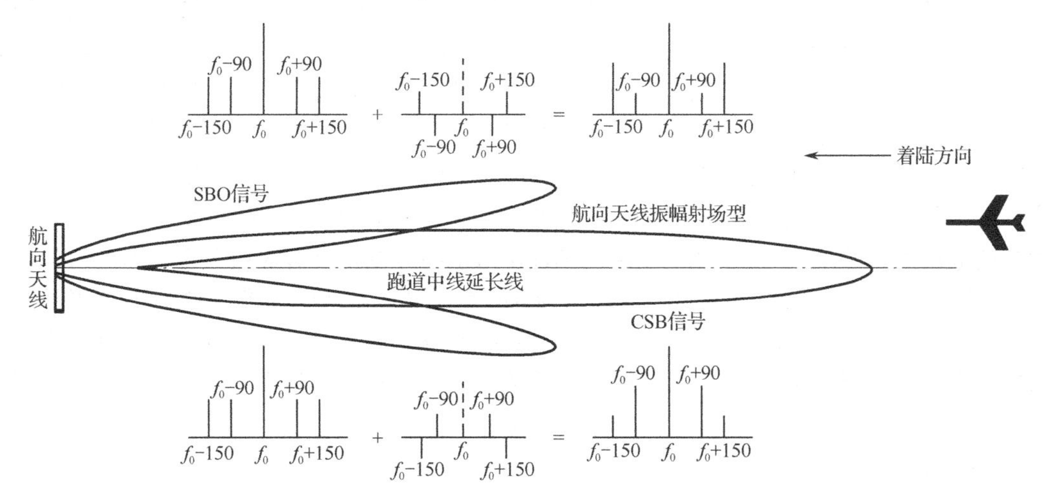

图 11-10　航向天线辐射场型及信号合成情况

由图 11-10 可见，频谱叠加后的合成信号仍是双音频调幅信号，并且在跑道中线延长线左侧（面向航向天线）合成信号的 90Hz 导航音频调制幅度大于 150Hz 导航音频调制的幅度，即为 90Hz 调制音频占优势，而在右侧则是 150Hz 调制音频占优势。在跑道中线上因为此时只有 CSB 信号，150Hz 和 90Hz 调制幅度相等。该合成信号由机载设备接收，经检波器得到 90Hz 和 150Hz 合成信号，再利用滤波器分离出这两个导航音频，其调制度差 DDM=M_{90}-M_{150}，M_{90} 是 90Hz 导航音频信号调制深度，M_{150} 是 150Hz 导航音频信号调制深度。很显然，DDM 数值大小反映了两个导航音频幅值的差异程度，即反映了机载设备（或飞机）偏移跑道中线的程度。如果这个偏移的程度以角度来度量，则 DDM 就与所测航向方位角具有了一一对应的关系，通过测量这个电参量 DDM，即可得到导航参量航向方位角度值。

系统规定，由航向信号所提供的 DDM 为零的空间点几何图形称为航向面（或航向道），理想情况下该航向面通过跑道中线且垂直于跑道平面；由航向信号所提供的 DDM 为±0.155 的边界所限定的区域称为航向比例引导扇区（在这个扇区内，DDM 值随角度线性变化），其宽度通常以扇区两边界之夹角或在指定距离处的横向距离来表示，比例引导扇区宽度一般为 3°～6°，如图 11-11 所示。对 ILS 机载指示器来说，在比例引导扇区内，航向指针随航向角线性移动，到达边界航向角时指针指示满刻度。

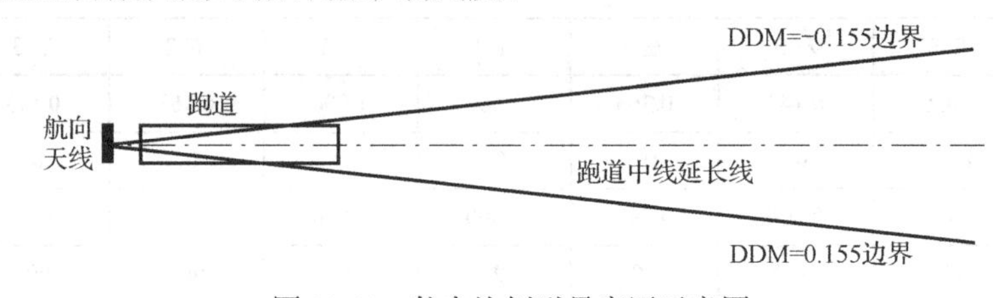

图 11-11 航向比例引导扇区示意图

在实际应用中，采用十字双针指示器指示着陆飞机偏移所测角度基准线的情况。对于航向方位角的测量，如果飞机位于航向面上，这时机载接收机得到的 90Hz 和 150Hz 导航音频信号的幅值相等，双针指示器的航向指针（垂直指针）指中心位置；当飞机位于着陆方向航向面的左侧时，此时 90Hz 导航音频信号占据优势，航向指针将右指；反之，指针将左指。

归纳起来，航向信标通过其天线阵向空间辐射两种信号：一种是导航音频"和"信号对载波调幅得到的载波加边带信号 CSB，另一种是导航音频"差"信号对载波平衡调幅得到的纯边带信号 SBO。前者由航向天线阵形成的最大值对准跑道中线的宽波束辐射，后者由航向天线阵形成的以跑道中线延长线为对称中心的双波束辐射。上述信号在空间叠加后形成一个空间合成复合调幅信号场，机载接收设备接收处理这个信号场内的复合调幅信号，解调出 90Hz 和 150Hz 导航音频调制包络，比较其幅度就可以获得航向角度信息，从而确定飞机是否位于跑道中线延长线上或是偏离中线的程度。比较 90Hz 和 150Hz 调制包络幅度就是计算两调制音频信号的调制度差 DDM，由于该调制度差 DDM 与空间方位角具有对应关系，因此通常认为 DDM 具有了方向性：在跑道中线延长线上，90Hz 和 150Hz 调制度相等，调制度差等于零；在偏离中线左侧（面向航向天线），90Hz 调制度大于 50Hz 调制度，称 90Hz 调制度占优势；在右侧，则 150Hz 调制度占优势。机载接收机利用接收信号的调制度差便可测出飞机偏离跑道中线延长线的角度（相对方位角）大小和方向。

2. 余隙信号发射

在前面讨论系统性能时，提到了航向信标关于信号覆盖区的要求，从中可以看出，航向信标的信号覆盖范围很大，为在跑道中线左右 35°、距离为 31km 的区域。显然，当航向信标天线在此区域内辐射信号时，区域内任何障碍物，如机库、建筑物、大片树林、小山坡等都可能会对航道信号产生二次辐射，从而引起航道弯曲、偏移或抖动。为了保证航道的精度和稳定性，要求尽量压窄航向信标的辐射场型，由此便会带来宽的航向信号覆盖区域和保证航道精度要求上的矛盾。为了解决这个矛盾，就采取了发射余隙信号来补充航道信号的技术措施。

航道信号就是航向信标沿航向道附近一个较窄的区域所发射的航向引导信号，就是前面我们所讨论的航向信号。它所对应的窄的信号覆盖区叫作窄航道区或航道覆盖区，一般为跑道中线左右 10°、距离为 46km 的扇形区域，其垂直覆盖为 0°～7°。余隙信号则是在窄航道区之外、要求的覆盖区之内航向信标所发射的方位引导信号。它必须满足机载指示器关于信号的统一要求，并且不干扰航道信号工作，所对应的覆盖区叫作宽航道或余隙覆盖区，一般为跑道中线左右 10°至左右 35°、距离为 31km 的区域，其垂直覆盖范围为 0°～7°（见图 11-12）。按照 ILS 机载指示器的要求，在余隙覆盖区必须保证所提供的 DDM 的值都大于 0.155。这样，当飞机位于 150Hz 占优势余隙区时，由于 DDM 值大于 0.155，因而其垂直指针位于左满刻度的位置，飞行员据此指示操纵飞机向左纠正，从而进入窄航道区；而当飞机位于 90Hz 占优势余隙区时，由于 DDM 符号相反，其垂直指针将位于右满刻度的位置，飞机向右纠正，从而也引导飞机进入窄航道区。

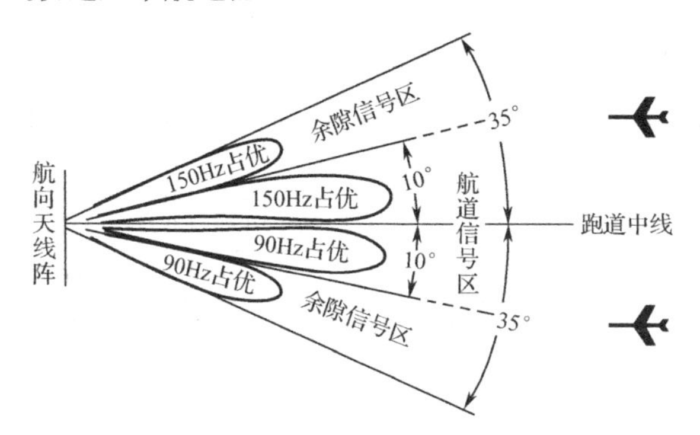

图 11-12　航道和余隙信号覆盖区示意图

为了和航道信号共用一个接收机，余隙信号的形式应与航道信号的形式相同，即都是 CSB 和 SBO 信号，但这就必然带来余隙信号对航道信号的干扰。为了尽量减小这种干扰的影响，采取了不同的余隙信号发射方式。实际中有两种形式余隙信号得到较多应用，即双频余隙和正交余隙。

1）双频余隙

双频余隙是指利用两个不同的载波频率分别发射航道信号和余隙信号。可想而知，两者的载波频率相差越大，余隙信号对航道信号的干扰影响也就越小。但同时，为了使航向、余隙共用一个机载接收机，还应该使航道和余隙信号频率均在机载接收机的频带之内（约±25kHz）。因此，二者载频相差又不能过大。一般将这个频差定在 10kHz 左右，这可以通过使二者的载频分别相对于所选波道的标称频率偏移±5kHz 左右来实现。这样做的结果是，即使在航道扇区存在余隙信号，也只是在解调出的导航音频信号上叠加一个差拍频率信号，该信号很容易被滤除。

美国 Wilcox 公司生产的 MARK2 型航向信标是一种典型的双频余隙系统，其航道、余隙的射频频差为 9.5kHz，航道射频频率相对于标称频率高 4.75kHz，余隙射频频率相对于标称频率低 4.75kHz，并且余隙信号的发射功率比航道信号低 10dB。发射余隙信号的航向信标必须采用宽口径天线，MARK2 型航向信标的宽口径航向天线阵由 14 副对数周期振子单元天线阵构成。为了满足信号覆盖区要求，航向天线阵需要采取较为复杂的馈电方式。表 11-4 给出了 MARK2 型航向信标宽口径航向天线阵的馈电表，由表中可见，航道信号加到所有的单元天线上，而余隙信号只加到了中间 6 副单元天线上。

按照表 11-4 形成的辐射场型，其航道信号集中在了跑道中线延长线左右 10°的区域内，而余隙信号在左右 10°～35°区域内较之航道信号有较大辐射。由于 ILS 的机载设备总是响应强信号，抑制弱信号，因此当飞机位于余隙覆盖区时，余隙信号比航道信号强，机载接收机响应余隙信号，使指针位于满刻度的位置；而当飞机位于航道覆盖区时，虽然存在余隙信号，但航道信号比余隙信号大很多（超过 10dB），机载接收机响应航道信号，指针正常指示。这里有一点必须注意，双频余隙航向信标需要两部发射机，即航向发射机和余隙发射机，为了确保接收处理的有效性，二者的音频调制信号相位必须联锁，从而保证使机载接收机解调出来的 90Hz 和 150Hz 信号有效，否则，机载接收机将无法正常测量 DDM。对此原理，读者可参考相关研究文献加以分析。

表 11-4　MARK2 型航向信标宽口径航向天线阵馈电表

项　目			天　线													
			左 7	左 6	左 5	左 4	左 3	左 2	左 1	右 1	右 2	右 3	右 4	右 5	右 6	右 7
航道	CSB	幅度	0.060	0.060	0.212	0.212	0.394	0.394	1.000	1.000	0.394	0.394	0.212	0.212	0.060	0.060
		相位	0°	0°	0°	0°	0°	0°	0°	0°	0°	0°	0°	0°	0°	0°
	SBO	幅度	0.138	0.379	0.276	0.586	0.414	0.759	1.000	1.000	0.759	0.414	0.586	0.276	0.379	0.138
		相位	−90°	−90°	−90°	−90°	−90°	−90°	−90°	90°	90°	90°	90°	90°	90°	90°
余余隙	CSB	幅度					0.200		1.000	1.000		0.200				
		相位					0°		0°	0°		0°				
	SBO	幅度					0.139	0.133	1.000	1.000	0.133	0.139				
		相位					−90°	−90°	−90°	90°	90°	90°				

双频余隙形式的优点是余隙覆盖区大，航道方向性强。并且，由于采用了不同的射频频率，且机载接收机只响应较强的信号，因而余隙信号几乎不干扰航道信号，相应地，宽覆盖区内二次辐射体反射余隙信号的干扰影响也大大减小，从而有效地提高了航道的精度和稳定性。其缺点也是显而易见的，由于采用了双发射机，从而增加了信标的复杂性。

2）正交余隙

正交余隙是指用同一射频频率发射航道信号和余隙信号，但两者的载波和音频调制信号相位均正交（相差 90°）。这种发射余隙信号的方式最大限度地降低了余隙信号对航道信号的干扰。

国产某型航向信标就是典型的采用正交余隙的系统。其航道和余隙信号由同一振荡源产生，采用的宽口径航向天线阵由 12 副对数周期单元天线构成，航道 CSB 信号等幅同相地馈给各对单元天线，且其馈电幅度由内向外递减，航道 SBO 信号等幅反相地馈给中间 10 对单元天线，且左侧与 CSB 信号反相，右侧同相，幅度由内向外递减；余隙 CSB 信号等幅反相地馈给中间 4 对单元天线，且相邻单元天线的馈电相位相反，幅度按一大一小的规律馈电，余隙 SBO 信号等幅同相馈给中间 6 对单元天线，且幅度递减，从而获得比较理想的天线方向图。

同双频余隙系统一样，正交余隙系统也有较好的抗余隙干扰的能力，但余隙干扰的结果使航道信号不再是简单的调幅信号，而是复杂的调幅调相信号，此信号的 DDM 值比没有余隙干扰时的 DDM 值略有下降，从而造成航道扇区略有展宽。这点，可通过理论分析得出结论。

综合起来看，正交余隙系统的抗干扰能力不如双频余隙系统，且为了保证余隙信号在窄航道区无辐射，馈线系统也相对复杂。但同双频余隙相比，正交余隙系统的优点在于机载接收机电路比较简单，它无须判断航道信号或余隙信号的强弱，这点对系统特别有利。

11.2.4　下滑角测量

下滑天线由位于距地面不同高度上的两组或三组线阵天线构成（每组线阵天线要形成满足水平覆盖扇区要求的方向图），安装在约 10m 高的铁塔上。对于采用两副线阵天线的零基准下滑天线来说，下天线架高为 $h=\lambda/(4\sin\theta_0)$，当下滑角 θ_0 为 3° 时，天线架高约为 4.5m；上天线高为 $2h$。零基准下滑天线的外形如图 11-13 所示。

图 11-13　零基准下滑天线外形

同航向道的形成方法类似，下滑信标也是通过辐射 CSB 和 SBO 信号来提供下滑道的。所不同的是，航向信标通过给以跑道中线为对称中心的左右对称振子对称馈电来形成 CSB、SBO 信号辐射场型，而下滑信标则利用天线的镜像原理，依靠地面反射，通过选择天线高度来形成 CSB、SBO 信号辐射场型。

所谓天线镜像原理是指地面对电波的反射系数大约为 0.94（干沙土）～1.0（海水），当场地较为均匀平坦时，可将地面假设为一个无穷大的均匀导电平面，则地面对电波的反射可以用一个假想的镜像天线来代替。这样，原天线就与镜像天线构成了一对辐射单元，这对辐射单元以地面为对称中心安装，并且镜像天线相当于馈以与原天线相位相反的电信号。很显然，这对天线的间距取决于天线的架高，高度越高，间距越大，在地面上形成的天线场型第一波瓣就相对越低。对于零基准下滑天线而言，上天线架高是下天线的两倍，如果给上天线馈送 SBO 信号，下天线馈送 CSB 信号，则所形成的方向图中，CSB 信号的第一波瓣恰好位于 SBO 信号的第一和第二波瓣之间，这就形成了与航向天线在水平面内辐射场型相同的形式。采用与航向信号同样的分析方法，图 11-14 所示为下滑天线的辐射场型和空间信号合成情况，在这里，SBO 信号第一和第二波瓣载波相位是相反的。

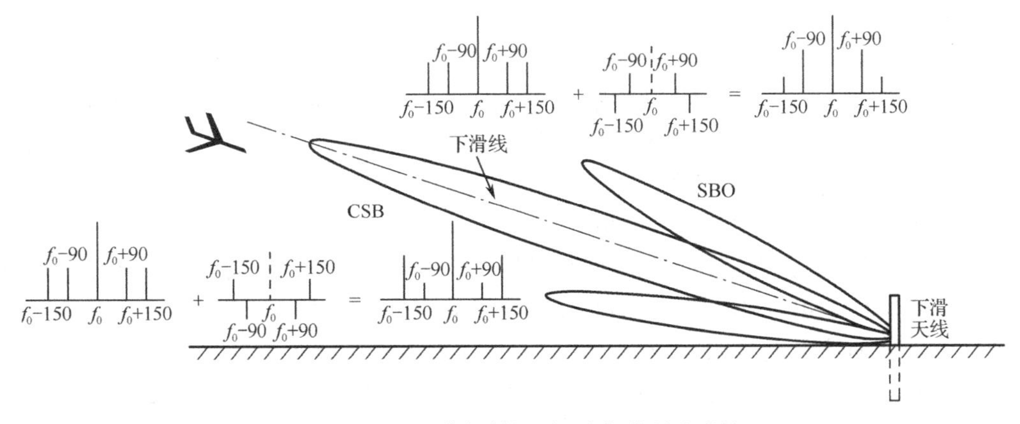

图 11-14　下滑天线辐射场型及空间信号合成情况

由图 11-14 可见，下滑俯仰角的测量是以下滑线为基准线的。下滑线与跑道平面的夹角为下滑角，该下滑角是根据飞机着陆需要确定的，范围一般为 2.5°～3.5°，一旦下滑信标安装架设完毕，下滑角也就确定不变了。如果飞机位于下滑线（或下滑面）上时，机载接收机得到的 90Hz 和 150Hz 导航音频信号的幅值相等，双针指示器的下滑指针（水平指针）指中心位置；当飞机位于下滑线上方时，此时 90Hz 导航音频信号占据优势，下滑指针将下指；反之，150Hz 导航音频信号占据优势，指针将上指。

同理，系统规定了由下滑信号所提供的 DDM 为零的空间点几何图形称为下滑面（或下滑道）；由下滑信号所提供的 DDM 为±0.175 的边界所限定的区域为下滑比例引导扇区，扇区宽度在（0.35～1.4）θ_0 范围内（θ_0 为下滑角）。下滑线就是航向面与下滑面的交线。

由于下滑信标是借助于地面反射来形成下滑道的，因此下滑天线附近的场地条件在很大程度上决定了下滑道的质量。前面提到的零基准天线虽然结构简单、信号稳定，但其缺点是对场地要求非常苛刻，它要求在下滑天线前方约 800m 的范围内地形开阔平坦，无大的山坡、土丘、高大建筑物等大型障碍物，这在多数场合下难以保证。造成这种情况的主要原因是零基准下滑天线在低角度上有较强的信号辐射，因而会因地物引起较大信号反射，导致下滑道变形、抖动。为了抗各种地形干扰的影响，就产生出了其他不同的下滑天线形式。

1）边带基准下滑天线

边带基准下滑天线是为了克服零基准下滑天线的弱点而设计的，其主要意图是适当提高靠近地面的第一个波瓣最大值的仰角，以降低贴近地面的辐射能量和对场地的要求。这种天线形式能克服在 800m 之内某些地形反射造成的影响，比较适合于下滑天线前方平整地面较短，且有下坡或低洼地段，而远场地相对平整理想的情况。

边带基准下滑天线相对零基准下滑天线而言降低了天线高度。边带基准下滑天线的下天线高度 h_2 为零基准下滑天线的下天线高度 H_2 的一半，即 $h_2=H_2/2$，上天线高度 h_1 为零基准下滑天线的上天线高度 H_1 的 3/4 倍，由于 $H_2=2h_2$，所以 $h_1=3H_1/4=3\times2H_2/4=3H_2/2=3h_2$，即边带基准下滑天线的上天线高度 h_1 是下天线高度 h_2 的三倍；第二是改变了馈电方式，即下天线除馈送 CSB 信号外，还馈送 SBO 信号，上天线仅馈送 SBO 信号，而且上天线和下天线馈送的 SBO 信号相位相反，两天线辐射的边带信号在空间合成的场型由两天线的方向图叠加而定。

图 11-15 是以直角坐标形式给出的方向图叠加示意图，其横轴为角度，纵轴为信号强度。从图 11-15 中可见，由于下天线高度是零基准下天线高度的一半，所以下天线方向图的波瓣宽是零基准的二倍，第一个零点出现在 $\theta=4\theta_0$ 处。又由于上天线高是下天线高的三倍，所以在一个天线波瓣内正好含有三个上天线波瓣，其正、负号表示信号电相位。

上下天线合成的 SBO 信号方向图在每个 $4\theta_0$ 角度范围内呈现一个宽主瓣（$2\theta_0$ 宽）、两边各伴随一个小旁瓣（θ_0 宽）的“山”字形，且主瓣的最大值分别出现在 $\theta=2\theta_0$、$6\theta_0$、$10\theta_0\cdots$，每个波瓣对应的信号相位如图 11-15 所示，正号表示 0°，负号表示 180°（或反相），第一个零点仍出现在 $\theta=\theta_0$ 处。因为下天线还馈送 CSB 信号，它靠近地面的第一个波瓣的最大值位置和合成的 SBO 信号方向图主瓣最大值相同。

从图 11-15 看出，边带基准下滑天线辐射的下滑信号具有以下特点：在下滑角 θ_0 以下辐射的信号（SBO 和 CSB）强度均明显降低了，特别是 SBO 信号由于采用上下天线发射，合成场型使贴近地面的信号能量明显减小，这就降低了对天线架设场地的要求，缩小了场地平整范围；另外，由于最靠近地面的主瓣最大值仰角为 $\theta=2\theta_0$，所以对天线前面地物高限的要求也放宽了。

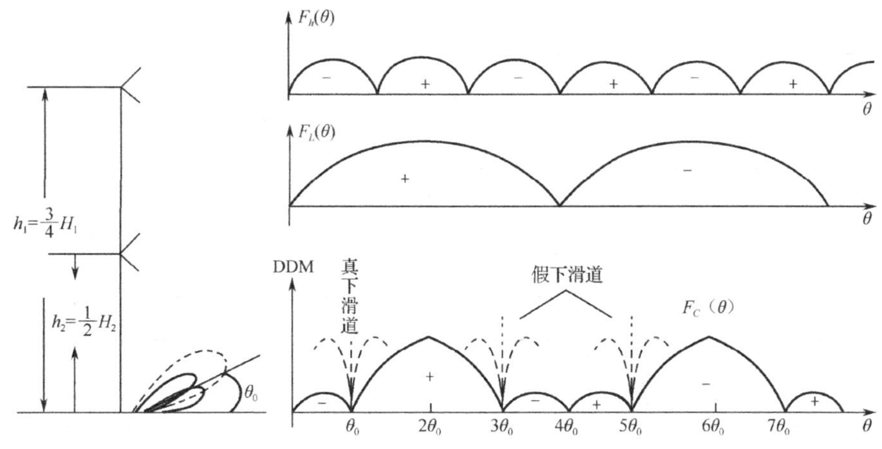

图 11-15　边带基准天线方向示意图

边带基准下滑天线也存在不足之处，其一是它提供的下滑道不如零基准下滑天线稳定，这是因为它的 SBO 信号是两天线辐射合成的，馈线系统增加了分配网络；其二是由于降低了天线高度，虽然使地面反射区纵向尺寸缩小，但对该区地面的要求提高了，必要时要铺地网。

从图 11-15 还可以看到，边带基准下滑天线辐射的下滑信号存在着假下滑道的问题，这在采用零基准下滑天线情况下同样也存在，如 $\theta=3\theta_0$，$\theta=5\theta_0$……处。这些假下滑道通常是可以排除的，原因一方面是它们所提供的偏移指示与真下滑道相反，另一方面其所在位置 $3\theta_0$ 都在高于三倍下滑角的仰角处，飞行人员较容易判别出来。

2）捕获效应下滑天线（又称 M 型下滑天线）

捕获效应下滑天线与前面讨论过的两种下滑天线相比最大的区别是改由上、中、下三组天线构成，且采用了更复杂的馈电方式。这种天线适合于天线附近有较大的平整场地，但远场地形比较复杂的情况。

捕获效应下滑天线的下天线和中天线离地高度分别和零基准下滑天线的下、上天线相同，而上天线的高度为下天线高度的 3 倍（见图 11-16），即 $H_{ML}=H_2$、$H_{MM}=H_1=2H_2$、$H_{Mh}=3H_{ML}=3H_2$。该天线的 SBO 信号由上、中、下天线辐射，CSB 信号由中、下天线辐射，其 CSB、SBO 信号合成场如图 11-16 所示，表 11-5 给出了各天线的馈电情况。由图 11-16 可见，调制度差 DDM 随仰角的变化在 θ_0 附近的工作扇区内符合系统规范要求，而在 $3\theta_0$ 或 $6\theta_0$ 处也满足 DDM=0，但这是假下滑道，一般容易识别。从 SBO 和 CSB 合成场型中可以看出，捕获效应下滑天线进一步调整了在下滑角 θ_0 以下的低仰角信号场型，从而进一步降低了对场地的要求，适合于远场比较复杂的地形。但因为这种下滑信标的天线相对比较复杂，因而需要一个更为复杂的馈电网络，这样可能导致所提供的下滑信号稳定性变差。

表 11-5　捕获效应下滑天线馈电表

馈送天线信号			参　数		
			载　频 （+）	边　频 （$f\pm90$）	边　频 （$f\pm150$）
下天线	$U_{gCSB}(t)$	幅度	1.0	0.4	0.4
		相位	0°	0°	0°
	$U_{gSBO}(t)$	幅度	0	0.071	0.071
		相位		0°	180°

续表

馈送天线信号			参数		
			载频（+）	边频（f±90）	边频（f±150）
中天线	$U_{gCSB}(t)$	幅度	0.5	0.2	0.2
		相位	180°	180°	180°
	$U_{gSBO}(t)$	幅度		0.142	0.142
		相位		180°	0°
上天线	$U_{gSBO}(t)$	幅度		0.071	0.071
		相位		0°	180°

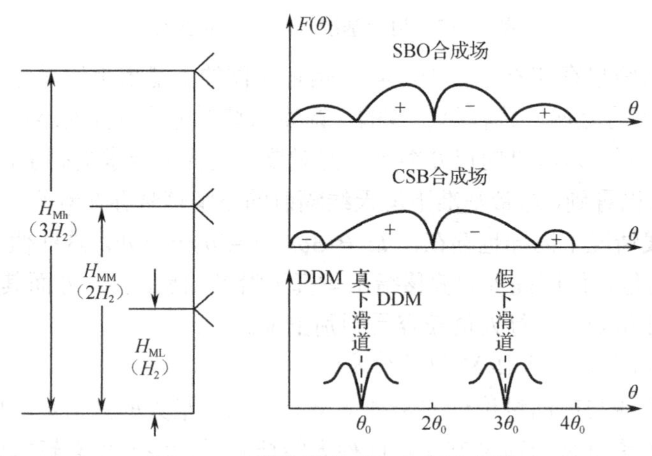

图 11-16 捕获效应天线方向示意图

下滑信号也分下滑道信号和下滑余隙信号两种，下滑余隙信号通常在采用捕获效应下滑天线时使用，以弥补仰角覆盖范围的不足。

下滑天线要求安装在跑道着陆端一侧，距跑道中线 75～200m，这是因为下滑天线有时高达 13.5m（捕获效应下滑天线），应尽量远离跑道，以避免对着陆飞机构成威胁。下滑天线是依靠上、下或上、中、下多组天线共同辐射信号，在空中合成为着陆飞机提供下滑引导信息的。由于在远离下滑天线的位置处，几组天线可视为一点，它们辐射的信号在接收点可视为有相同的相位延迟，即各个信号的相位关系保持馈送至每组天线时的情况，机载接收机能正确获取下滑信息。但当飞机趋近下滑天线时，其上下天线之间的间距就变得越来越不能忽视，换言之各组天线辐射信号到达接收点时的相位延迟就不再保持一致，其相位差甚至可能达到 360°，此时机载接收机是无法正确获取引导信息的。所以，必须采取适当的措施加以改进。解决的办法就是以跑道中线上飞机着陆点为圆心，在天线塔上形成一个圆弧，把各组下滑天线配置在这个圆弧上，如图 11-17 所示。这样，从靠近天线塔的着陆飞机上看，各组天线辐射信号间因路径差引起的相差基本消除，而又不影响远区场对下滑信息的接收，从而获得直到跑道端口的正确引导。

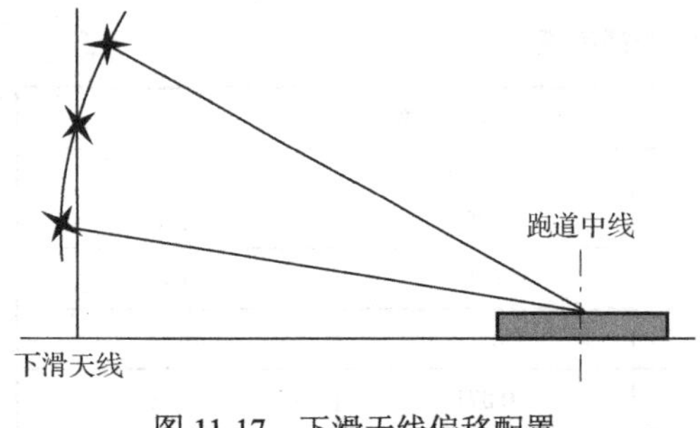

图 11-17 下滑天线偏移配置

11.3　系统技术实现

11.3.1　地面设备

米波仪表着陆系统地面设备由航向信标、下滑信标和指点信标组成。图 11-18 给出了美制 MARK10 型航向/下滑信标主机外形图。

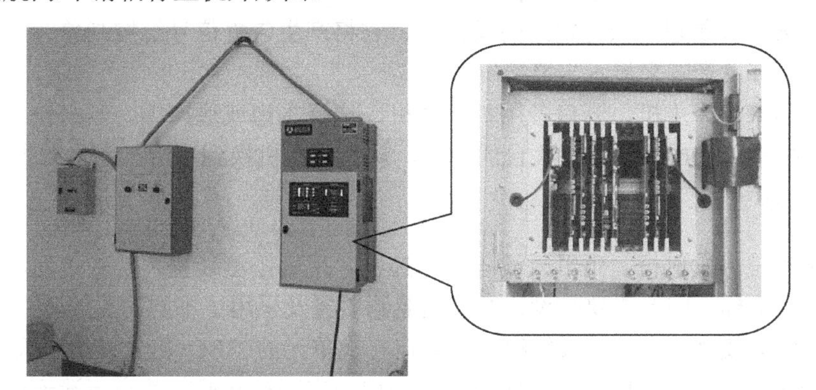

图 11-18　MARK10 型航向/下滑信标主机外形图

1. 航向信标

航向信标由发射机、航向天线阵、监控器和控制单元等组成，如图 11-19 所示。

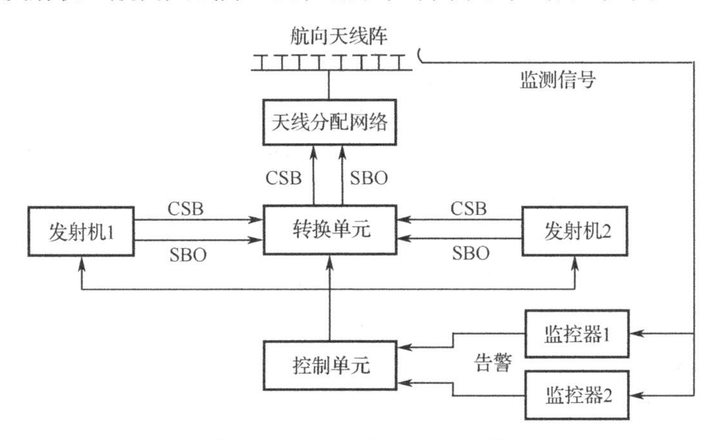

图 11-19　航向信标组成框图

发射机是航向信标的射频信号源，它产生所需要的 CSB 和 SBO 信号，其内部组成如图 11-8 所示。发射机为双套制，可任选一个为主用，另一个为备用。发射机 1 和发射机 2 产生的 CSB 和 SBO 信号都送到转换单元，取一路信号送到天线。在一般情况下，如果发射机 1 为主用，则转换单元将发射机 1 产生的 CSB 和 SBO 信号馈给天线，发射机 2 为备用。如果需要在发射机 1 上进行维护工作，也可以通过控制单元开启发射机 2，这时转换单元将发射机 1 产生的信号馈给假负载。转换单元是将发射机 1 还是将发射机 2 产生的信号馈给天线，取决于来自控制单元的信号。转换单元中装有通过式功率计，可以测量 CSB 和 SBO 信号的输出功率，并由面板的电表指示出来。

来自转换单元的 CSB 和 SBO 信号，从机房通过约有 60m 长的低损耗电缆，输出到天线阵的分配网络，该网络按照要求的 CSB 和 SBO 场型，以一定的相位和幅度把射频能量馈给每一对天线，从而得到理想的空间发射场。航向天线阵有宽口径和窄口径之分，单元天线通常采用对数周期天线，它具有良好的前后辐射比、相互干扰小、天线高度低等优点。在每个发射天线单元中都有一个监测信号耦合环，对发射信号进行取样。来自每个天线的监测取样信号经过合成产生航道和宽度检测信号，并把它送到监控器。

监控器也是双套制，两个监控器同时监视正在发射的航向发射机，对检测信号进行逐个性能分析，当某个参数超出预先置定的阈值时，它将产生告警信号给控制单元，并在监控器的面板上以告警灯及音响来显示告警情况。

控制单元用来选择主机，开启备用机、关机、选择本地或遥控等。当来自监控器的告警信号到达时，控制单元产生转换或关台的控制，从而使主机换到备用机或将双机关闭。

2．下滑信标

下滑信标也是由发射机、下滑天线阵、监控器、近场监测装置、控制单元、转换单元等组成的，与航向信标不同的主要是设计有近场监测装置及采用了不同的天线阵。

零基准下滑天线阵由上、下天线组成，来自转换单元的 SBO 信号馈给上天线，而 CSB 信号馈给下天线，从而得到应有的辐射场。在采用边带基准和捕获效应下滑天线情况下，转换单元的输出要经过一个相位和幅度控制单元（APCU）再到天线，APCU 的作用和航向的天线分配网络相似，按一定的相位和幅度关系将 CSB 和 SBO 信号馈给上、中、下或上、下天线，以形成需要的场型。

3．指点信标

某型指点信标的外形及组成框图如图 11-20、图 11-21 所示。指点信标通常由甲机、乙机及交换组合三部分构成，其中甲机（或乙机）又由发射组合和电源组合等组成。

发射组合中包括射频部分、音频部分和键控调制部分，电源组合中包括监控电路及电源电路。同轴继电器安装在发射机后架上，甲机（或乙机）发射组合的输出经同轴继电器以及射频衰减器输出到天线上去。至于同轴继电器是接通甲机信号还是接通乙机信号，由交换组合中的双机自动转换电路控制。监测天线安装在发射天线上，用来接收天线发射的信号。监测天线将接收到的信号送回电源组合中的监控电路，监控电路依据检测结果产生控制信号，控制交换组合中的双机自动转换电路和告警电路。还可通过遥控器远距离操作控制指点信标工作。

图 11-20　指点信标外形

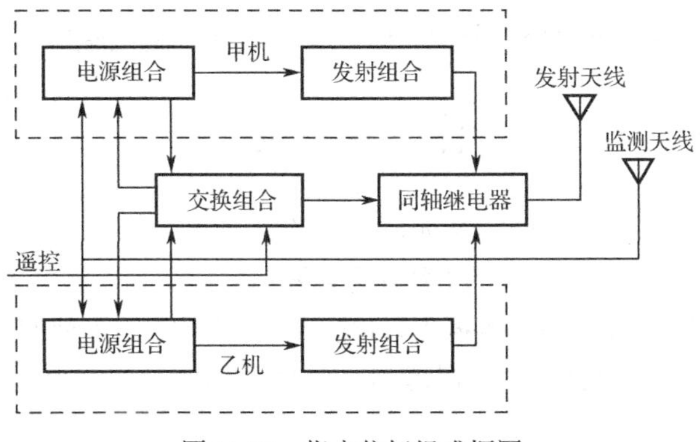

图 11-21　指点信标组成框图

11.3.2　机载设备

ILS 属于主动式无线电导航系统，即由地面信标发射信号，经机载设备接收处理后，通过指示器指示飞行员操纵飞机沿预定下滑线着陆。对应地面设备，飞机上有航向、下滑、指点信标接收机三种机载设备。图 11-22 是一种航向/下滑接收机外形图，包括接收机主机、天线及控制盒。

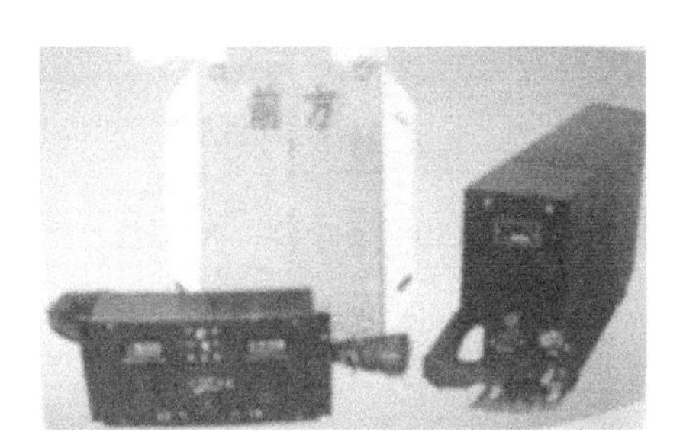

图 11-22　航向/下滑接收机外形图

机载航向接收机和下滑接收机分别接收的是航向/下滑信标发射的 CSB 与 SBO 合成信号，合成信号都是典型的双音频复合调幅信号，而两单音（150Hz 和 90Hz）的调制度差 DDM 值分别包含了着陆飞机的航向信息和下滑信息，并分别通过航向和下滑指示器予以指示。图 11-23 所示为航向/下滑接收机的原理框图。机上航向、下滑接收机指示器通常组合在一起，以十字双针指示器的形式指示飞行方向。当飞机位于航道右侧时（相对于飞行员而言），150Hz 信号占优势，B 点电位高于 A 点电位，航向指针左指；同理，左侧时 90Hz 信号占优势，指针右指。下滑指针则根据位于下滑道上方或下方而下指或上指。

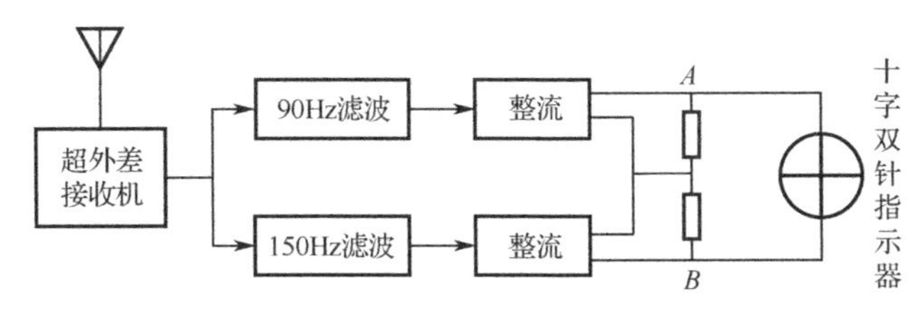

图 11-23　航向/下滑接收机原理框图

指点信标接收机接收指点信标发射的含有识别信息的超高频（75MHz）信号，通过灯光和音响指示飞机飞越信标台上空。外、中、内指点信标调制音频、编码及灯光指示情况不同，越接近跑道调制音频越高，音响变得急促，给飞行员造成一种飞临跑道的紧迫感。

作 业 题

1．飞机着陆引导系统的引导能力是如何划分的？

2．我国现行的进近着陆引导有哪些类型的系统？它们的引导能力如何？

3．什么是仪表着陆系统的基准数据点？I类着陆在基准数据点处的误差允许是多少？

4．米波仪表着陆系统的航道和下滑道信号是怎样形成的？航道余隙信号的主要作用是什么？

5．简述飞机使用米波仪表着陆系统的工作过程。

6．为什么需要三种类型的下滑天线？比较它们的优缺点并说明用途。

第12章　分米波仪表着陆系统

12.1　概　　述

分米波仪表着陆系统是俄罗斯体制的仪表着陆系统，是苏联于 20 世纪 50 年代研制成功的，专门用于对军用飞机进行着陆引导的一种无线电导航系统，也是第 7 章提到的勒斯波恩系统的重要组成部分之一。与国际上通用的米波仪表着陆系统（ILS）相比，该系统尽管也通过航向信标、下滑信标和测距设备为飞机提供方位、俯仰及距离指示信息，引导飞机进场着陆，但由于其工作在分米波频段，因而其天线尺寸及辐射信号格式等都与米波仪表着陆系统有很大差别。该系统可作为Ⅰ类或Ⅱ类着陆系统使用，装有配套机载设备的飞机能以人工、半自动和自动三种方式完成进场着陆。

12.1.1　系统组成、功能与配置

俄制分米波仪表着陆系统也是由地面设备和机载设备两大部分组成的。地面设备包括航向信标、下滑信标和测距应答器，航向信标和测距应答器及其附属设备构成航向台，下滑信标及附属设备构成下滑台。

航向信标用以产生一个垂直于跑道平面且通过跑道中线延长线的航向面，给进场着陆的飞机提供水平修正指示信息；测距应答器为飞机提供距跑道端口的距离指示数据；下滑信标用来产生一个与跑道平面成一定角度的下滑面，给进场着陆的飞机提供铅垂面内的修正指示信息。所谓航向面和下滑面，都是通过保持机载设备接收信号的某一电参量为恒定值给出的。

分米波仪表着陆系统地面设备的机场配置情况如图 12-1 所示。航向台配置在跑道次着陆端，航向天线阵距次着陆端端口 200～600m；下滑台配置在跑道着陆端一侧，下滑天线距跑道端口 200～400m，距跑道中线 120～180m。

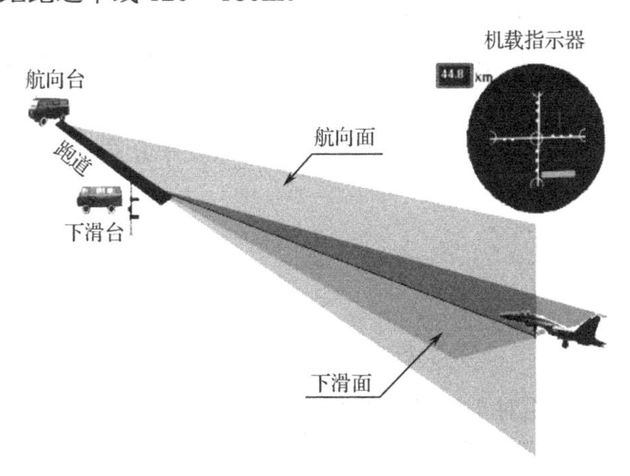

图 12-1　分米波仪表着陆系统地面设备的机场配置情况

12.1.2 系统应用和发展

分米波仪表着陆系统是俄罗斯体制军用标准导航系统，其用途如同米波仪表着陆系统一样，可引导飞机在复杂气象条件下安全进场着陆。作为军用标准系统，分米波仪表着陆系统主要服务于苏27、苏30等俄式战机，其设计理念是具有机动能力，并且与俄式战机的航路导航系统综合在一起，具有很强的军用导航特色。目前，该系统主要在俄罗斯和引进俄式战机的有关国家使用。

我国引进的分米波仪表着陆系统因其设计生产年代较早，所以其采用的电子技术相对落后，多为电子管真空器件和大功率电子元器件。目前，我国已采用新的电子技术改造引进系统装备，使系统性能得到提升，满足了俄式战机导航保障需求。

12.1.3 系统性能及特点

1．系统性能

1）工作频率和波道划分

分米波仪表着陆系统与俄制近程导航系统工作在同一 L 波段。其航向、下滑信标和测距应答器均设置有40个波道，波道划分采用频、码组合方式。其中，航向信标发射频率为905.1～932.4MHz，对应1～40号波道，波道间隔0.7MHz；下滑信标发射频率为939.6～966.9MHz，对应1～40号波道，波道间隔0.7MHz；测距应答器发射频率为939.6～966.9MHz，对应1～40号波道，波道间隔0.7MHz。值得注意的是，测距应答器波道从1号波道开始，每相邻四个波道为一组，在每组中按顺序对应指配编码序号1，2，3，4，如波道分组为1～4、5～8、9～12……，其中1号、5号、9号波道……，其编码按1号编码参数执行，4号、8号、12号……，其编码按4号编码参数执行。总之，编码序号随波道序号的顺序增长，每四个一循环。

机载测距询问器发射频率为772～808MHz，工作波道的划分也采用频、码组合方式，但具体划分方法和地面测距应答器发射信号的有所不同。从772MHz开始，每间隔4MHz作为一个频分点频，到808MHz按序分为10个频点。波道序号1到40中，按开头顺序每相邻四个一组，在每组中按顺序对应指配编码序号1，2，3，4。如此分为按顺序排列的10组，每组按序共用一个点频，如第一组波道序号为1、2、3、4，编码序号为1、2、3、4，共用点频772MHz；第二组波道序号为5、6、7、8，编码序号为1、2、3、4，共用点频776MHz；其余类推到第40号波道。

上述各个波道的频率计算方法，与俄制近程导航系统中介绍的相同。

2）系统工作区

作用距离：

航向：45km。

下滑：18km。

测距：50km。

作用扇区：水平±15°（相对于跑道中线延长线）。

垂直：0.85°～7°（相对于水平面）。

航向比例引导扇区宽度：3°～6°可调。

下滑角调整范围：2°～4°。

3）系统精度

测角误差：航向角≤0.03°，下滑角≤0.02°。

测距误差：<±250m。

2．系统特点

分米波仪表着陆系统作为俄罗斯军用标准导航系统，工作于 L 波段，与国际标准的米波仪表着陆系统（ILS）相比，其最显著的特点是地面设备的天线尺寸大大缩小，这就为地面设备的机动运输和快速开通架设创造了条件，满足了军用导航的机动性要求。该系统的另一重要特点是采用了矩形脉冲测距设备，不但具有提供连续距离数据的能力，而且其测距精度也较高，可以满足飞机全自动着陆引导要求。此外，因工作频段的提高，天线尺寸减小，辐射场型对场地条件的要求也有所降低。

分米波仪表着陆系统作为一种新的着陆体制标准，因其所具有的特点使其极为适合于军事用途，并且还具有为无人机等进行导航的潜在应用能力。

12.2　系统工作原理

着陆引导系统的作用就是为进场着陆的飞机提供相对跑道中线的方位角信息、相对跑道平面的下滑角信息和距跑道端口的距离指示信息，因而其本质都是测角、测距系统。分米波仪表着陆系统也采用了询问/回答式脉冲测距原理，这里就不再赘述。下面主要介绍其测角原理。

仪表着陆系统需要测量的角度，实际上都是相对的角度，如航向台提供的方位角是以跑道中线延长线为基准的，下滑台提供的俯仰角则是以跑道平面（或水平面）为基准的。正如在 ILS 一章中提到的，作为模拟系统这种相对角度的测量通常是采用振幅式测角原理来实现的。在 ILS 中采用的是比较 90Hz 和 150Hz 两个导航音频信号幅值的方式，而分米波仪表着陆系统采用的是比较 1300Hz、2100Hz 两个视频脉冲序列幅值的方式，属于振幅式 E 型比值测角方法。

在导航原理里我们知道，利用两个交叠的方向图，在方向图交点处令两个波束辐射的信号强度相等，则通过交点与电台连线所构成的方位径线即可标识出用户所在方向。但在实际中，实现要求的交叠方向图往往比较困难，所以 ILS 采用的是振幅式 M 型比值测角方法，即通过建立调制度等效交叠方向图形式实现幅值比较式测向。对于分米波仪表着陆系统，它所实现的振幅式 E 型比值法测角，是利用具有两种重复频率的射频脉冲序列，通过类似于 ILS 的天线辐射场型在系统作用区域辐射脉冲序列信号，以比较两射频脉冲序列幅值的形式来提供方位角或俯仰角信息。

12.2.1　信号格式

要利用射频脉冲序列进行幅值比较进行测角，必须首先建立符合要求的信号格式。

1．导航音频

导航音频是按 12.5Hz 频率交替出现的以 1300Hz 与 2100Hz 为基频的脉冲信号。

2．Σ、Δ 信号

Σ、Δ 信号是分米波仪表着陆系统特定的两种导航信号，其实质都是由导航音频信号联合调制的高频信号。我们给出两种信号的数学表达形式：

设：

$$K_1(t)=\begin{cases}1 & nT\leqslant t<nT+(7/16)T\\ 0 & nT+(7/16)T\leqslant t\leqslant(n+1)T\end{cases}\qquad T=80\text{ms}，n=0,1,2,\cdots$$

$$K_2(t)=K_1(t+T/2)$$

$K_1(t)$和 $K_2(t)$的波形如图 12-2 所示。

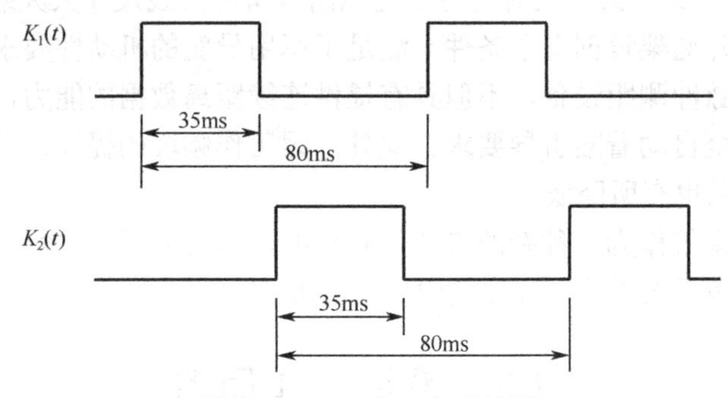

图 12-2　$K_1(t)$和 $K_2(t)$的波形

又设：

$$K(2\pi Ft)=\begin{cases}1 & nT\leqslant t<nT+(1/2)T\\ 0 & nT+(1/2)T\leqslant t\leqslant(n+1)T\end{cases}\qquad T=1/F，n=0,1,2,\cdots$$

则 Σ、$\varDelta$ 信号的数学表达式为：

$$U_\Sigma(t)=U_{\text{m1}}[K(2\pi F_1t)\times K_1(t)+K(2\pi F_2t)\times K_2(t)]\cos2\pi ft$$

$$U_\varDelta(t)=U_{\text{m2}}[K(2\pi F_1t)\times K_1(t)-K(2\pi F_2t)\times K_2(t)]\cos2\pi ft$$

式中，F_1=2100Hz，F_2=1300Hz，f 为载频。Σ、$\varDelta$ 信号的波形如图 12-3 所示。

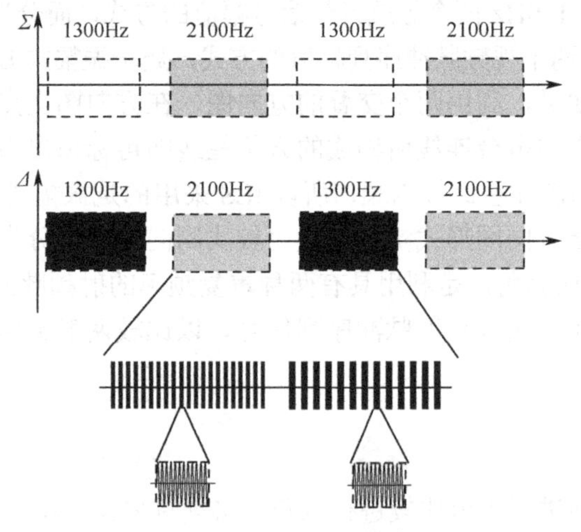

图 12-3　Σ、$\varDelta$ 信号的波形

值得一提的是，Σ、$\varDelta$ 信号的显著差别是，两种信号中由 1300Hz 导航音频调制的高频信号相位相反，在图 12-3 中以黑、白颜色表示。这种信号格式的显著优点就是两种导航信号可以源自一部发射机，其中的一种信号可由另一种信号经过一个简单的换相器便捷实现，从而减少了航向和下滑信标发射机的种类与数量。

与米波仪表着陆系统相似，分米波仪表着陆系统角度测量也采用阵列天线，通过辐射特定场型的导航信号，在着陆空域进行导航音频信号占优比较，以指针偏移形式给出飞机偏离航向道或下滑道程度指示。

12.2.2　测角原理

1．航向方位角测量

航向天线是由 10 副蝶形振子单元天线构成的阵列天线，按一字形排列，其外形如图 12-4 所示。

图 12-4　航向天线外形

为得到系统所要求的辐射场型，航向天线需要在跑道次着陆端以跑道中线延长线为对称中心安装架设，并且各单元天线要求按如下方式馈电：Σ 信号以等幅同相方式馈给左右对称单元；Δ 信号以等幅反相方式馈给左右对称单元。

航向天线在水平面上辐射 Σ、Δ 信号的主瓣方向图如图 12-5 所示。其中 Σ 信号辐射波瓣的最大值位于跑道中线上，两个 Δ 信号辐射波瓣的最大值位于跑道中线两侧，两波瓣所夹零值方向也位于跑道中线上。Σ 与 Δ 信号在空间叠加的结果，在着陆方向（面向航向天线）跑道中线的左侧 2100Hz 导航音频调制的射频脉冲幅度大于 1300Hz 导航音频调制的射频脉冲幅度，而右侧则是 1300Hz 调制的射频脉冲幅度占优势（见图 12-5 合成信号波形图）。在跑道中线上 1300Hz 和 2100Hz 调制的射频脉冲幅度相等。

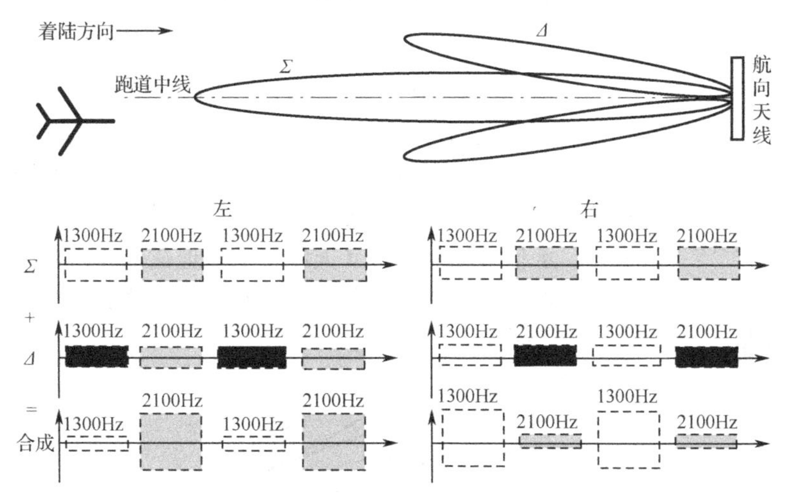

图 12-5　航向天线阵辐射场型

合成信号由机载设备接收，经检波器得到 1300Hz 和 2100Hz 合成视频脉冲信号，利用滤波器分别取出 1300Hz 和 2100Hz 信号的基波分量。定义可听度系数 $\mathrm{RDA}=\dfrac{U_1-U_2}{U_1+U_2}\times 100\%$，其中：$U_1$ 为 1300Hz 导航音频信号的基波振幅，U_2 为 2100Hz 导航音频信号的基波振幅。RDA 数值大小反映了两个导航音频幅值的差异程度，即反映了机载设备（或飞机）偏移跑道中线的程度。如果这个偏移的程度以角度来度量，则 RDA 就与所测航向方位角具有了一一对应的关系，即通过测量这个电参量 RDA，便可得到导航参量航向方位角度值。

系统规定，由航向信号所提供的 RDA 为零的空间点几何图形称为航向面（或航向道），理想情况下该航向面通过跑道中线且垂直于跑道平面；由航向信号所提供的 RDA 为±33.3%的边界所限定的区域称为航向比例引导扇区，其宽度通常以扇区两边界之夹角或在指定距离处的横向距离来表示，该扇区宽度一般为 3°～6°，如图 12-6 所示。

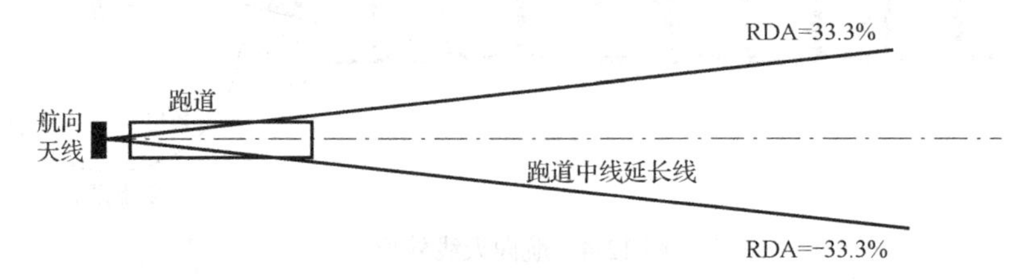

图 12-6　航向比例引导扇区示意图

在实际应用中，采用十字双针指示器指示着陆飞机偏移所测角度基准线的情况。对于航向方位角的测量，如果飞机位于航向面上，这时机载接收机得到的 1300Hz 和 2100Hz 导航音频信号的基波幅值相等，双针指示器的航向指针（垂直指针）指中心位置；当飞机位于着陆方向航向面的左侧时，此时 2100Hz 导航音频信号占据优势，航向指针将右指；反之，指针将左指。

2. 下滑俯仰角测量

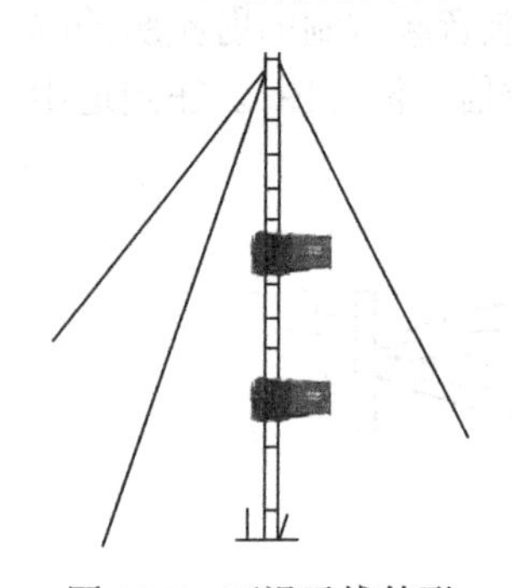

图 12-7　下滑天线外形

下滑天线由位于距地面不同高度上的两副喇叭形辐射器构成，安装在金属支架上。下天线架高为 $h=\lambda/(4\sin\theta)$，当下滑角 θ 为 3°时，下天线架高约为 1.5m，上天线高为 $2h$。下滑天线的外形如图 12-7 所示。

同航向道的形成方法类似，下滑信标也是通过辐射 Σ 和 Δ 信号来提供下滑道的，所不同的是航向信标通过给以跑道中线为对称中心的左右对称振子对称馈电来形成 Σ、Δ 信号辐射场型，而下滑信标则利用天线的镜像原理，依靠地面反射，通过选择天线高度来形成 Σ、Δ 信号辐射场型（天线镜像原理在米波仪表着陆系统一章中做了介绍）。图 12-8 示出了下滑天线的辐射场型情况。

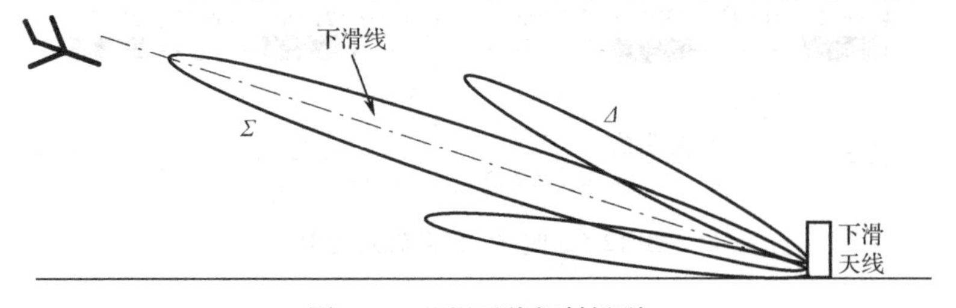

图 12-8　下滑天线辐射场型

如图 12-8 所示，下滑俯仰角的测量是以下滑线为基准线的。下滑线与跑道平面的夹角为下滑角，该下滑角是根据飞机着陆需要确定的，范围一般为 2.5°～3.5°，一旦下滑信标安装架设完毕，下滑角也就确定不变了。当飞机位于下滑线（或下滑面）上时，机载接收机得到的 1300Hz 和 2100Hz 导航音频信号的基波幅值相等，双针指示器的下滑指针（水平指针）指中心位置；当飞机位于下滑线上方时，此时 1300Hz 导航音频信号占据优势，下滑指针将下指；反之，指针将上指。

同理，系统规定了由下滑信号所提供的 RDA 为零的空间点几何图形称之为下滑面（或下滑道）；由下滑信号所提供的 RDA 为±33.3%的边界所限定的区域为下滑道比例引导扇区，通常这个扇区宽度在（0.35～1.4）θ_0 范围内（θ_0 为下滑角）。下滑线就是航向面与下滑面的交线。

12.3　系统技术实现

12.3.1　地面设备

1．航向信标

引进的车载式分米波航向信标外形如图 12-9 所示，其构成主要包括设备主机、天馈线系统、供电系统等，信标组成方框图如图 12-10 所示。其中发射机用于产生 1300/2100Hz 脉冲调制的射频信号，经射频输出系统馈送至天线；射频输出系统包括馈线系统及射频分配网络等；天线阵由十副蝶形振子构成，以对称中心左右振子成对馈电，其中 Δ 信号馈送至十副天线，而 Σ 信号馈送给 3、4、5、6、7、8 六副天线。

2．下滑信标

图 12-11 所示为下滑信标外形图。下滑信标和航向信标执行的任务虽然不同，但其组成框图大体上是一样的。它们之间主要的区别是：下滑信标工作于频率更高的频段；天线系统不相同，其天线由两副喇叭形辐射器构成，分别位于地面一定高度上，称为上、下天线；馈电方式有所区别，信标产生的 Σ、Δ 信号直接馈给上、下天线，而不需要天线分配网络。

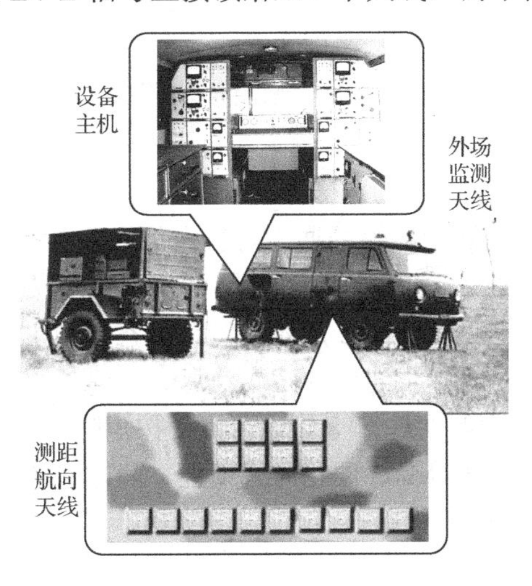

图 12-9　车载式分米波航向信标外形图

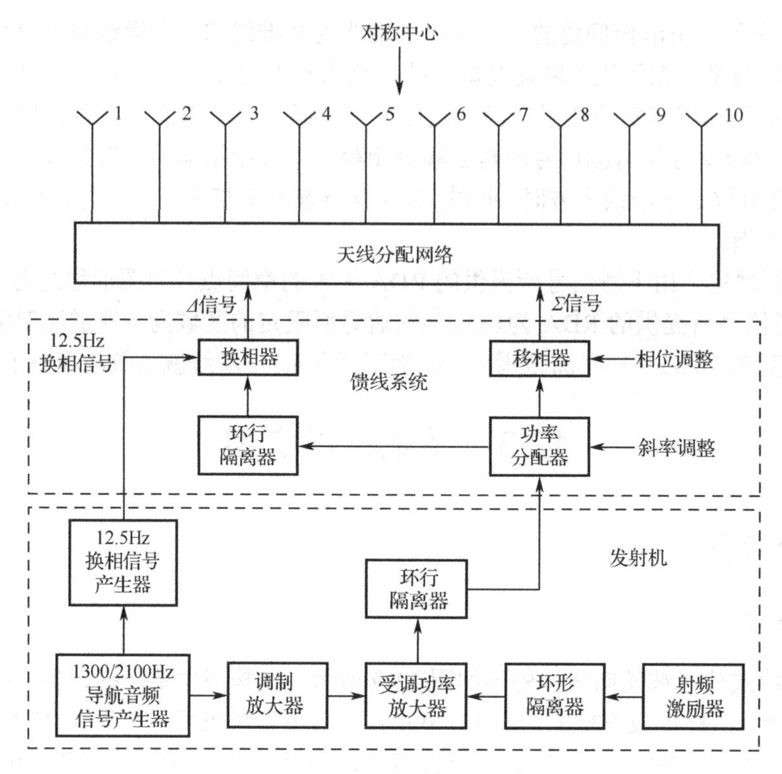

图 12-10　分米波航向信标组成方框图

图 12-11　下滑信标外形图

3. 测距应答器

分米波仪表着陆设备中的测距应答器通常与航向信标配置在一起，共同构成航向台。测距应答器由接收机、编/译码器、发射机、定向耦合器、功率分配器、射频传输系统及天线和控制系统等组成，其组成方框见图 12-12 所示。测距应答器与机载设备配合，采用询问/回答式双程脉冲测距原理为着陆飞机提供连续的距离信息。

测距应答器天线也采用了蝶形振子，8 副蝶形振子按矩阵式安装，其外形如图 12-13 所示。测距应答器天线阵各辐射振子按等幅、同相方式馈电，其方向图半功率波瓣宽度约 30°。

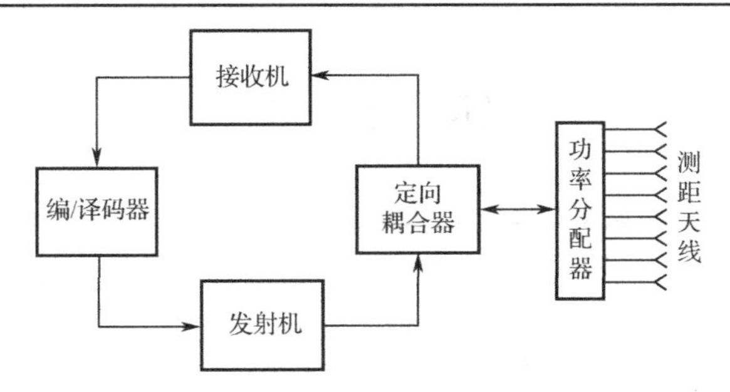

图 12-12　测距应答器组成方框图

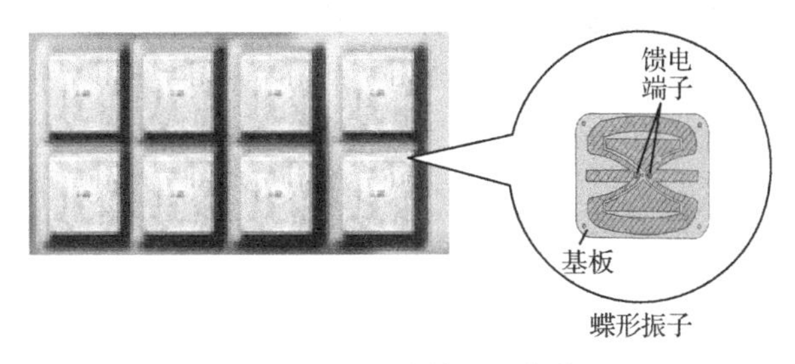

图 12-13　测距应答器天线外形

12.3.2　机载设备

在第 7 章俄制近程导航系统中已经提到，分米波仪表着陆系统是勒斯波恩系统的组成部分，其机载设备与俄制近程导航系统机载设备综合设计，其中距离测量部分完全共用，角度测量中航向方位角测量部分与近程导航定位的飞机方位角测量部分共用，而下滑俯仰角测量部分与距离测量部分共用了信道。由于方位角与俯仰角测量原理完全相同，图 12-14 所示为分米波仪表着陆系统机载设备方位角测量部分的原理方框图。

机载设备接收的航向信标信号经外差式接收机接收处理后，得到 1300Hz 和 2100Hz 视频脉冲序列，经 1300Hz 和 2100Hz 带通滤波器分选，并经整流放大后形成差动电压用于驱动十字双针指示器（其垂直指针为航向指针，水平指针为下滑指针）。当飞机位于跑道右侧时（相对于飞行员而言），1300Hz 信号占优势，航向指针左指；同理，位于左侧时，2100Hz 信号占优势，指针右指。下滑指针则根据位于下滑道上方或下方而下指或上指，据此指示飞行员操纵飞机沿预定下滑线进场着陆。机载设备产生的航向、下滑以及距离信息也可直接输出给飞控系统，用于控制飞机自动着陆。

由于距离部分的测量原理在俄制近程导航系统一章中进行了介绍，因此不再赘述。

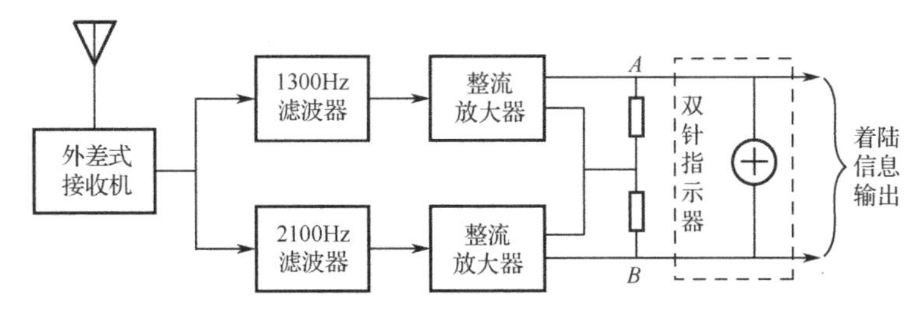

图 12-14　分米波仪表着陆系统机载设备原理方框图

作 业 题

1．说明分米波仪表着陆系统与米波仪表着陆系统组成与作用的异同点。

2．比较分析米波与分米波仪表着陆系统所采用的信号格式；阐述两种系统各自的测角原理。

3．分米波仪表着陆系统与米波仪表着陆系统相比有何优点？

4．分米波仪表着陆系统航向/下滑信标产生 Σ、Δ 信号的方法是什么？

5．分米波仪表着陆系统机载设备是如何区分下滑和测距应答信号的？

第 13 章 微波着陆系统

13.1 概　　述

微波着陆系统（Microwave Landing System，MLS）是一种新型的精密进场着陆引导系统，因其具有提供多种进近路径、对场地要求低、工作波道数多、受电磁干扰影响小等诸多优势，使其成为新一代高性能航空导航着陆引导系统。MLS 工作在微波频段，故而取名为微波着陆系统，它本质上是微波仪表着陆系统。

13.1.1 系统组成、功能与配置

MLS 由地面台组和相应的机载设备构成。地面台组有两种配套方式，一种称为基本配套方式，另一种称为扩展配套方式。基本配套方式包括角度引导系统和距离测量设备，角度引导系统又包括方位（Azimuth，AZ）台、仰角（Elevation，EL）台，距离测量设备为精密测距器（Precision Distance Measuring Equipment，PDME）系统应答器；扩展配套方式是在基本配套方式基础上有选择地扩展相应的设备和数据，主要是增设拉平（Flare elevation，FL）台和反方位（Backe Azimuth，BAZ）台（又称复飞方位台），并提供了跑道能见度和地面风速风向等与着陆有关的辅助数据字。全功能的 MLS 地面台组成如图 13-1 所示。

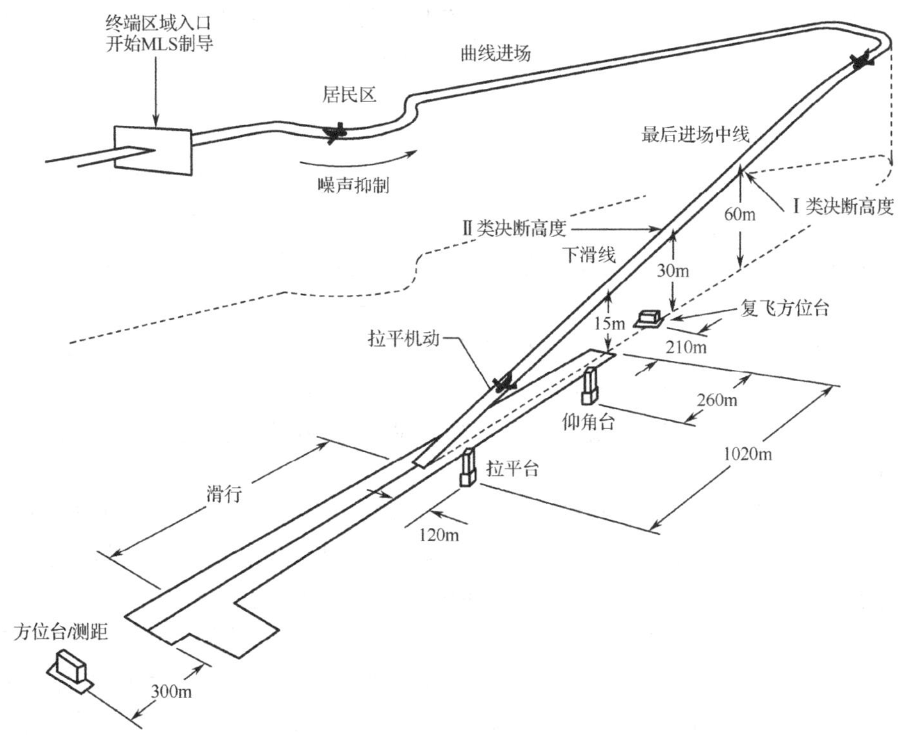

图 13-1　全功能的 MLS 地面台组成

MLS 机载设备包括两部分。一部分是方位、仰角和数据机载接收设备，用来完成航向和下滑角测量及数据的接收处理任务；另一部分是 PDME 系统的机载设备，用来实现距离的测量，给出距离指示。两部分工作在不同频段，组合使用共同为飞行员提供直观的着陆引导指示，或直接导出数据提供给飞行控制系统。

MLS 与 ILS 一样，属空中导出数据系统，其基本功用都是由机载设备接收来自地面设备发射的信号，经过处理获得飞机相对于跑道的三维位置（方位角、仰角、距离）信息，并可将飞机测得的角度信息转换成线位移信息（方便飞行员读出），飞行员根据仪表的指示，自主地操作飞机安全着陆。具体讲，MLS 的方位（AZ）台为进场着陆的飞机提供相对于跑道中线延长线的方位角信息，同时还以数据通信的方式提供地面台站的识别和状态方面的数字信息；仰角（EL）台为进场着陆的飞机提供相对于跑道平面的仰角信息。

按照国际民航组织的规定，与微波着陆角度引导系统配合工作的是 PDME 系统，它提供飞机至 PDME 系统天线的距离信息，保证 MLS 全功能的发挥。这些功能是：①在多折线分段引进中提供航路点的精确距离；②在曲线进近中提供坐标变换中的精确距离；③在标准 MLS 引进中提供离散的距离。PDME 系统与 EL 台配合，可以计算着陆飞机的离地高度。在扩展配套情况下，BAZ 台用来从相反方向引导飞机起飞、复飞或离场，FL 台为着陆飞机提供拉平制导，用于保证飞机进入跑道拉平到主轮接地的过程。PDME 系统与 FL 台配合，可以提供在拉平阶段飞机离地面的高度信息，一般只在Ⅲ类尤其是$Ⅲ_C$类（此条件下的跑道能见度为零）进近着陆时使用。

MLS 地面台的场地配置情况如图 13-1 所示。方位台架设在跑道次着陆端中线延长线上，距跑道次着陆端的距离约为 300m；仰角台架设在跑道着陆端一侧，跑道距离 120m，后撤距离 260m；精密测距器通常与方位台同址架设；反（复飞）方位台配置在跑道主着陆端中线延长线上，距跑道着陆端约 210m；拉平台通常安装在靠近飞机接地点的跑道一侧，跑道距离 120m，后撤距离 1020m。上述安装数据皆为典型数据。

13.1.2 系统应用和发展

利用 MLS 引导飞机着陆的过程包括防止噪声的曲线进场、垂直拐弯或者分段引导以及最后的中线进场，如图 13-1 所示。Ⅰ类决断高度是 60m，Ⅱ类决断高度是 30m，15m 以下为Ⅲ类着陆。在决断高度上，飞行员必须判断出能否用视觉完成拉平、触地、滑行等动作。而为了完成Ⅲ类着陆，MLS 方位台和仰角台必须根据“仪表飞行规则”把飞机引导到跑道着陆端上空，而且从拉平到着地这一阶段，要提供飞机在跑道上方的高度信息，这项任务由拉平（FL）台和 PDME 系统联合完成。如果飞机进场着陆失败，则利用反方位（BAZ）台给复飞的飞机提供航向制导，FL 还可用在要求完全盲目着陆（$Ⅲ_C$）的机场上保证飞机拉平阶段的滑行和实行软着陆。

由于米波仪表着陆系统（ILS）固有的体制上的缺陷，例如，它仅能在空间提供一条单一的下滑线，只适应大型飞机起降；工作波道只有 40 个，对地理上密集布置的机场而言显得不够用；工作在米波波段，与调频台广播及一些传呼台的频率靠近，易受干扰等，这些都使得 ILS 应用受到许多局限。因此，早在 20 世纪 40 年代末就有过用微波频率取代 ILS 的 VHF/UHF 频率的提法，只是限于当时的微波技术不够成熟而未被采用。到了 20 世纪 60 年代后期，航空用户迫切要求有一个既能改善对场地的敏感性、工作可靠，又能提供可变下滑道和多路径进近的着陆引导系统。随之，到了 20 世纪 70 年代初，全球范围内就出现了多达 50 多种不同的方案，大部分都采用了微波技术，其中有些方案后来被军航采纳。

为了建立新的国际标准的进近和着陆系统，1978 年 4 月，在国际民航组织（ICAO）全天候工作部（AWOP）的一次国际性会议上，八十多个成员国达成协议，确认时基扫描波束微波着陆系统（TRSB MLS）为国际标准着陆系统。1980 年又拟订了微波着陆系统的“国际标准与建议措施”（SARPS），该文件于 1981 年 4 月获得通过，并且列入了《国际民用航空公约附件 10》中，从 1983 年开始生效。这样，一种新的精密进近和着陆标准诞生了。经过 20 多年的发展，目前，MLS 的体制已经比较成熟，设备已由多个国家商品化。MLS 的提出起先是为了取代米波仪表着陆系统（ILS），但由于替换成本和 ILS 性能改进等方面的考虑，受到商业航空集团的消极抵制，尤其近些年来，卫星导航系统的发展及对卫星着陆系统的研究，利用卫星导航解决精密进近着陆取得了进展，因此，用微波着陆取代米波仪表着陆的计划搁浅。目前微波着陆系统在全球范围内还只有少数几个国家使用，并仅限于军事应用领域。但微波着陆系统仍然是目前地基着陆可用的一种先进系统，在相当长的时间内仍将得到广泛的推广和应用。

目前，美国等国家已推出 MARK 系列、MLS480 系列等微波着陆地面设备产品。在国内，由于我军没有采用米波仪表着陆系统（ILS），因此能够直接推广微波着陆系统（MLS）。当前我军正大力推广使用 MLS，我军新型作战飞机都已经或将要装备微波着陆机载设备，平时和战时微波着陆系统的使用将直接影响作战飞机的出勤率和着陆安全。我国于 20 世纪 80 年代末期引进澳大利亚生产的 MARK2 型微波着陆地面设备，以仿制形式开发出第一套国产设备。由于引进设备年代较早，其采用的电子技术相对落后，表现在集成度不高，采用的微处理器等集成电路芯片型号过时，操作使用能力和维修性水平不高等。近年，国内又引进了意大利 20 世纪 90 年代中期生产制造的 MLS480 型微波着陆地面设备，其采用的电子技术水平有了较大提高。上述两种设备均属于固定基地式台站使用的设备。为了在临时和应急降落点架设微波着陆地面设备，满足抢险救灾、战略运送的需要，要求研制机动式微波着陆地面设备，该设备还能在战时满足固定基地式台站损毁补充的需要。目前，美军研制开发了一种 AN/TRN-45 型机动式微波着陆地面设备，我军也已经研制出新型机动式微波着陆地面设备。

精密测距器系统是随着微波着陆系统被接纳为国际标准着陆系统而产生的。1982 年，国际民航组织选取双脉冲测距方案作为国际精密测距器的技术方案，并制定出相应的技术规范。1985 年，精密测距器的技术规范正式载入《国际民用航空公约附件 10》。精密测距器系统虽然是一个独立的导航系统，但就功能讲是微波着陆系统的一个组成部分，因而它的未来发展将与微波着陆系统同命运。

13.1.3　系统性能及特点

1. 系统性能

1）工作频率

MLS 地面台站角度引导系统（方位台、仰角台）工作在同一个频率上，按时分多址方式发射信号，其工作频率为 5031.0～5090.7MHz，分成 200 个波道，波道间隔为 300kHz。扩展配备方式中，反方位台、拉平台一般选择与方位台及仰角台同频工作，特殊情况下拉平台也可选择工作在 Ku 波段（15.4～15.7GHz），这样它的天线尺寸更小，相控阵天线的扫描精度更高。

PDME 系统的工作频率与普通 DME 系统相同（基于兼容性考虑），为 962～1213MHz，具有与 MLS 角度引导系统配对的 200 个波道。在与 MLS 配合使用时，必须严格按照《国际民用航空公约附件 10》中规定的 MLS 与 PDME 系统频率配对关系执行，如表 13-1 所示。

在 DME 系统的 126 个波道中，第 1～16 波道、57～79 波道以及 120～126 波道不用，因此其频率范围在 979～1143MHz 内。这样，实际上只用 80 个波道，这 80 个波道分别指定有 X、Y、Z、W 四种模式。第 17～56 波道间有 W、X、Y、Z 四种模式，Y 和 Z 模式的频率相同，X 和 W 模式的频率相同，但 W 和 X 模式只有偶数波道，其地面应答频率比机载询问频率低 63MHz，Y、Z 模式对应的地面应答频率比机载询问频率高 63MHz。第 80～119 波道只有 Y、Z 两种模式，地面应答频率比机载询问频率低 63MHz。因此，PDME 系统共计有 80 个波道、四种模式的 200 个波道对应 MLS 角度引导系统的 200 个波道。

表 13-1　MLS 角度和测距部分频率配对关系表

序　号	MLS 波道号	角度部分频率/MHz	距离部分			
			DME 系统波道号	频率/MHz		模　式
				PDME 系统	机载设备	
1	500	5031.0	18	979	1042	X
2	501	5031.3				W
3	502	5031.6	20	981	1044	X
4	503	5031.9				W
⋮	⋮	⋮	⋮	⋮	⋮	⋮
39	538	5042.4	56	1017	1080	X
40	539	5042.7				W
41	540	5043.0	17	1104	1041	Y
42	541	5043.3				Z
43	542	5043.6	18	1105	1042	Y
44	543	5043.9				Z
⋮	⋮	⋮	⋮	⋮	⋮	⋮
119	618	5066.4	56	1143	1080	Y
120	619	5066.7				Z
121	620	5067.0	80	1041	1104	Y
122	621	5067.3				Z
123	622	5067.6	81	1042	1105	Y
124	623	5067.9				Z
⋮	⋮	⋮	⋮	⋮	⋮	⋮
199	698	5090.4	119	1080	1143	Y
200	699	5090.7				Z

2）作用区域

MLS 方位台发射窄扇形扫描波束信号和数据信号，其中方位窄扇形扫描波束水平面的标准波束宽为 0.5°～3.0°，垂直面的扇面宽度为 15°～28°。方位窄扇形扫描波束在以跑道中线为对称中心的某个特定扇区范围内做水平扫描，扫描范围有两种规格：一种为±42°，另一种为±62°。对应±62°范围的方位天线所能达到的最大覆盖范围为±60°，实际上边缘的 2°一般不提供制导之用，以避免飞机在此范围内丢失信号。一般情况下，扫描范围选择为±42°（有效覆盖范围为±40°，见图 13-2）。在一些特殊的场合，如 MLS 给额外跑道或在直升机机场提供制导、提供曲线进近程序或是要求回避噪声敏感区等情况，需要把扫描范围扩展到±62°；而在另一些场合，如在多径干扰严重的机场，有时可能要把扫描范围缩小到±10°，或者偏向一侧，压缩另一侧（例如+42°和−10°）。

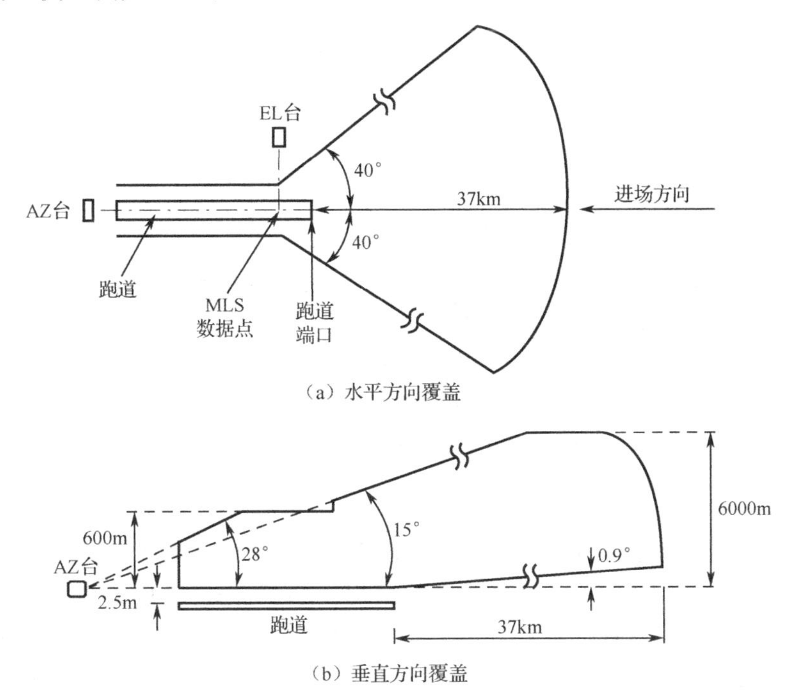

图 13-2　MLS 方位引导信号覆盖示意图

数据信号由数据天线发射，覆盖整个扫描信号覆盖区，即跑道中线两侧±40°或±60°、垂直面 0°～15°或 0°～28°、距离跑道端口 37km 处。

仰角窄扇形扫描波束垂直面的标准波束宽一般分为 1°、1.5°和 2°三种，水平面的扇面宽度为±40°（与方位扫描范围相匹配），在地平面−1.5°～29.5°范围内上下扫描（通常需要保证 0.9°～7.5°的有效覆盖范围，见图 13-3）。也就是说，在方位信号覆盖区内，仰角台可以提供任意下滑角供飞机着陆。仰角台也有一副数据天线，其发射的数据信号覆盖整个仰角扫描信号覆盖区。

反方位台在以跑道中线为对称中心的±20°扇区范围内水平扫描，垂直面的扇面宽度也为 15°～28°，作用距离是跑道次着陆端前向 9.3km 处。

拉平台的水平覆盖范围±10°，垂直覆盖区延伸到 7.5°处，作用距离为 9.3km。

PDME 系统的工作信号覆盖范围至少与方位台引导信号的覆盖区相同。对于反方位台和拉平台的作用区域，《国际民用航空公约附件 10》中做了明确规定，读者可参阅查询。

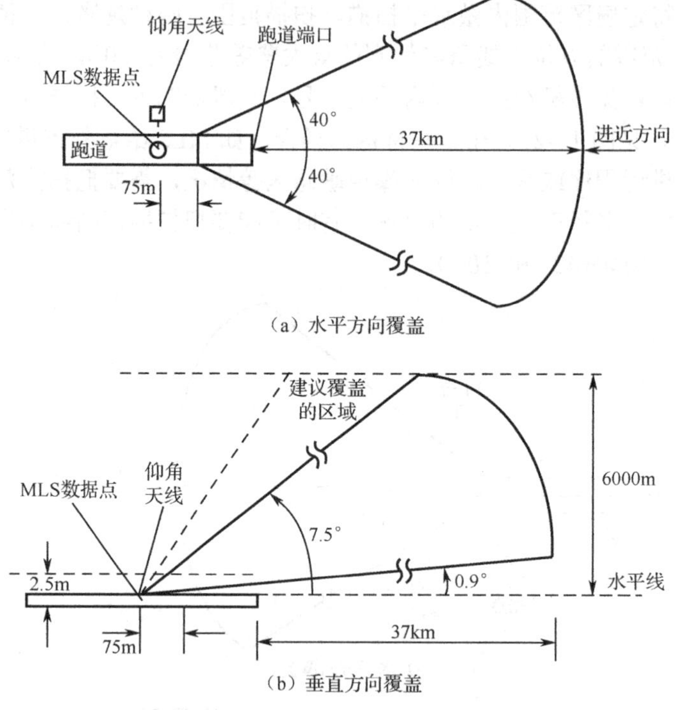

（a）水平方向覆盖

（b）垂直方向覆盖

图 13-3 MLS 仰角引导信号覆盖示意图

3）系统精度

MLS 的初始设计思想就是用于引导飞机自动着陆，因此其精度要求以航迹跟踪误差（Path Following Error，PFE）和控制运动噪声（Control Motion Noise，CMN）进行表示。所谓航迹跟踪误差，是指由系统或设备所提供的角度和距离数据误差中的慢变化成分，这种成分的误差会导致飞机固定偏离所选进近路径和沿路径摆动；所谓控制运动噪声则是指由系统或设备所提供的角度和距离数据误差中的快变化成分，这种成分的误差会导致飞机舵面和操纵杆的抖动。角度和距离数据误差中的快慢变化成分，是以对这些数据进行滤波的滤波器截止频率来划分的。用低通滤波器可取出航迹跟踪误差，其截止频率对方位是 0.08Hz，对仰角和距离是 0.24Hz，对拉平是 0.32Hz；用高通滤波器可取出控制运动噪声，其下限频率对方位是 0.05Hz，对仰角、拉平和距离是 0.08Hz。诚然，飞控系统不可能对角度和距离数据误差中的所有快变化成分全部响应，事实上只有低于 1.6Hz 的成分才起作用。因此，取出控制运动噪声的高通滤波器，其实质是一个带通滤波器，上限频率即为 1.6Hz。

MLS 的精度标准是在进近基准数据点（Approach Reffrence Data，ARD，有时也称数据基准点，位于跑道入口处上方 15m）处测量的。表 13-2 给出了进近基准数据点处 MLS 精度要求，其中角度部分的精度要求均为Ⅲ类着陆标准。

表 13-2 ARD 处 MLS 精度要求（2σ）

误差成分	方 位	仰 角	距 离	反 方 位	拉 平
PFE	±6m	±0.6m	±30m（Ⅰ类） ±12m（Ⅱ类）	±6m	±0.6m
CMN	±3.2m	±0.3m	18m（Ⅰ类） 12m（Ⅱ类）	±3.2m	±0.3m

对于基准数据点以外其他位置的精度要求，允许精度值随距离或角度偏移按线性规律逐渐降低，或者说误差按线性增大。《国际民用航空公约附件 10》明确规定了在其他覆盖区 MLS 的精度按线性降级的指标，如在距 ARD 37km 处，方位 PFE 为 ARD 处的 2 倍，在±40°扇区边缘时，为同距离跑道中线延长线处的 1.5 倍，等等。

2. 系统特点

MLS 的特点是显而易见的，可以说其特点多为优点。总结起来 MLS 的优点有：

（1）提供多种进近路径。与 ILS 只有一条固定的下滑线相比，MLS 进场下滑线的选择是任意的，可以满足各类飞机的着陆引导要求。

（2）对场地要求较低。MLS 由于使用微波频率工作，所以其天线尺寸大大缩小，并且它所采用的天线波束极窄，可避开大多数机场上的建筑物，克服了 ILS 苛刻要求场地的局限性。

（3）波道数增多。MLS 提供多达 200 个工作波道，能够满足多机场密集布局要求。

（4）受电磁干扰影响小。MLS 工作在 C 波段（5031.0～5090.7MHz），其工作频率高，因而不易受其他电磁信号干扰。

表 13-3 给出 MLS 与 ILS 的性能对比，以此显现 MLS 诸多的优点。尽管微波着陆系统已被确定为全球标准飞机着陆系统，其潜在的优越性也令人信服，国际民航组织也制定了明确的过渡计划。但正如前面所提到的，由于仪表着陆系统已遍布全球，历经改进，使用顺利，虽有缺陷，但尚未达到不能容忍的地步。而微波着陆系统设备昂贵、投资大，因此大要取代仪表着陆系统尚待时日。

表 13-3　ILS 与 MLS 的性能对比

性　能	ILS	MLS
波道数目	40 个	200 个
频率范围	航向：108～112MHz 下滑：329～336MHz 指点：75MHz	角度部分：5031.0～5090.7MHz 测距部分：962～1213MHz
制导航迹角：方位/航向 仰角/下滑	±1.5°～3° 2°～4°	±40° 0°～20°
离跑道入口的距离数据的获得	靠指点信标机在 2～3 个点上获得	靠 PDME 提供连续距离数据
离地高度数据的获得	从无线电高度表上了解	从距离和仰角数据获得或从拉平台算出
机载接收机	航向和下滑为两个通道	AZ、EL、FL、BAZ 共用一个通道
平行跑道着陆式的并排最小间隔	1500m	900m
顺序着陆飞机之间的间隔和跑道起降率	间隔大，起降率低	间隔小，起降率高
进近方式	单路径直线进近一种方式	包括直线进近、曲线进近等立体多路径的多种方式
最后进近所要求的直线航段和飞行程序的灵活性	长，无灵活性	短，有灵活性，可以回避地形障碍、噪声敏感区、空中禁区等
受调频台干扰	航向受干扰	无
天线前方场地要求	下滑天线的方向图要地面的反射来形成，要求场地平坦，因此场地准备费用大	影响不大，场地要求较低，准备费用小

续表

性　能	ILS	MLS
受多径干扰的影响	受场地地形地物影响极大，多径误差大	受环境影响较小，可以用于山区、海岸边环境较差的地方
跑道附近的关键区和敏感区	大，建筑、车辆、飞机必须远离跑道	小

13.2 系统工作原理

MLS 的着陆引导原理主要指的是测角原理和测距原理。测角包括测方位角、反方位角和仰角、拉平角，它们都采用时间基准波束扫描测角体制，即收发分离的最大值时间式测角方法；因为 MLS 的方位台、反方位台和仰角台等工作在同一个频率上，需要采用同一频率传输角度信息和数据信息，所以系统采用了时分多址工作体制。

PDME 系统与普通 DME 系统的工作原理相似，测距采用询问/回答式双程脉冲测距方式，所不同的是信号特性有所区别，提高了测距精度，所以称为精密测距。系统同样由机载询问器和地面应答器组成。机载询问器发出询问脉冲，地面应答器收到询问脉冲后，发出回答脉冲，在机上测量询问—回答脉冲之间的时间延迟，从而测量出距离。所不同的是 PDME 系统有两种工作模式——IA 和 FA，其地面设备必须鉴别后才能进行相应的处理并发出应答脉冲。

在第 5 章中已经详细讨论了询问/回答式双程脉冲测距原理，这里不再赘述。下面着重讨论 MLS 的时基波束扫描的时间式测角原理。

13.2.1 测角原理

微波着陆系统采用了时间基准波束扫描的时间式测角原理进行角度测量。当方位波束相对跑道中线以固定速率由左向右“往”扫描碰到飞机时，飞机收到一个“往”脉冲；然后由右向左“返”扫描又碰到飞机时，飞机又收到一个“返”脉冲。这样，“往”“返”扫描一次，飞机将收到“往”“返”一对脉冲，这一对脉冲之间的持续时间 t 与飞机所处的以跑道中线为基准的相对方位角之间的关系表达为：

$$\theta = \frac{v}{2}(T_0 - t) \tag{13-1}$$

这里，v 是波束的扫描速率，它等于 20000°/s；T_0 是飞机在 θ=0°（跑道中线延长线上）时接收到的“往”“返”脉冲的时间间隔，对于固定的扫描范围它是一个确定的已知值，例如当扫描范围是±40°时为 4800μs。因此，只要知道 t，就可以计算出方位角 θ。换句话说，当飞机飞到 MLS 的作用区时，它将收到一对“往”“返”扫描脉冲，测量这一对脉冲的间隔时间 t，就能得到飞机相对跑道中线的方位角，这也就是收发分离的最大值时间式测角的基本原理。

图 13-4 表示飞机位于不同方位角时所对应的扫描脉冲对间隔。图中 A、B、C 代表从三个不同方位角进近的飞机，在不同的方位上飞机收到的脉冲间隔分别为 T_A、T_B 和 T_C。其中，当 $T_B=T_0$ 时，算得 θ=0°；当 $T_A<T_0$ 时，算得 θ 为正值；而 $T_C>T_0$ 时，算得 θ 为负值。它们分别代表 B 为 0°方位角，A 为正方位角，C 为负方位角。也就是说，计算不但可以确定数值的大小，还可以测定偏离方向（跑道中线左边或右边）。

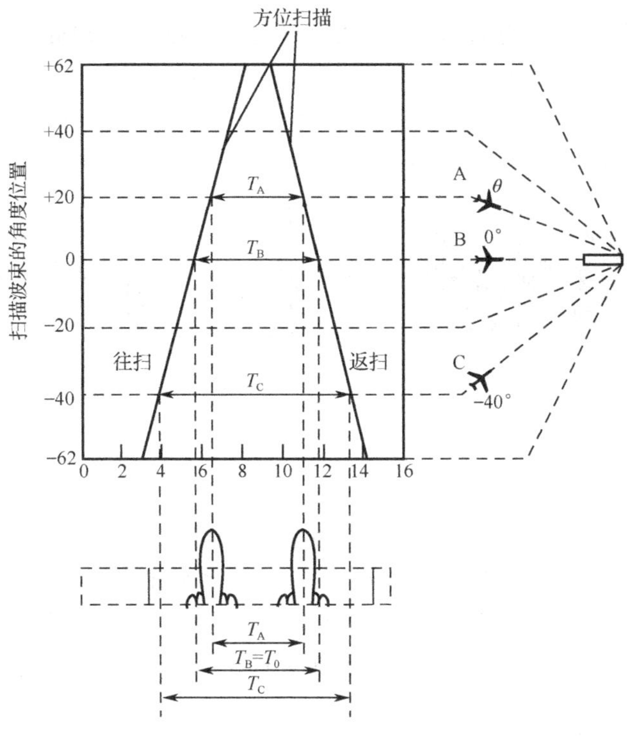

图 13-4　方位角与扫描波束时间差的关系

MLS 其他角度测量的方法与方位角的测量是完全相同的，不同的是方位角、反方位角的测量是在水平面上完成的，而仰角、拉平角的测量是在铅垂面内完成的。需要指出的是，按照以上方法得到的结果只是理论值，实际 MLS 的测量精度受各种误差的制约。

13.2.2　信号格式

1. 角度部分信号格式

MLS 测角是指由地面台发射方位、仰角、反方位、拉平信号，机载接收机接收信号并计算出飞机相对于角基准线的位置（角度或偏移量）。一般情况下为了区分在同一个频率上的方位信号、反方位信号、仰角信号、拉平信号以及其他基本数据和辅助数据，机载接收机需要区分所接收到的信息所属才能通过计算得到飞机的位置。为此，MLS 的信号格式采用了多路时分码分体制，这种体制的信号具有很大的灵活性，使得装有简单或复杂的不同机载设备的飞机可以使用不同等级地面配制（没有 BAZ 台或没有 FL 台）的机场进行着陆。因为在信号格式中，每个发射信号时间段的前面都有一个前导码，不管各个台的信号发射顺序怎样，这个前导码将会告诉机上处理器下面将要发射的是哪一个功能的信号，机上处理器就会做出相应的处理，并且等待下一个前导码。

1）信号波形

MLS 地面设备采用相控阵天线、数据天线和覆盖区外指示（OCI）天线分别发射扫描波束信号、数据信号和 OCI 信号，这些由不同天线发射的信号源自同一部发射机。图 13-5 给出了在方位功能时隙里从机载设备接收端看到的各种信号波形。其中，扫描波束信号为钟形脉冲，其波形参数与相控阵天线波束宽度、扫描速度等参数密切相关；数据信号除在“往/返扫描测试脉冲”情况下，均为等幅高频信号，采用差分相移键控（DPSK）方式进行调制；OCI信号、测试脉冲信号具有与扫描波束信号基本相同的形式。

其他角度部分功能时隙的信号波形与图13-5类似，但在数据功能时隙中将只有数据信号。

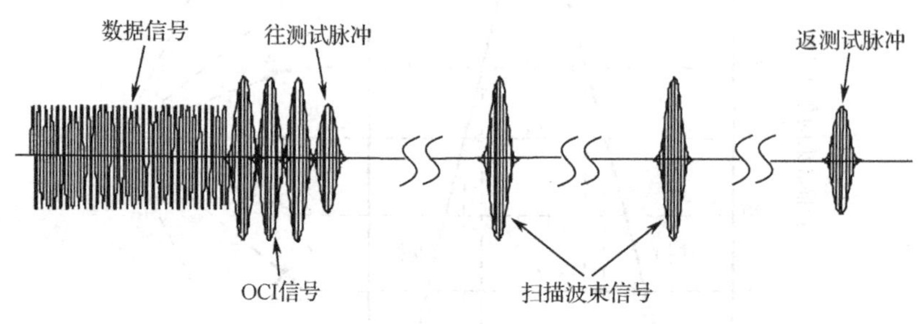

图13-5　机载设备接收端的信号波形

2）整体时隙格式

由于MLS的角度引导功能和数据传输功能在同一频率上实现，以时分多址方式工作，因而方位信号、仰角信号等和数据信号要按照统一的信号格式编排，各自占有一定的发射时隙。各种功能信号前都安排有“前导”，它不但说明每个前导后面所接信号的内容，而且具有使机载接收机的信号处理电路与之同步并实现选通的功能。图13-6（a）是某一种顺序的信号流的例子。

不同功能的信号只靠前导来辨别，各种信号的发射顺序是随意的，可以改变。信号格式中可以按需要增加某些功能或减去某些功能，此时均不影响接收机的工作。在实际的信号格式中还包括了留给其他扩展功能的附加时间。时间基准波束扫描MLS采用两种不同顺序相交替的信号格式，数据字则穿插在各个功能发射时隙的间隔中发射。图13-6（b）是MLS信号整体时隙格式示意图，整个信号周期由一系列顺序对组成，每个顺序又由一系列代表不同功能的时隙组成。

图13-6（c）所示为由4个顺序对构成的一个完整信号发射周期。可以看到，顺序的排列格式实际上呈“跳动”形式，这是为了使同一功能时隙不会以固定的间隔重复出现，以避免可能出现与周期性错码同步的情况。当地面台所发射的引导信号被飞机螺旋桨周期性地阻断时，就可能产生这种错码。所以不仅这两种顺序（顺序1和顺序2）编排格式不同，而且顺序与顺序之间的缝隙也各不相同。国际民航组织的“标准与推荐措施（SARPS）”规定：①一个顺序对的时间不超过134ms；②每4个顺序对构成一个信号发射周期，不超过615ms；③周期中全部的缝隙时间之和为79ms，其中最多可以穿插12个数据字（每个字占用3.1～5.9ms，最多不超出6ms）。

图13-7所示为更为详细的MLS全功能发射顺序对功能时隙编排。这其中如某一功能不需要时则可以取消，而其他功能仍按原来的位置发射。

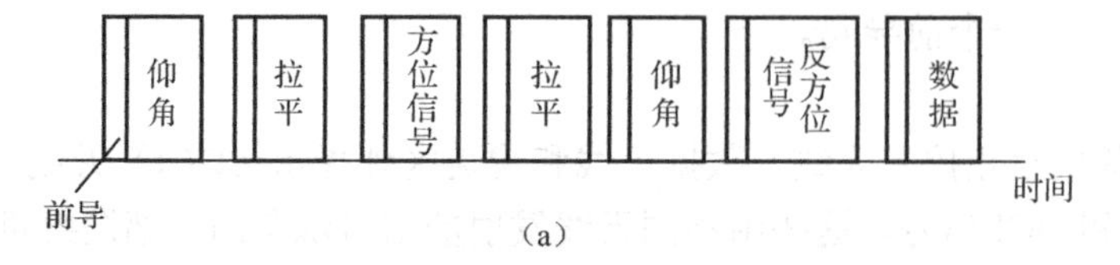

（a）

图13-6　MLS信号整体时隙格式

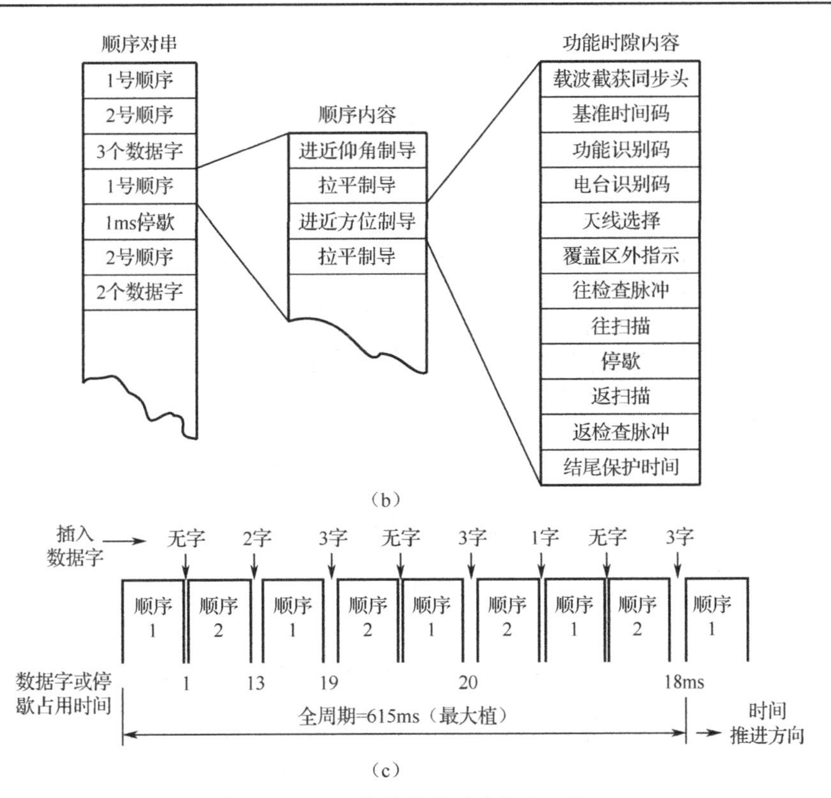

（b）

（c）

图 13-6　MLS 信号整体时隙格式（续）

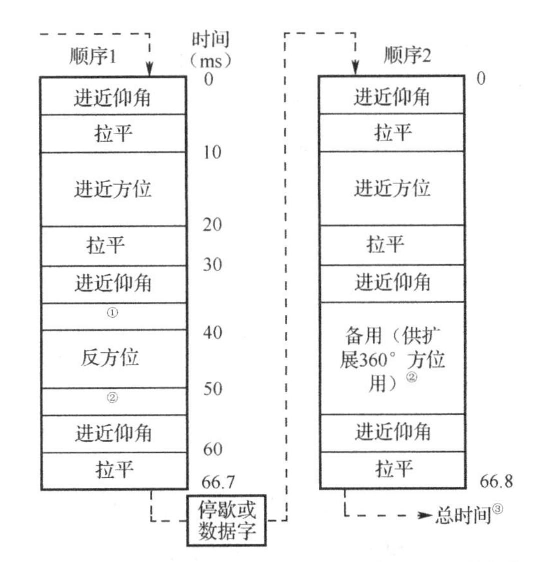

注：① 当有反方位时，必须在此发射第二个基本数据字。
② 基本数据字可在任意时隙的缝隙中发射。
③ 顺序1和顺序2加数据字或停歇后的总时间不超过134ms。

图 13-7　MLS 全功能发射顺序对功能时隙编排

当 MLS 在某些情况下需要进近方位引导数据具有较高的更新率时，可使进近方位功能时隙在时序中的发射次数增加到正常情况的 3 倍。这种高速率进近方位功能顺序对功能时隙编排如图 13-8 所示。

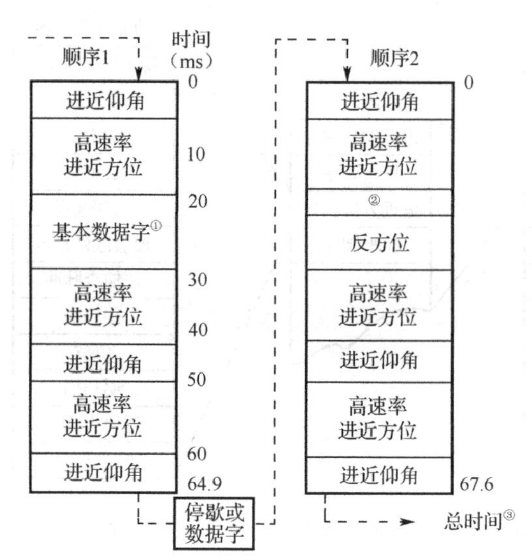

注：① 基本数据字可在任意时隙的缝隙中发射。
② 当有反方位时，第二个基本数据字必须在此发射。
③ 顺序1和顺序2加数据字或停歇后的总时间不超过134ms。

图 13-8 高速率进近方位功能顺序对功能时隙编排

综上所述，MLS 信号的整体时隙格式是一个周期最大值为 615ms 长的时间段，该时间段包含一系列顺序对，每个顺序对中排列着 MLS 的各种功能和数据时隙，各个时隙根据时分多路复用要求在同一频率上发射。

3）各功能信号编排

方位、仰角和反方位几种角度引导功能都在同一载频上工作，各自占有特定的时隙，互不重叠。各功能的时隙在结构上大致相同，但内容和占用的时间不同。角度引导功能所包含的信号主要有：宽波束的扇区信号，向全部覆盖扇区（或全方向）发射；定向扫描窄波束信号，向引导扇区发射；另外，还可以向引导区边缘发射余隙脉冲。各功能的前导部分都占有相同的时间，为 1.6ms，其余部分随功能而异。图 13-9（a）、（b）分别为方位功能和仰角功能信号编排示意图。

（1）前导信号。

从图 13-9 中可见，前导信号（前导码）包括三个部分，即载波截获段、接收机基准时间码和功能识别码。全部信号由数据天线向±40° 的引导覆盖区发射。

载波截获段中有段同步头，它是一段未经调制的纯载波（即连续波 CW），共占 832μs，实际是 13 个码元的时间。接着是差分相移键控（DPSK）调制的编码，调制的节拍由一个 15.625kHz 的时钟控制，码元时间为 64μs。接收机基准时间码即同步码采用 5 位巴克（Barker）码，固定形式为“11101”，该码使接收机产生一个基准时间，基准时间码末位的上升沿时间，即 1.088ms，作为同步的基准时间，接收机必须与此同步。功能识别码用来说明下一步所要接收的信号是什么功能信号，共占用 7 位，前 5 位是信息位，后两位是奇偶校验位。

（2）扇区信号。

对于不同的功能来说，扇区信号的内容也有所不同。对方位引导功能而言，有地面设备识别码、机载天线选择脉冲、覆盖区外指示（OCI）信号和接收机处理器往扫测试脉冲。而仰角引导功能除前导信号外没有后继的扇区信号或在扇区信号中仅有覆盖区外指示（OCI）信号。

目前，地面设备识别码在基本数据字 6 中发射，原先规定的地面设备识别码发射时间暂时空闲。下面以方位引导功能为例，分别说明各信号的情况。

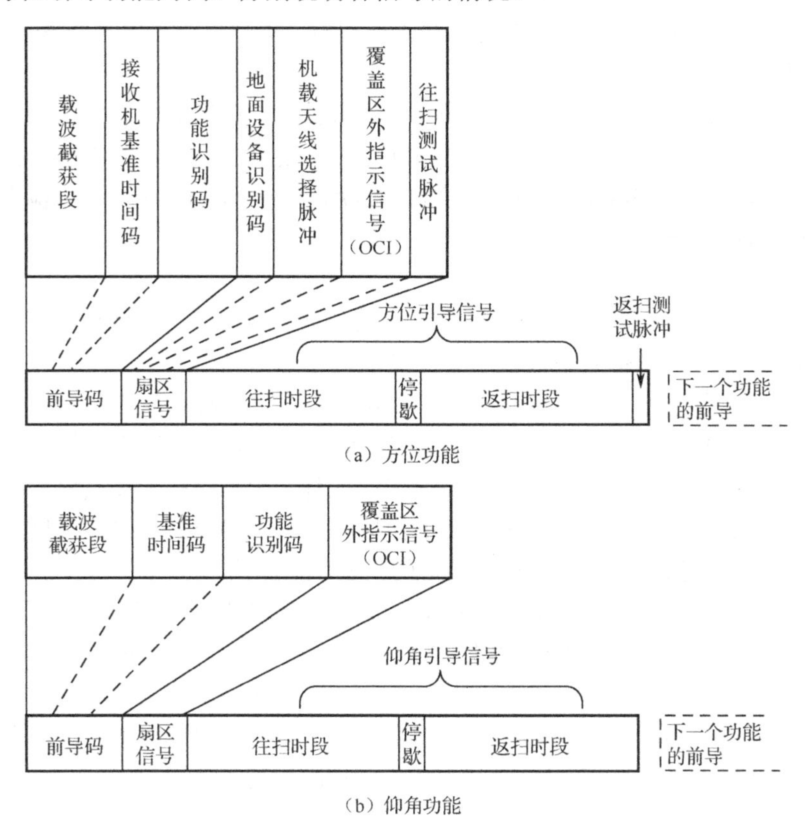

图 13-9　MLS 角度引导功能的信号编排

① 机载天线选择脉肿。

该脉冲信号用作机载接收机天线的选择。在地面设备识别用的莫尔斯码后发射一个 6 位的 DPSK“0”码，以提供一个 0.384ms 的固定振幅信号。机载接收机的不同天线在收到地面引导信号后进行比较，以选择能收到最强信号的天线。飞机在复飞过程中，就是通过这个脉冲来自动选择尾部天线的。在整个进近覆盖区和反方位引导范围内都应收到这个天线选择脉冲。

② 覆盖区外指示（OCI）信号。

当一架进近飞机尚未进入 MLS 的角度引导扇区范围时，要求在驾驶舱的显示器上显示出相应的告示标志，以防止在覆盖区外由于地形反射或其他不正常情况产生 MLS 的伪引导信号，引起机载设备产生错读。为抑制这种假信号，地面设备发射各种覆盖区外指示信号，以便在驾驶舱内的偏离指示器中显示出来，告知飞机所处位置。根据需要，方位系统的 OCI 信号可以多至 8 个，仰角系统则最多为 2 个。

一般情况下，用三个不同的扇区天线在整个非方位引导覆盖区内向三个方向分别发射脉冲，来提供方位覆盖的左外 OCI、右外 OCI 和后方 OCI 信号。对仰角引导而言，则发射引导覆盖区上方 OCI 信号。每个 OCI 信号脉冲占 2 个 64μs 时隙，其半幅值点之间脉冲宽度为 100±10μs，OCI 脉冲的上升和下降时间应小于 10μs。对脉冲幅度规定为：在覆盖区外 OCI 信号应大于本区域内的任何其他引导信号；在引导扇区内 OCI 信号应至少小于扫描波束电平 5dB。

由于在覆盖区外OCI信号的脉冲幅值比任何引导信号都大，而在方位引导覆盖区内OCI信号的脉冲幅值又比扫描波束电平低5 dB，所以只要机载设备对所接收到的不同信号进行比较，就能明确地指示出飞机相对于方位引导区域所处的位置，如比例引导区左外等。

③ 接收机处理器往扫测试脉冲。

在方位扫描信号的前后留有128μs来发射检查脉冲，它的射频包络和扫描波束的射频包络相同。在扫描波束开始前发射“往”检查脉冲，扫描波束过后再发射“返”检查脉冲，两者之间的时间间隔固定为13000±128μs。接收机通过测量这个间隔时间，从而检查时基的精度和完成接收机自身的校准。

（3）角度引导信号。

MLS角度引导功能信号编排中的第三个时段为角度引导信号，根据功能的不同这个时段的情况各不相同。方位引导信号是由在引导覆盖区内往返扫描的水平窄波束天线发射的。天线进行往扫前，前导信号已使接收机处于准备就绪状态。沿天线辐射方向看出去，波束自左向右（顺时针）的扫描称为往扫描，自右向左（逆时针）的扫描则称为返扫描，两次扫描之间有一个固定的600μs停歇时间。仰角引导信号是由仰角台的扫描天线发射的，其扫描波束在垂直方向很窄，在仰角覆盖范围内进行上下扫描。在仰角扫描周期内，飞机接收机检测到一个从下至上的“往”扫脉冲和一个从上至下的“返”扫脉冲。

在通常情况下，方位扫描重发率为每秒13次，而仰角扫描重发率采用每秒39次，是方位扫描重发率的3倍。这是因为飞机对俯仰控制的响应要比方位控制变化快3倍。MLS各功能的重发率（也就是数据更新率）和波束扫描速率如表13-4所示，其中高速率方位引导用在进近方位引导扇区小于±40°且拉平功能及其他功能又不能实现的情况下。高速率进近方位可以降低因使用宽波束天线（波束宽度3°）而增大的控制运动噪声误差。

表13-4 MLS各功能的重发率和波束扫描速率

功　能	重发率 在任意1s周期内的平均值	波束扫描速率/ °·ms^{-1}
进近方位引导	13±0.5	20
高速率进近方位引导	39±0.5	20
反方位引导	6.5±0.25	20
进近仰角引导	39±1.5	20
拉平引导	39±1.5	10

反方位引导和拉平引导的扫描波束往、返方向约定，反方位引导和进近方位引导相同，拉平引导和进近仰角引导相同。在一个往、返扫描周期中，反方位引导的时序安排是：前导信号、莫尔斯码、天线选择脉冲、后OCI、左OCI、右OCI、往检查脉冲、往扫描、停歇、返扫描、返检查脉冲、结尾保护时间；拉平引导的时序安排是：前导信号、停歇信号、往扫描（最大范围为-2°～10°）、停歇、返扫描（-2°～10°）、结尾保护时间。

（4）数据功能信号。

MLS有一个向飞机发射有用信息的地-空数据链。数据分为基本数据和辅助数据，由DPSK信号传送。每个数据由前导信号引导，前导信号表明后续数据给出的内容。

基本数据包括机载接收机处理角度时所需要的参数，也包括用来修改或调整接收机输出量的数据。基本数据字共有6个，每个字占32位，其中前12位组成前导码，末尾两位是奇偶校验码，其余各位分成若干个数字信息段，各数据字包含的信息如表 13-5 所示。除第 5 个数据字是以装备反方位台为前提外，其他数据字至少每秒钟发射 1 次。

表 13-5 基本数据字结构

基本数据字	功能识别码	内 容	最大传输间隔时间/s
1	0101000	1．进近方位台距跑道入口处的距离； 2．进近方位引导覆盖负限； 3．进近方位引导覆盖正限； 4．余隙信号类型	1.0
2	0111100	1．最小下滑角； 2．反方位状态信息； 3．DME 系统状态信息； 4．方位状态信息	0.16
3	1010000	1．进近方位台扫描波束宽度； 2．进近仰角台扫描波束宽度； 3．DME 系统台距离	1.0
4	1000100	1．进近方位台磁向； 2．反方位台磁向	1.0
5	1101100	1．反方位引导覆盖负限； 2．反方位引导覆盖正限； 3．反方位台扫描波束宽度	1.0
6	0001101	地面设备识别（3 位）	1.0

辅助数据字包括那些由机载接收机接收并译码后，提供给其他机载设备使用的数据，如区域导航（RNAV）计算机的输入数据，如表 13-6 所示。辅助数据分 A、B 和 C 三部分，每部分最多可达 64 个字，每个字占 76 位，其中前 12 位是前导码，随后是 8 位地址码，中间部分是数字信息和字符信息。到目前为止，辅助数据字只定义了 A 部分 A1～A4 的内容。A 部分的其余字的内容和 B 部分的内容待定。它们包括跑道状态，机场气象资料和风速、风向资料等，C 部分字的内容由用户自行定义。辅助数据字 A1、A2 和 A3 至少每秒钟向方位覆盖区内发射一次，向反方位覆盖区至少每 4s 发射一次。

表 13-6 辅助数据字内容

<table>
<tr><th>辅助数据字</th><th>功能识别码</th><th colspan="2">地 址 码 字</th><th>数 据 内 容</th><th>最大传输间隔时间/s</th></tr>
<tr><td rowspan="3">A</td><td rowspan="3">1110010</td><td>A1</td><td>00000111</td><td>1．进近方位天线偏置；
2．进近方位台与 MLS 数据点距离；
3．进近方位台与跑道中线的校准；
4．进近方位台天线坐标系统</td><td>1.0</td></tr>
<tr><td>A2</td><td>00001010</td><td>1．进近仰角天线偏置；
2．MLS 数据点到跑道入口处距离；
3．仰角天线相位中心高度</td><td>1.0</td></tr>
<tr><td>A3</td><td>00001101</td><td>1．DME 系统台偏置；
2．DME 系统台到 MLS 数据点的距离</td><td>1.0</td></tr>
</table>

续表

辅助数据字	功能识别码	地址码字		数据内容	最大传输间隔时间/s
A	1110010	A4	00000011	1．反方位台天线偏置； 2．反方位台到 MLS 数据点的距离； 3．反方位台与跑道中线的校准	1.0
		⋮ A64	00000000	待定	
B	1010111	B1 B2 ⋮ B64	同上	待定	
C	1111000	C1 C2 ⋮ C64	同上	待定	

数据字以二进制数字式数据传送时，先发最低有效位（LSB），最后发最高有效位（MSB）。以字符串传送时，每个字符采用 7 位信息位编码，并在每个字符之后加一个奇偶校验位。字符串本身按阅读顺序传送。对 7 位信息位，先发低指令位，后发高指令位。

2．精密测距信号格式

MLS 配备了精密测距器（PDME）系统。精密测距原理与通用 DME 系统测距有所不同，它采用的是“双脉冲/双模式”方案，是在充分研究了 DME 系统中影响测距精度因素的基础上，由各国提出的几种方案中选择的一种较为实用的方案，它不仅能与通用 DME 系统兼容，而且能提高最终进近的距离精度，并且利用它所提供的距离信息可以将 MLS 测角系统提供给飞机的角度信息转换为线位移信息；在飞机进近过程中，与仰角台配合形成“微波着陆高度表”，提供决断高度和离地（跑道）高度数据；和拉平制导台配合，形成“拉平高度表”，提供最终进近的拉平阶段所需要的高度数据。“双脉冲/双模式”方案中的双脉冲指的是信号基本形式是双脉冲编码，双模式指的是 PDME 系统具有初始进近（Initial Approach Mode，IA）和最终进近（Final Approach Mode，FA）两种工作模式。

PDME 系统之所以具有精密测距能力，主要是其采用了不同于普通 DME 系统的信号格式。

1）PDME 系统的脉冲波形

为了与普通 DME 系统兼容，PDME 系统也采用了双脉冲的信号形式，但脉冲波形不同。在通用 DME 系统中，所使用的脉冲波形可用高斯（$\cos^2/\cos^2$）包络近似表示，其频道间隔为 1MHz，脉冲的前后沿时间一般为 2.5μs。这样，就决定了处理这种脉冲信号的频道宽度一般在几百千赫之内。

对于 PDME 系统，为了提高测距精度，使多径干扰引起的误差最小，必须采用快速上升的脉冲前沿并降低检测点，这样才可使检测基准点基本上处于没有多径干扰处。PDME 系统采用的脉冲波形近似为 $\cos/\cos^2$ 包络的形状，其前后沿为非对称形，如图 13-10 所示。这个波形 10%～90%的上升时间不超过 1.6μs；部分上升时间为 250±50ns，并且具有线性特性的斜率，其斜率变化不能超过平均值的 30%，满足低电平检测的需要。

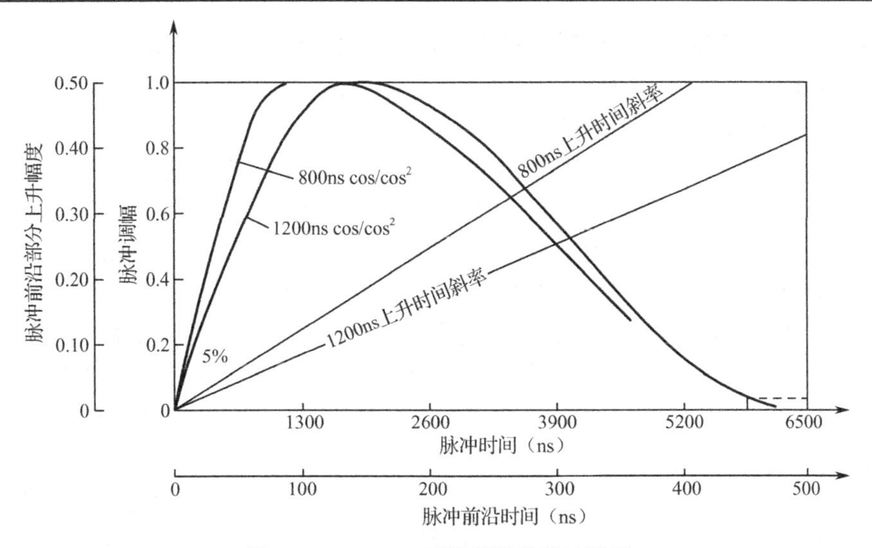

图 13-10 PDME 系统采用的脉冲波形

检测点根据工作模式选择：在 IA 模式下，选在“脉冲前沿的半幅度点”；在 FA 模式下，选在“部分上升幅度时间”内。“部分上升幅度时间”定义为脉冲包络前沿的 5%幅度点到 30%幅度点之间的时间。

显然，具有陡峭上升沿的脉冲所占据的频谱将会显著增加，而且若不能满足《国际民用航空公约附件 10》的频谱规定，将会出现相邻波道相互干扰的问题。PDME 系统的 FA 模式采取了两个措施：一是正确控制发射功率；二是在电路中采用菲利斯鉴频器。这样不仅可以有效地提高测距精度，同时又较好地抑制了相邻波道的干扰。

2）双模式测距

PDME 系统采用了窄带初始进近（IA）模式和宽带最终进近（FA）模式，如图 13-11 所示。整个进近着陆过程分成三个区段：

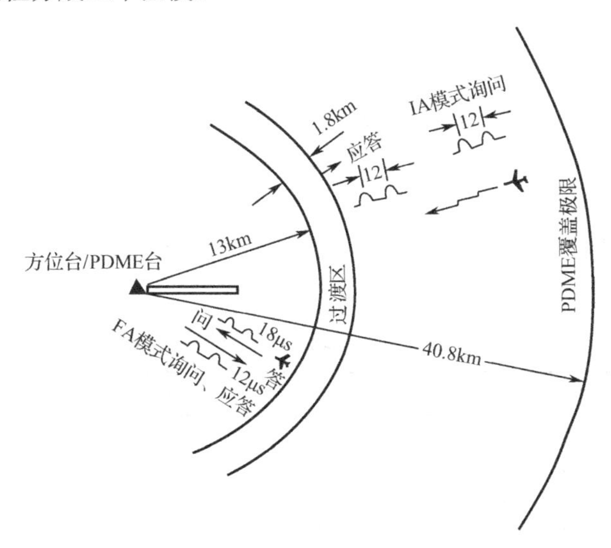

图 13-11 PDME 工作的两种模式

（1）40.8～13km 区段工作在窄带 IA 模式，它与 DME 系统的工作方式是一样的，检测门限在脉冲最大振幅的半幅值点。此时，接收机输出信号有较大的信噪比，具有可靠的检测能力。IA 模式询问码以每秒 16 次的询问速率进行询问。它的询问脉冲和应答脉冲间隔都为 12μs 脉冲，宽度为 3.5μs，信号处理带宽为 800kHz。

（2）13～0km 区段工作在一个宽带 FA 模式，在此模式下，为了获得较高的测距精度，检测门限为接收到的脉冲最大振幅的 5%～30%，大约在-17dB 上，其对应的 X 信道脉冲信号的间隔为 18μs。由于采用了快速上升的脉冲前沿以及低的检测门限，所以 PDME 系统在 FA 模式下可以获得较高的测距精度，此时的脉冲前沿上升时间为 1.6μs，脉冲宽度仍为 3.5μs，但采用 3.5MHz 的带宽来处理信号，以保证快速上升的脉冲前沿无畸变。在 FA 模式下工作，询问脉冲的脉冲间隔为 18μs（X 信道），而应答脉冲间隔仍为 12μs，此时询问器的速率为 40 对/s。由于 FA 模式工作在 13km 以内，因此，在原有的发射功率下，就可以满足低门限检测时所需要的信噪比。

（3）14.8～13km 为过渡区段，在此过渡区内，询问器以 IA 和 FA 两种模式同时发射，从而平滑地过渡到 13km 以内的 FA 模式上，直到这个模式完全建立。当距离进入 14.8km 时，开始加发 FA 模式的询问脉冲，地面应答器随之也对此做相应的回答。询问器在成功地验证了 FA 模式回答脉冲的有效性后，测出 FA 模式下距离数据。这时开始以两种模式测得的距离按混合数据形式提供，并且使 FA 模式询问率增加，同时使 IA 模式询问率渐减。因而输出距离数据中以 FA 模式测得距离的成分渐增，直至最后停发 IA 询问脉冲，全部发送 FA 模式的询问脉冲。这时过渡结束，输出距离数据就是 FA 模式下测得的距离，因此这种过渡不仅是自动的，而且是匀滑的，输出距离数据上没有突变。在这个过渡期间，如果 FA 模式失败，询问器将返回到 IA 模式去测距。

对于上面所述的两种模式，其询问模式由应答器根据询问脉冲对的时间间隔来确定。当在 X 信道工作时，IA 模式询问编码为 12μs，FA 模式询问编码为 18μs，而应答脉冲的间隔，对于 X 信道全为 12μs，只是两种模式的脉冲上升沿不同。而对于应答器的系统固定延迟时间，可因询问模式的不同，以及工作的信道不同而变化，如表 13-7 所示。表中信道 W 和 Z 的工作载频分别和 X、Y 的相同，这就是说 PDME 系统利用改变询问和应答脉冲编码又扩展了工作波道，除 X、Y 外又增加了 W、Z 波道。

为了使 PDME 系统能和通用 DME 系统兼容工作，国际民航组织对 PDME 系统提出以下兼容要求：PDME 系统的相邻波道规格必须满足 DME 系统相邻波道规格；DME 系统机载设备在与 PDME 系统地面设备配合工作时，其所得测距精度不低于与 DME 系统地面设备工作的精度；PDME 系统机载设备在与 DME 系统地面设备配合工作时，其测距精度不低于 DME 系统机载设备与其地面设备配合工作的精度。

表 13-7 PDME 系统编码和系统延时要求

信道模式	工作模式	询问对间隔/μs	应答对间隔/μs	系统延时（第一脉冲）/μs
X	DME 系统	12	12	50
	PDME 系统 IA	12	12	50
	PDME 系统 FA	18	12	56
Y	DME 系统	36	30	56
	PDME 系统 IA	36	30	56
	PDME 系统 FA	42	30	62

续表

信道模式	工作模式	询问对间隔/μs	应答对间隔/μs	系统延时（第一脉冲）/μs
W	DME 系统	—	—	—
	PDME 系统 IA	24	24	50
	PDME 系统 FA	30	24	56
Z	DME 系统	—	—	—
	PDME 系统 IA	21	15	56
	PDME 系统 FA	27	15	62

13.3　系统技术实现

微波着陆系统由地面设备和机载设备两大部分构成，地面设备和机载设备相互配合完成着陆信息的获取，实现对飞机的精密进近着陆引导。

MLS 地面设备工作时，一般情况下，首先由仰角引导台数据天线发射仰角前导码信息，再由仰角扫描天线发射仰角角度信息，即仰角扫描天线在覆盖区内进行上下往返扫描；随后由方位引导台数据天线发射方位前导码信息，由左右 OCI 天线向覆盖扇区外发射超过比例覆盖区的指示信息，然后由方位扫描天线发射方位角度信息，即方位扫描天线在覆盖区内进行左右往返扫描；此后，方位引导台数据天线发射数据前导码信息以及数据信息；机载询问器发出测距询问信号，地面应答器予以应答。机载设备接收到地面设备发射的信号联合工作，获得飞机相对于跑道的方位、仰角、距离等信息，飞行员根据仪表指示自主操作飞机或由飞行控制系统自动操纵飞机安全着陆。

MLS 角度引导信息的输出可以使用航道偏移指示器（CDI），也可以显示成相对于着陆航向道或下滑道的角度坐标。角度信息也能以高精度数字的形式直接送给自动飞行控制系统。如果使用 CDI，其工作过程为：飞行员根据需要任选一个着陆方位经线和下滑角，并将所选数据送入接收机，接收机为方位和仰角偏差指示器产生一个基准，进近着陆过程中接收机实测的数据与该基准进行比较，指示出飞机相对于所选择的下滑线的偏差，从而引导飞机着陆。

13.3.1　地面设备

1. 角度引导设备

1）方位台

MLS 方位台一般安装在跑道次着陆端中线延长线上的某一位置。设备采用的相控阵天线宽度一般为 2～5m，并且与设备主机一体安装，这与 ILS 航向信标的 12～50m 天线宽度以及机房与天线分离安装形成鲜明对比。某型方位台外形如图 13-12 所示。

方位台由天馈线系统、发射机、本地控制器、监测器、不间断电源等部分组成，其组成框图如图 13-13 所示。其中，电源、发射机及部分控制电路板是双冗余设计，发生故障时可以快速替换。

（1）天馈线系统。

MLS 方位台天馈线系统包括方位波束扫描天线、数据天线和 OCI 天线，它们分别向空中辐射波束扫描信号、数据信号（包括前导码）和 OCI 信号。方位波束扫描天线有各种规格。

除由扫描波束提供±40°（或±60°）的完全引导覆盖外，还可以提供一种只有±10°的有限引导覆盖。在后一种情况下要加发余隙信号，以提供左飞或右飞指示。在360°方位中剩下的扇区要用覆盖区外指示OCI信号来填充，各个OCI天线一般都采用各自独立的方向性天线来覆盖所要求的区域。

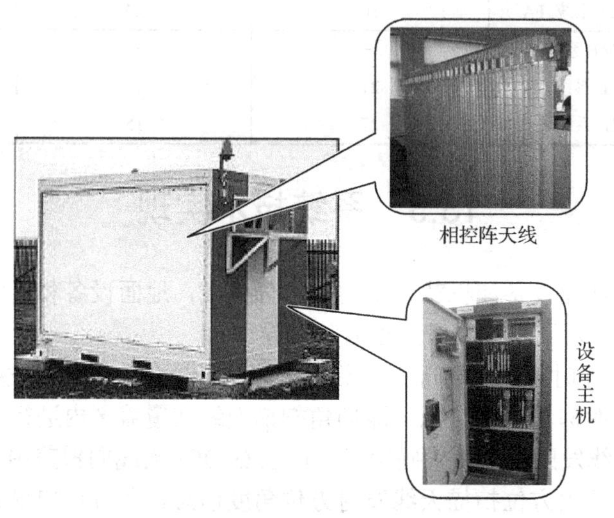

图13-12　方位台外形图

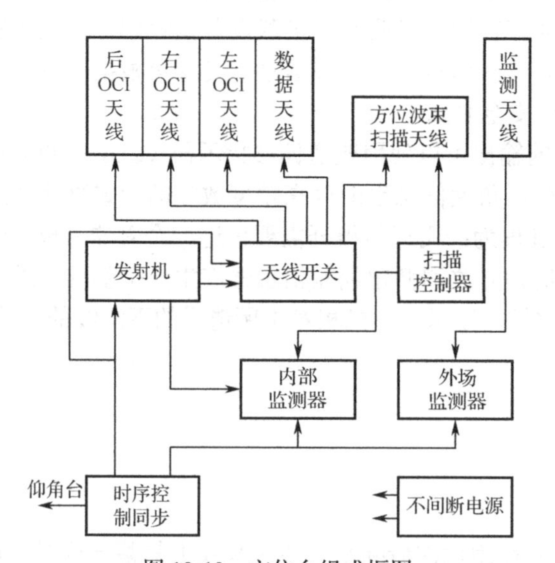

图13-13　方位台组成框图

方位波束扫描天线采用一维相控阵天线，其辐射元有印刷振子和裂缝波导两种形式，阵面大小取决于所要求的波束宽度等天线设计指标。方位波束扫描天线向空中辐射具有很强方向性的极窄扇形波束，并让扇形波束在水平方向上快速而平稳地往、返扫描，其扫描速率为20000°/s。MLS的特点之一是它的方向图形不仅在引导方向上要控制，而且在非引导方向上也要控制，对方位天线而言，需要控制垂直剖面内的方向图形来减少地面多径反射对引导信号的影响。具体的实现方法是采用天线赋形技术，使用天线的竖向孔径和对孔径激励的特殊设计，使方位天线在垂直覆盖下方的振幅骤然减弱（即锐截止），这样可以使天线前方的地面反射减弱，从而减小了引导误差。方位波束扫描天线在仰角方向（垂直面内）的方向图如图 13-14 所示。方位波束扫描天线用一个特制的天线罩保护起来，这个天线罩具有透波性能，不会妨碍微波信号的辐射，当结冰时，可以自动地加热，将天线罩上的冰融化，加热到一定温度时，自动断开加热电路。

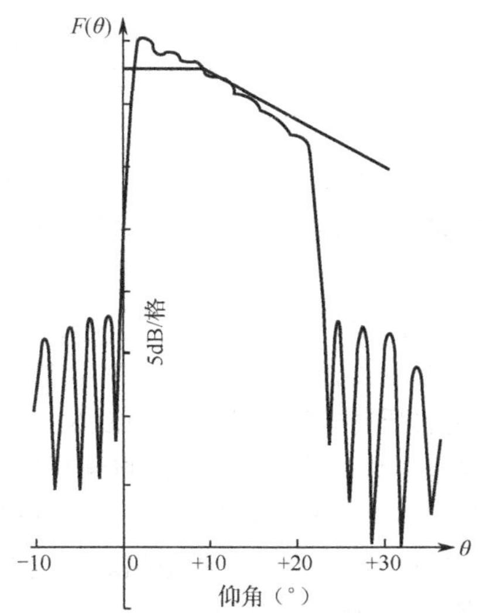

图 13-14　方位波束扫描天线垂直面内的方向性图

馈线系统一般由传输线缆、移相器和天线选择开关构成。天线选择开关接在天线输入端及发射机间，按时分多路的方式分别接通发射机，在特定的时间内将发射信号在方位波束扫描天线、数据天线和 OCI 天线之间进行快速转换，以保证发射的信号格式符合要求。天线选择开关是由大功率 PIN 二极管做成的电子开关，由发射控制电路的数字信号控制。

功分器和移相器控制发射机送来的射频信号的相位和幅度，按要求馈送给每个辐射振子，形成所要求的方向图并按规定的速率进行扫描。移相器采用数字控制方式，因而会引入波束扫描量化误差。

（2）发射机。

发射机由频率合成器、差分移相键控（DPSK）调制器、电平控制器、功率放大器等组成。

- 频率合成器产生 MLS 工作频段 5031.0～5090.7MHz 中 200 个波道的任一波道频率，其准确度和稳定度都非常高。
- DPSK 调制器在发射机中将 DPSK 数据调制到 C 波段载波信号上，以便发射前导信号、功能识别信号和数据字。数据的准确性由执行监测器检查。
- 电平控制器对载频信号进行电控，以补偿功率放大器的增益变化，稳定输出功率，同时也可对台站辐射功率进行编程控制，达到减小多路径反射造成的误差。
- 功率放大器是固态放大器，可将调制信号进行功率放大，一般采用功率合成技术。

（3）本地控制器。

本地控制器是台站内部完成信息和状态的控制和显示单元，可以实现定时、控制、处理和形成信号格式，包括对发射机的控制、天线波束扫描的控制、射频信号的产生和控制、时序的产生和控制，以及完成双机转换、天线开关控制、人工和自动开关机等。控制由操作面板上的按钮实现，各种状态信息通过面板上的指示灯显示出来。

本地控制器通过通信接口与远地监测控制设备相连，以实现远距控制，并将本台站监测信号向远地监测控制设备传送。它还可以通过一个便携式计算机终端在台站本地进行操作，检查台站工作状态和维修本台站设备。

（4）监测器。

MLS 地面台站配有一个复杂的监测系统。监测系统随时监测设备的工作情况，一旦检测到了影响安全的问题就以一定的形式向有关人员发出警告。当检测到设备发生故障时，就迅速地切换到备份设备，这对Ⅱ类以上的进近着陆来说尤为必要，是满足 MLS 完好性指标要求的重要设计。

系统的监控按功能可分为执行监控和维护监控。执行监控主要检测那些与系统安全有关的主要参数，如波束精度、各分系统的辐射功率电平、系统定时、DPSK 调制的完好性和时分功能中的同步关系等。这些参数中的任何一个超差达到一定的限度并持续 1s 时，系统必须切换或关闭，每个参数都有各自的监控分量。如果是方位台关闭，那么进近仰角台、拉平台和反方位台都应随之关闭，并发出相应的告警。维护监控的功能是去检测一些与系统直接相关的参数，从而发现设备性能衰退的征兆，提醒维修人员及早进行调整或维修，这些参数不具备执行参数的关键性质，称为维修参数，并用来预测即将到来的故障，作预防性维修。维修参数还用来进行故障定位，从而缩短维修时间，有些故障可以通过在线更换插件的方法加以排除。

为可靠起见，执行监控和维护监控的测量方法是相对独立的。为了适应外场各种恶劣的天气变化，地面台站的电子设备柜和天线柜的保护性屏蔽设计也至关重要。在防雨雪、冰冻、气温骤变和抗风载等方面都要有所考虑。

（5）不间断电源

由交流/直流变换器、蓄电池组以及控制转换电路构成不间断电源，蓄电池组可供电 4h。

2）仰角台

MLS 仰角台是向着陆飞机提供俯仰角引导信息的设备，相当于 ILS 的下滑台，它通常安装在跑道着陆端一侧，与着陆点平行对应的某一位置，一般情况下仰角台距跑道中线 130m 左右。某型仰角台外形如图 13-15 所示。

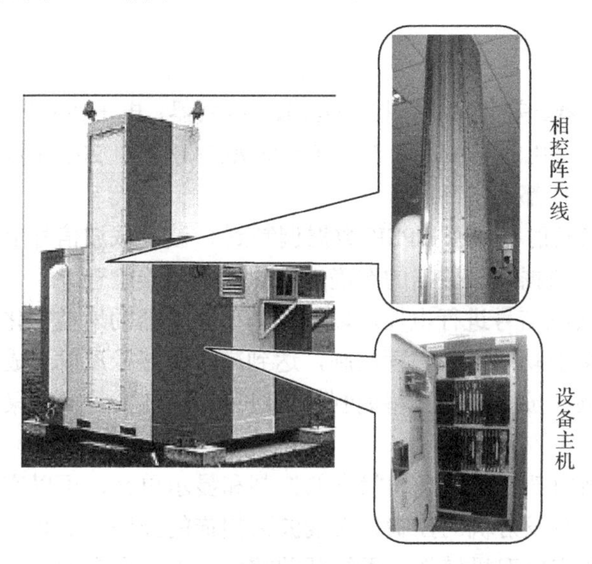

图 13-15 仰角台外形

仰角引导信号在水平面内覆盖整个方位台引导区，垂直面内提供的下滑道角度可以由机载接收机来选择，其范围一般为 0°～15°，并向前延伸到 6000m 高度，作用距离与方位台一致，为

37km。仰角台的扫描天线为相控阵天线，高度一般为 2～4.5m，其垂直面内的扫描波束宽度与跑道长度无关，而主要取决于所要求的进近着陆类别，以满足不同的精度要求，一般分为 1°、1.5° 和 2° 三种。仰角台除了不提供数据发射和系统同步功能外，其工作原理与方位台相似。

仰角台在其覆盖范围里发射仰角引导信号，并用 OCI 天线辐射上方覆盖区外指示信号，以给覆盖范围上空的飞机提供指示。此外，仰角台还发射一个前向识别信号。

仰角扫描天线一般由印刷振子的辐射阵元组成，所有振子都沿一条垂直线上下排列，辐射垂直极化波，振子数目、振子之间的间距、阵长等都在设计时标定。在水平面内的方向性是由设置在对称振子左右两侧的反射板来控制的，该反射板形成一个片状喇叭张口，将辐射能量汇集在覆盖扇区内，并使沿跑道中线方向上的增益最大，两侧渐减，在覆盖区域边缘减至零。典型的仰角扫描天线阵有 62 个振子单元，单元间隔为 0.73 个波长（约 4.38cm），天线阵长为 2.738m。

仰角台的组成与方位台的组成基本相同，也由五部分组成。但其天线部分有所不同，一是扫描天线为仰角扫描天线，垂直放置，扫描范围为-1.5°～+29.5°；二是只有上 OCI 天线。除了扫描天线以外，AZ、EL 台相同单元的硬件均可互换。

3）远地监测控制设备

远地监测控制设备是微波着陆地面设备的主控中心，通过它可控制设备的正常运行、显示状态和进行故障记录，使台站达到无人值守。远地监测控制设备由远地电子设备单元、远地控制状态单元和远地状态单元组成。

（1）远地电子设备单元是一个微型计算机，置于空中交通管制（ATC）塔的机房内，是台站与 ATC 设备连接的主链路，用于远距离监测 MLS 地面设备的工作状态和性能参数、外部环境参数和台站安全性，改变台站的工作状态及启动完好性检测和诊断。它还提供方位或仰角台站与远地控制状态单元及远地状态单元之间的通信接口。远地电子设备单元能对台站各种参数的装订、修改进行操作，在台站之间采用专用通信线路建立可靠的通信。

（2）远地控制状态单元是 MLS 台站的主控制设备，一般安装在机场的控制塔台内，通过 RS-422 接口与远地电子设备单元相连。在 MLS 台站无人值守的情况下，它是唯一的控制设备。远地控制状态单元的前面板上除了有一系列指示灯用来显示系统的工作状态，如正常工作状态、维护告警、二次告警、方舱告警等，还有一系列的控制开关，用来控制系统的工作，如关掉引导信息的发射、清除已存告警、重新开始正常操作等。

（3）远地状态单元与远地控制状态单元基本相同，有一系列指示灯用来显示系统的工作状态，但它的面板上没有开关，所以它不能执行控制功能，它也是通过 RS-422 接口与远地电子设备单元相连的。

4）地面测试设备

便携式测试接收机是 MLS 地面台站配套使用的专用设备，主要由便携式 MLS 接收机（PMR）、C 波段喇叭天线、已校准射频电缆和三角支架构成，用于在机场校准、测试和定期检查 MLS 地面设备角度引导系统辐射信号的性能。

便携式测试接收机面板上的多功能 LCD 显示器可显示引导台运行的所有必要数据，如方位角、俯仰角、反方位角、扫描波束脉冲功率电平、平均航道角、控制运动噪声（CMN）、前导和 OCI 功率电平、最小下滑角、发射频率与通道号、基本数据字、辅助数据字以及它们的功率电平等。

2. PDME 系统地面设备

PDME 系统地面设备是 PDME 系统应答器，其典型的组成包括天馈线、接收机、发射机、信号处理器及脉冲校正模块等部分，如图 13-16 所示。

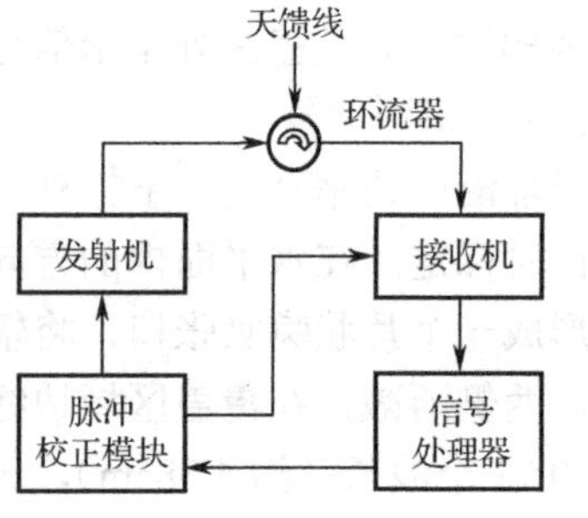

图 13-16　PDME 系统应答器工作框图

接收机的带宽为 3.5MHz，保证机载 DME 系统/PDME 系统询问信号在传输过程中没有脉冲形状的畸变。因为要处理两种信号（DME 系统或 PDME 系统的 IA 模式和 PDME 系统的 FA 模式），接收信号被分成两路分别进行半幅度检测（HAF）和延迟衰减检测（DAC），放大和解调后送入信号处理器。

从接收机送来的两路信号分别送入 IA 和 FA 模式译码器进行译码，然后送入模式识别器进行模式识别，根据识别后的信号进行相应信号的延时控制、脉冲对产生等，并将应答信号分别送到发射机和脉冲校正模块。在信号处理器中还为 PDME 系统准备了专门的优先逻辑，使 FA 模式回答比识别脉冲等有更高的优先权。

发射机（包括频率合成器、功率放大器和调制器）输出特定功率的应答脉冲，所选用的数字控制调制器可以保证所需要脉冲形状的准确度不受工作条件的影响。调制信号被加到发射机的预放级和功放级，储存在可编程只读存储器里的理想脉冲形状与被一个高精度解调器所传感的实际脉冲形状连续地进行比较，产生一个控制电压，用来保持最佳输出信号形状。

脉冲校正模块用来保证 PDME 系统应答器延时的高度精确性。脉冲校正模块受信号处理器控制，处理器周期性地启动校正循环并分析其结果。当校正处理通过模拟接收机的各种输入电平而循环时，就建立起两套完整的关于接收机各种不同输入信号电平的延时值，一套属于 IA 模式，另一套属于 FA 模式。被列出的两套校正值将连续不断地更新，允许对由于温度、失效和接收信号电平不同等原因而引起的延时漂移或变化进行补偿。根据工作模式和所测得的接收信号电平的大小，处理器从列表数据中取出相应的延时修正值，用于预置应答器的延时计数器。用这种方法，应答器的延时误差可以保持在小于钟频一个周期（即 31.25ns）的范围内。

图 13-17 所示为一种典型的 PDME 系统应答器原理方框图，可以将它看作由两个独立的应答器所组成：一个用于回答 FA 模式询问，另一个则用于回答 IA 模式询问。每个应答器均由接收机、信号处理电路和发射机组成。两个应答器共用一个接收机，用于接收 IA 模式和 FA 模式询问。

两个应答器的主要区别在于它们的信号处理电路。PDME 系统信号处理的一个重要功能就是识别和确认 DME 系统信号，可利用 DME 系统信号的脉宽、频率和编码这三个特性来实现这一功能：DME 系统信号的频率和编码可用于确定工作频道；DME 系统脉冲的宽度可用于从那些短噪声脉冲中鉴别有效脉冲。

回答 IA 模式询问的应答器信号处理电路由窄频带中频放大器（800kHz 带通滤波器）、对数放大器、峰值振幅查找（PAF）、菲利斯鉴频器、脉宽鉴别器、宽频带滤波器和 IA 模式延迟等部分电路组成。回答 FA 模式询问的应答器信号处理电路由宽频带中频放大器（3.5MHz 带通滤波器）、对数放大器、延迟-衰减-比较（DAC）、菲利斯鉴频器、脉宽鉴别器、宽带窄带译码器及 FA 模式延迟等部分组成。PDME 系统信号处理电路执行如下信号处理功能：

（1）检测并确认所接收的询问脉冲对；

（2）对 FA 和 IA 模式询问译码；

（3）实现回答延迟定时，并启动 FA 或 IA 模式回答。

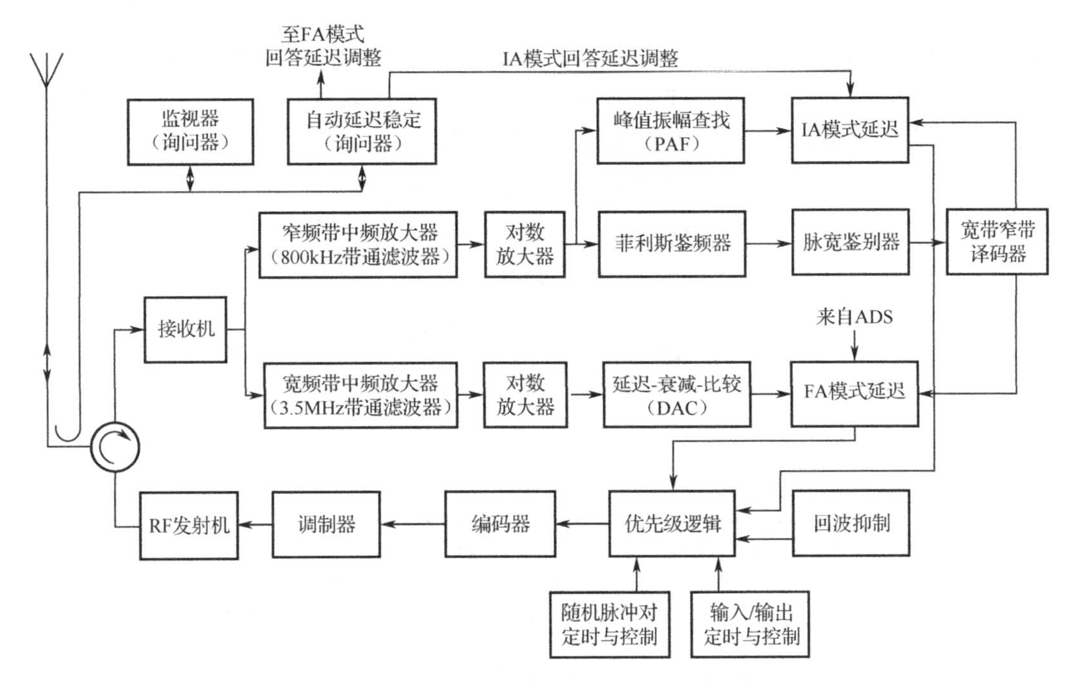

图 13-17　PDME 系统应答器原理方框图

为了保证即使在电路参数随时间和温度而变化的情况下，仍能达到 FA 和 IA 模式回答延迟的航迹跟踪误差（PFE）仪器精度要求，必须要有完善的信号处理功能，在 PDME 系统中是利用一个自动延迟稳定（ADS）电路来完成这个任务的。ADS 测量 FA 和 IA 两种工作模式时的回答延迟，这种测量完全像在询问器中测量距离那样。由于 ADS 是在零距离，所以 ADS 测量结果对应于与所分配的频道有关的应答器延迟。如果这一估值与所要求的值不同，就相应地调整应答器的时钟信号。

可见，ADS 的 PFE 测量精确度可同优良的询问器 PFE 测量精度一样。然而，由于 ADS 测量的是一个受噪声影响的相对稳定延迟，故测量滤波器不需要具有像在询问器中那样为跟踪飞机机动飞行所要求的有快瞬变过程跟踪能力。这就允许利用大时间常数，大时间常数所得到的时间延迟估计比从某个标准的询问器可能得到的时间延迟更加精确。

应答器的仪器误差产生于各种不同的来源，诸如 ADS 本身、回答延迟时钟、IF 对数放大器和接收机热噪声等。

ADS 能校正在一定信号电平上产生的所有慢变误差，然而它却不能校正 CMN 误差源，如接收机热噪声，它也不能补偿依赖于振幅的如对数放大器产生的延迟。但由于这些误差源所产生的误差一般小于 3m，所以应答器的精度在很大程度上受到 ADS 性能的限制。

PDME 系统应答器的发射机电路由编码器、调制器和射频（RF）发射机所组成，它用于产生并发送对 FA 和 IA 模式询问的回答。

13.3.2 机载设备

1. 角度引导机载设备

MLS 角度引导机载设备由天线、接收机、包络处理器、置信度验证和信号处理器等组成，MLS 角度引导机载设备外形及组成框图如图 13-18 所示。机上装有一个或两个 MLS 信号接收天线，前向天线是主天线，后向天线在飞机复飞时使用。

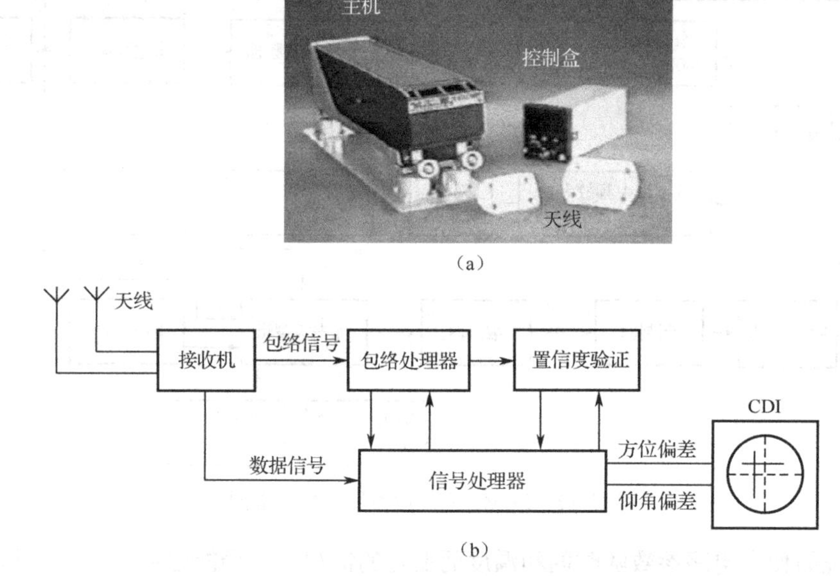

图 13-18 MLS 角度引导机载设备外形及组成框图

MLS 接收机是一个超外差接收机，在 MLS 的 200 个波道中任选一个波道工作，其作用是接收并放大 MLS 地面台发射的信号。当飞机装有两个天线时，接收机的天线开关用来选择前向或后向天线。MLS 数据信号由一路解调器输出，经 DPSK 解调、译码，取出同步信号作为全机的定时信号；往返扫描脉冲对信号由另一路检波输出，并送往处理器进行包络处理、角度处理、时间闸门跟踪、置信度判决等。最后输出的信号分为模拟和数字两部分：模拟输出是相对于选择的下滑线的偏差值，它送往偏差指示器；数字输出符合 ARINC（航空无线电）429 标准格式，送往导航计算机或飞行管理计算机。还有用于告警的模拟信号，包括方位告警信号和下滑告警信号。控制部分用于接收机/处理器频道选择、下滑角和航向角选择，还用来控制 MLS 机载设备的开/关机和自检测。

1）包络处理

MLS 测角原理是由机载设备测量飞机接收到的往、返扫描脉冲之间的时间间隔来确定飞机当前的角度。接收机测量这一对脉冲的时间间隔，就是测量这一对脉冲中心点的时间间隔。准确地找到中心点是得到 MLS 精确角度的关键，包络处理的目标就是寻找中心点。

在 MLS 接收机处理器中通过巧妙的处理，可以间接地求得脉冲对中心点的时间间隔。如图 13-19 所示，用接收机收到的往或返脉冲峰值电平产生一个−3dB 的门限电平（此门限电平比包络脉冲峰值低 3dB），再用此门限电平对脉冲包络限幅，得到一对闸门脉冲，称为锁住闸门脉冲对。这一对闸门脉冲中心的时间间隔与飞机的角度成正比。如果用往扫描锁住闸门的起始时刻，打开一个钟频为f_0的计数器，并以$f_0/2$计数，到往扫描锁住闸门结束时停止$f_0/2$计数，同时又令计数器以f_0钟频继续计数直到返扫描锁住闸门起始时刻为止，在返扫描起始时刻开始又以$f_0/2$计数，直到返扫描锁住闸门结束时刻而结束计数，那么，计数器累计的钟频脉冲数目 N 与钟频脉冲时间间隔 ΔT 之乘积就等于往、返闸门脉冲中心的时间间隔：$t=N \cdot \Delta T$，得到 t 值，再按 MLS 测角公式可以求得 $\theta = v(T_0 - t)/2$ 。

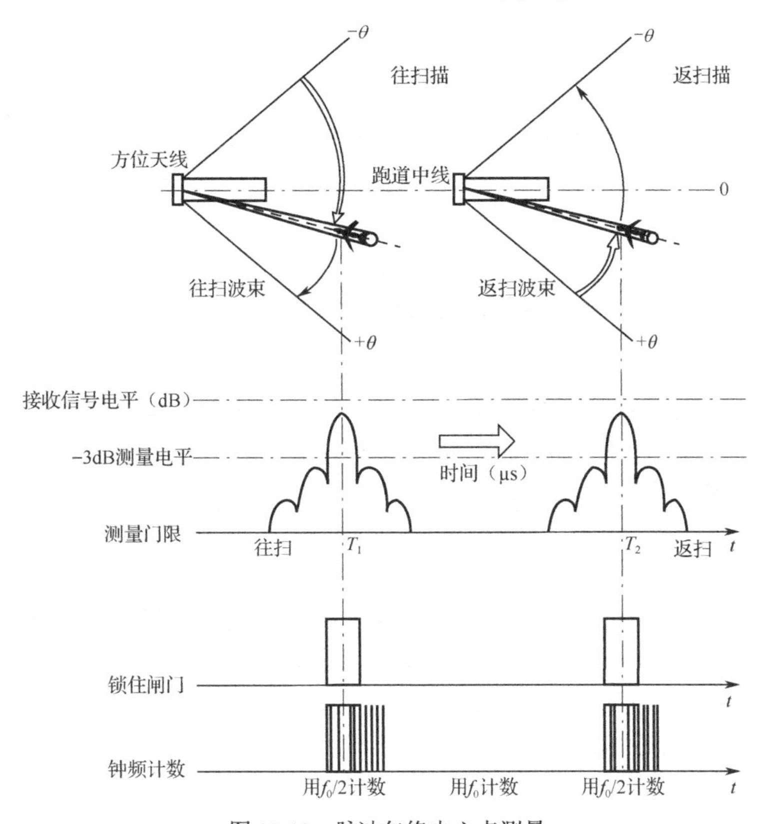

图 13-19　脉冲包络中心点测量

2）置信度验证

当飞机进入 MLS 工作区以后，在理想情况下，接收机收到扫描天线的往、返脉冲，处理器进行包络处理，产生锁住闸门，然后进行计数算出角度。但是，如果飞机处在覆盖的边缘，信号很弱，接收机噪声、外部各种干扰、多路径反射信号等可能干扰脉冲对，甚至在幅度上可与之比拟或超过它。这时处理器必须进行识别，保证不处理这些干扰信号，不受其干扰而正常工作，这就是置信度验证要解决的问题。置信度验证工作包括以下几点：

（1）幅度鉴别：保证跟踪的脉冲是扫描中的最大值。

（2）脉冲对鉴别：处理器保证在一次扫描中只跟踪一对脉冲，多于或少于一对都认为是虚假的信号而放弃。

（3）脉冲对位置鉴别：处理器跟踪的一对脉冲必须相对于往、返扫描中点时刻是对称的，否则认为是虚假脉冲而放弃它。

（4）置信度计数：经过鉴别认可的信号增加置信度，放弃的信号可以减少置信度，置信度的判据是超过 50%有效信号时才认为可置信；否则认为数据不可信而发出告警信号。

2. PDME系统机载设备

MLS测距用的机载设备是PDME系统机载询问器，其简化框图如图13-20所示。PDME系统机载询问器一般都将DME系统和PDME系统的功能结合在一起，可以保证PDME系统和DME系统兼容。

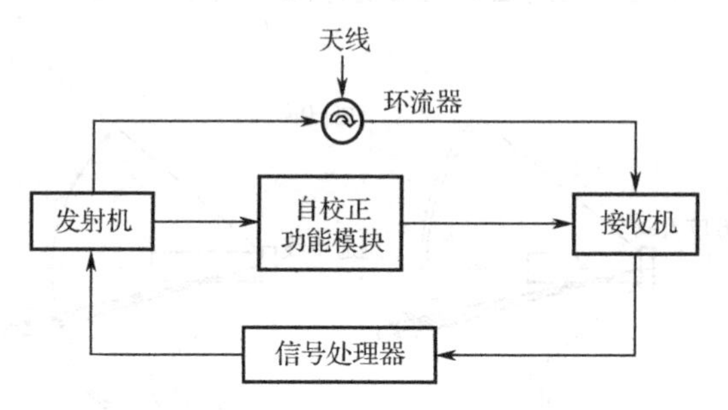

图13-20 PDME系统机载询问器简化框图

1）发射机

发射机内的主要模块有频率合成器、调制器和功率放大器。频率合成器产生载频和本振频率送到调制器，调制产生PDME系统DME系统询问脉冲，调制器为cos/$\cos^2$信号调制器。机载询问器各工作模式的脉冲形状是一样的。

2）接收机

接收机前端为预选器，带宽约25MHz，要求其噪声系数低于8dB。信号经过预选器后进行解调，用发射机内的频率合成器送来的本振频率将接收到的信号转换成63MHz的中频后，信号被分为两路，分别馈送到窄带和宽带中频放大器和各自的自动增益控制电路。其中窄带支路频带为480kHz，宽带支路的信号处理带宽是3.5MHz。宽带支路采用菲利斯鉴频器并作若干细调，以补偿中频放大器支路之间的增益漂移。放大后的两路信号分别送至信号处理器。

3）信号处理器

信号处理器对接收机送来的信号进行处理，对FA、IA及DME系统的应答脉冲对分别进行译码、计数并给出同步回答脉冲到达时间的粗值。

4）自校正功能模块

在自校正功能模块中，应用了自校正环，以补偿时延变化和设备容限。自校正环使用了中频导脉冲技术，主要电路是导脉冲/试验功能模块，在这里射频询问脉冲转换为63MHz的载波频率，并把所导出的导脉冲送到窄带和宽带接收机支路，导脉冲的电平自动地与进入接收机的信号电平相适应。由导脉冲导出的DAC或HAF触发就像由接收信号脉冲所导出的一样，用同样的方法处理。在通过距离计数器转换为到达时间数据并送到CPU后，用了一个特殊的滤波器算法，产生一个高精度零公里基准基值，据此进行此后的距离计算。

图13-21所示为更详细的PDME系统机载询问器方框图。它由接收机、信号处理电路（包括宽频带中频放大器、窄频带中频放大器，信号确认和距离测量与估计电路）、发射机及其IA、FA模式编码器等电路组成。

接收机的功能是接收地面信标应答器的回答信号。

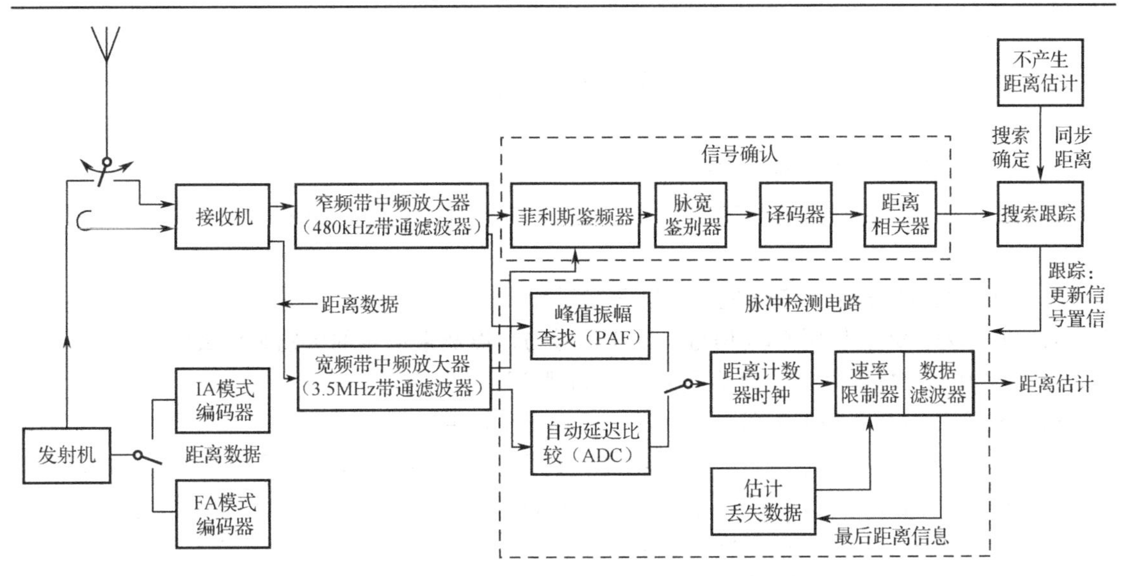

图 13-21　PDME 系统机载询问器详细方框图

信号处理电路实现如下功能：

（1）识别并确认对询问的回答；

（2）从同步回答中获得距离测量；

（3）对数据进行处理，输出信号用于显示和飞机飞行操纵系统。

信号确认电路由菲利斯鉴频器、脉宽鉴别器、译码器和距离相关器组成。

在 PDME 系统机载询问器中，用于识别和确认对询问回答的方法与在应答器中的方法一样。除了确认功能外，询问器还必须实现回答的距离相关，以便确定在该距离上所接收的是同步回答。一旦完成了这一“搜索”过程，并已确定是同步距离，就可利用在该距离上所接收的回答进行距离测量。然后，原始测量结果再经过滤波，以减小由仪器误差、接收机噪声以及多路径干扰所造成的测量噪声的影响。

信号捕获或距离相关可通过将覆盖的距离划分成距离单元来实现，与每个距离单元相关联的是一个计数器，所以跟随每次询问，在出现回答的那些距离单元内，与之相关联的计数器就增量；而不出现回答的那些距离单元内，与之相关联的计数器减量。所以，对应于同步距离的与距离单元相关联的计数器将比其他计数器达到较高的数值，由此可鉴别同步距离。

对于 PDME 系统来说，需要较为复杂的距离相关和信号捕获方法。询问器不但在 IA 模式必须捕获和跟踪，而且它还必须自动开始过渡到距应答器 15～13km 的 FA 模式处理。为了完成这一过渡，询问器必须在 IA 模式跟踪回答同步，也在 FA 模式捕获置信。一旦 FA 模式获得置信，FA 和 IA 模式数据就将混合，增加 FA 数据的比例，由询问器来产生输出距离和速度信息。一旦询问器移动到距应答器 13km 以内，IA 模式询问就停止，只有 FA 模式用于产生输出信息。

对询问器仪器误差起主要作用的因素是电路参数的慢变漂移，这些影响可通过对询问信号的处理加以补偿。其他误差源，如众所周知的时钟量化效应可通过常规技术加以控制，从而达到规定的仪器精度。

PDME 系统机载询问器发射机电路由 IA 和 FA 模式编码器和发射机组成，用于产生并发送 IA 和 FA 模式询问信号。

作 业 题

1．与 ILS 相比，MLS 都有哪些优点？

2．MLS 是如何进行角度测量的？方位角与仰角测量信号在机载接收机中是如何进行区分的？

3．MLS 地面设备中都有哪些天线？各发射什么信号？

4．MLS 为什么要使用 OCI 信号？OCI 信号与角度测量信号的区别是什么？

5．PDME 与 DME 相比有什么优点，是如何实现的？

6．分别画出 MLS 基本配备与扩展配备机场示意图并加以说明。

7．简述 MLS 数据字结构，并说明 MLS“往”“返”扫描期间为什么要设置停歇时间？

8．计算当 MLS 机载设备测得的往返扫描脉冲时间间隔为 5.8ms 时，飞机所处的相对方位角度值，并画出飞机所在的角度位置示意图。

第 14 章　精密进场雷达系统

14.1　概　　述

精密进场雷达系统是一种在地面指挥引导飞机着陆的系统。在复杂气象条件下，当飞机飞到雷达探测范围内时，着陆领航员在雷达显示器上观测飞机的航向角、下滑角和相对于着陆点的距离，并且和理想航迹线比较，依据偏差情况用无线电话指挥飞行员操纵飞机沿着理想下滑线下降到 30～50m，然后转入目视着陆，这种着陆方法也称为地面控制引进（Ground Controlled Approach，GCA）。

14.1.1　系统组成、功能与配置

精密进场雷达系统由机场监视雷达、精密进场雷达和地空通信设备三部分组成，如图 14-1 所示。机场监视雷达（又称环视雷达）（Airport Surveilance Radar，ASR）工作波长为 10cm，探测以机场为中心、半径为 100～200km 范围内的各种飞机，以平面位置显示器显示飞机的距离和方位，提供机场周围飞机的活动情况，实现空中交通管制并引导飞机进场；精密进场雷达（Precision Approach Radar，PAR），又称着陆雷达，工作频率为 X 波段（波长 3cm），是三坐标、一次雷达，作用距离 40～60km，用于在机场终端区域探测欲着陆的飞机，测定其空中位置（方位角、仰角、距离）及偏离理想着陆航迹的情况，由指挥员或领航员通过地空通信设备指挥引导飞机安全进场着陆；地空通信设备用于沟通地面领航员与飞行员的联络。

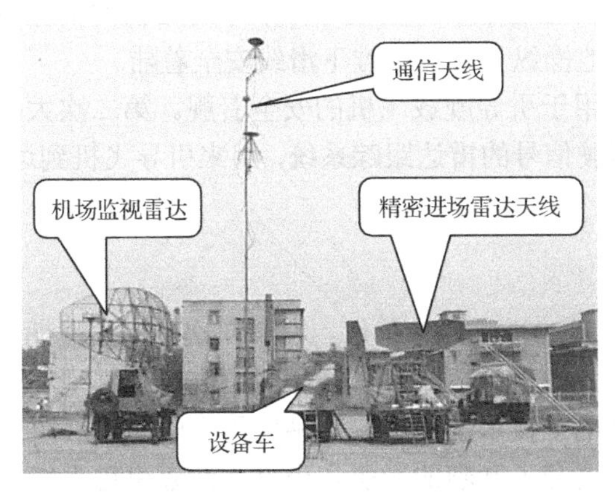

图 14-1　精密进场雷达系统组成

精密进场雷达一般配置在机场跑道中部一侧，根据阵地周围环境可适当调整，但必须满足天线扇扫波束覆盖跑道头的基本要求。一般要求雷达的跑道距离 R_θ（定义为雷达距跑道中线的距离）为 100～250m，雷达的后撤距离 R_φ（定义为雷达到跑道着陆端口的距离）为 500～1800m，如图 14-2 所示。

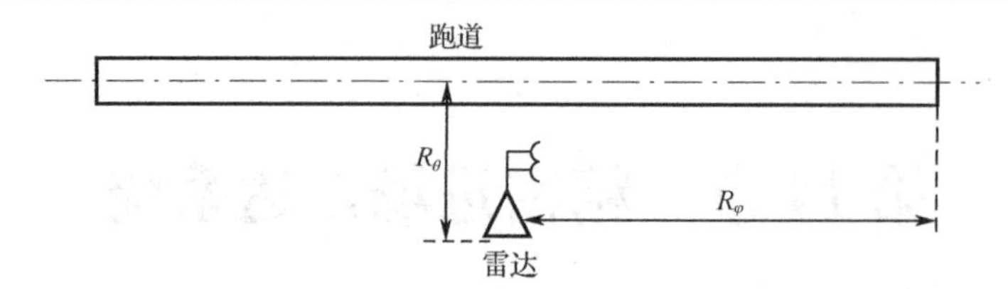

图 14-2 精密进场雷达在机场的配置

机场监视雷达通常与精密进场雷达配置在一起，也可根据情况配置在机场的其他地方。

14.1.2 系统应用和发展

1. 系统应用

GCA 的引导过程一般分两个阶段：第一阶段是引导员在监视雷达上观测、识别要着陆的飞机，并与之建立联系将其引导到着陆航线上来；第二阶段则是利用精密进场雷达进行最后阶段的进场引导。

机场监视雷达（ASR）主要用于监视终端管制区域内的飞行目标，并在平面显示器上显示它们的距离和方位。空管人员根据这些信息，通过数据传输或通信网络引导飞机以适当的距离与高度接近并进入机场的着陆跑道，随后飞机将在仪表着陆系统、微波着陆系统或精密进场雷达（PAR）等各种着陆系统的引导下安全着陆。飞行指挥和管制人员利用机场监视雷达还能按照监视空域内的流量状态，合理安排起飞顺序以缩短起飞间隔，以及适时提供终端管制空域内的有关气象数据。

精密进场雷达是精密进场雷达系统的核心，其方位和仰角天线扇形波束分别在水平和垂直方向上快速扫描，由于方位天线的水平波束宽度和仰角天线的垂直波束宽度都很窄，可以精确地测量飞机在空间的位置——方位角、仰角和距离。地面领航员在雷达显示器上观察飞机的回波，并且读出飞机的方位角、仰角相对标准下滑路径的偏差值，根据这些偏差值的大小用口令通知飞行员，让他操纵飞机按标准下滑线安全着陆。

精密进场雷达系统还用于引导舰载飞机的安全着舰。第二次大战后美国研制生产了几种用语音向飞机发送航向驾驶信号的雷达跟踪系统，用来引导飞机到达距航空母舰一定距离后，改由目视着舰。

2. 系统发展

精密进场雷达系统始于 20 世纪 40 年代。在第二次世界大战期间，由于战争的需要，美国在 1941 年开始研制军用仪表着陆系统，先后出现了 SCS-51 型空军仪表引进系统和 A-1 型军用仪表引进系统。随着电子技术的发展，这种应用空中交叉波束的引进系统在美国空军、海军和一些商业公司之间展开了激烈的竞争。当时，波束引进系统存在着一个严重的问题，那就是为了几千架战斗机和运输机在不受天气影响的情况下安全降落，不仅要在所有的全天候机场安装地面设备，而且要给每一架飞机安装专门的机载接收机，并且训练飞行员学会使用它。因此，一种新的引导飞机安全着陆的系统概念——“talk down”——“用口令引进飞机着陆”就诞生了，实现这种原理的系统称为地面控制引进（GCA）系统。GCA 系统从一开始就是按照军用要求——通用的盲目着陆系统来研制的，它不需要专门的机载接收机和显示仪表，只需要通过话音电台把地面领航员的引进口令传给飞行员，飞行员按口令操纵飞机进近和着陆。1941 年美国麻省理工学院的辐射实验室在 Luis Alvarez 博士领导下，首先进行了这一研究，最初用一个防空微波雷达在 1942 年进行了验证性试验，1943 年对第一种军用型号设备 AN/MPN-1 进行了试验，到 1945 年一种军用型号的 AN/MPN-5 研制成功。

第二次世界大战结束后的冷战时期，GCA 系统得到了飞速发展，先后出现了应用机械扫描天线、机电扫描天线和相控阵天线的精密进场雷达。GCA 不仅供军用，而且在民航机场作为仪表着陆系统的补充，用于地面监视飞机的引进和着陆过程，大约在 1946 年出现了民用 GCA 系统。美国人最津津乐道的 GCA 的故事发生在 1948 年，当时苏联封闭了飞向德国柏林的飞机着陆通道。美国把准备好的一套 AN/CPN-5 设备安装在柏林的 Temnllhoy 机场，这个 GCA 系统接收从西部一个狭窄通道飞向柏林着陆的飞机，最多时每 20s 引导一架飞机着陆，这在当时是个创纪录的速度。

精密进场雷达系统对航空事业特别是军用航空起了重要的作用，但由于它采用的被动式引导技术体制，限制了其进一步发展。不过，作为地面监视飞机着陆过程的辅助手段，GCA 仍然在许多国家继续使用着。目前，精密进场雷达系统还是我军用机场主要的着陆引导设备之一，并且在今后相当长的时间内仍是如此。

14.1.3　系统性能及特点

1．系统性能

1）机场监视雷达

由于终端管制空域通常设在主要航空枢纽或机场较为密集的空中繁忙地带，其管制空域的范围有限，因此，机场监视雷达的作用距离一般为 100～200km，高度覆盖在 7500m 左右。

此外，在空中交通流量较大的终端管制空域内，必须提高监视雷达对方位与距离的测量精度和分辨率，才能减少雷达管制的安全间隔，以保证在安全的前提下提高管制空域的交通流量。

现代飞机的速度越来越快，而在终端管制区内，通常目标的位置参数随时间的变化都较为剧烈，只有提高目标数据的更新率，才能更实时地反映空域内各目标的真实位置，从而保证繁忙空域内的飞行安全；机场终端监视雷达必须同时完成对多个目标的识别、跟踪及有关数据的处理，处理工作量大大增加；机场监视雷达必须设置在机场附近，这里地面状况比较复杂，地杂波影响比较严重，飞机又不可避免地要在其上空飞行，故必须提高在较强的复杂地杂波条件下检测目标的能力。

考虑到这些因素，机场监视雷达的工作频率选用了 L 波段或 S 波段。当作用距离不太大时，一般选用 S 波段，可在同样的天线开口尺寸时获得更窄的水平波束，通常水平波束宽度约 1.5°，垂直方向则采用平方余割方向图。为提高机场监视雷达的数据更新率，雷达天线的转速一般设置为 10～15r/min，数据更新周期为 4～6s，发射脉冲功率为 0.5～1MW。为提高距离测量精度和分辨率，测距脉冲宽度为 2μs 左右，脉冲重复频率较高，以保证有足够次数的回波信号，实现足够的能量积累，提高对目标的探测概率。机场监视雷达还采用了动目标显示（MTI）和动目标检测（MTD）技术，以达到在复杂杂波背景下可靠地检测动目标的目的。

2）精密进场雷达

精密进场雷达采用较窄的天线波束宽度，以提高雷达测角精度与分辨率，保证着陆安全。由于窄波束需增大天线的开口尺寸，故选用频率较高的 X 波段，以同时兼顾天线尺寸和机动性两方面的要求。一般精密进场雷达的显示器可设置几条不同的理想着陆线，以适应不同类型飞机着陆的要求。有些雷达还采用了具有不同下滑角的分段理想下滑线，其适用面更广。现代精密进场雷达也都采用了动目标显示技术，更为先进的还采用了相控阵天线，可以扫描并同时跟踪几个目标，大大改善了引导着陆的效率和安全性。

典型的精密进场雷达工作频率为9370MHz±30MHz，发射脉冲功率大于50kW，发射脉冲宽度约0.5μs，脉冲重复频率为1800～2000Hz。在一般气象条件下，探测距离大致为40～60km，而在恶劣气象条件下，应具有十几千米的有效探测距离。为此天线馈电采用了可变极化的方式，一般气象条件时航向天线采用垂直极化波辐射，下滑天线采用水平极化波辐射，而在恶劣气象条件下均采用圆极化工作方式，以抑制雨、雪等的回波干扰，中雨时经圆极化反干扰后探测距离不小于15km。航向天线和下滑天线分时交替工作，分别测量水平方位角（航向角）和垂直俯仰角（下滑角）。航向天线水平波束宽度约0.85°，垂直宽度约2.5°，在方位上进行一维扫描，扫描范围为左右各10°（以跑道中线为方位0°线）。下滑天线水平宽度约3°，垂直宽度约0.75°，在俯仰方向上进行一维扫描，扫描范围为-1°～+9°（以水平面为俯仰0°线）。

精密进场雷达采用双B显示器显示航向和下滑画面，如图14-3所示。画面有20km和40km两个量程，显示画面数据变换率为30次/分钟。除角度标志线和距离标志线以外，另有三条标志线，中间是理想下滑线，边上两条称纠偏线，表明偏离理想下滑线的多少，通常下滑纠偏线偏离理想下滑线±25m，航向纠偏线偏离理想航向线±50m。利用纠偏线可帮助地面领航员判读飞机的偏离量，引导飞机安全着陆。

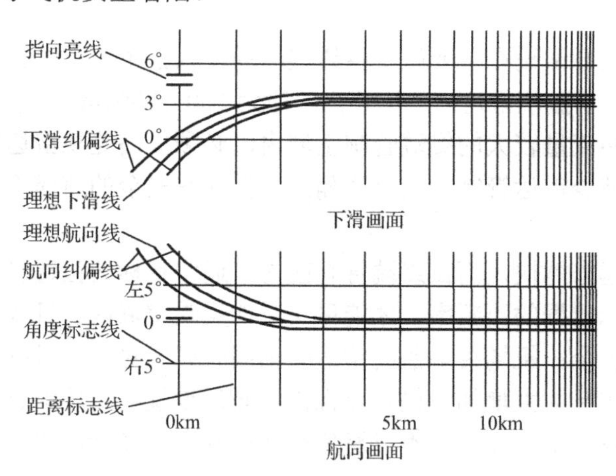

图14-3 精密进场雷达显示画面

精密进场雷达的测距精度为±2%R（R为探测距离），但不小于±60m，测角精度俯仰角为±0.35°，方位角为±0.5°，距离分辨力为±200m，角度分辨力为±1.2°。动目标显示性能的中频杂波可见度大于22dB。

2. 系统特点

精密进场雷达系统具有精度高、抗雨雪干扰、机动性好、不需专用机载设备、可对各种类型飞机实施双向引导、不必专门训练飞行员等特殊优势，所以一直受到军方的重视，自20世纪40年代开始沿用至今。

精密进场雷达系统对场地要求不严，受电磁环境影响小，有较强的适应性，并且精密进场雷达从换向、机动和轻便等方面考虑特别适合战术机场，同时可很好地解决飞机进场着陆和机场区域飞行管制相结合等诸多问题。但精密进场雷达系统也还存在着地面引导、飞行员被动，设备复杂、成本高，引导效率低、一次只能引导一架飞机进近等显著缺点，因而逐步走向了主动式着陆系统的备份手段方向。

14.2　系统工作原理

构成精密进场雷达系统的核心是雷达。雷达是“无线电探测与测距（Radio Detection and Ranging，Radar)”英文缩写 Radar 的汉语音译，原意是用无线电的方法发现目标并测定它在空间的位置。随着雷达技术的发展，雷达的任务不仅是测量目标的距离、方位和仰角，而且还包括测定目标的速度，或从目标回波中获取更多有关目标的信息。雷达的基本原理是利用目标对电磁波的反射（或称为二次散射）现象来发现并测定其位置，飞机、导弹、舰艇、车辆以及建筑物、山脉、云、雨、雪等都可以作为雷达的探测目标，这要根据雷达的用途来定。

机场监视雷达和精密进场雷达均采用脉冲工作方式，是以飞机作为探测目标的，地物、云、雨、雪等都被视为杂波干扰，所以在设计中总是尽可能地采取措施抑制干扰，提高雷达发现目标的能力。现以典型的脉冲雷达为例来说明雷达的基本原理。

图 14-4 示出了这种雷达的简化框图。由雷达发射机产生的电磁能，经收发开关传输给天线，再由天线将此电磁能定向辐射于空中。电磁波在空间中以近似光速（3×10^8m/s）传播，如目标恰好位于定向天线的波束内，则它将截获一部分电磁能，并将被截获的电磁能向各个方向散射，其中有一部分散射的能量朝向雷达接收方向。雷达天线接收到这部分散射的电磁波后，就经传输线和收发开关馈送给接收机。接收机将这微弱的信号放大并经信号处理后即可获取所需信息，并将结果送至终端显示，从而发现目标、测量目标的空间坐标。

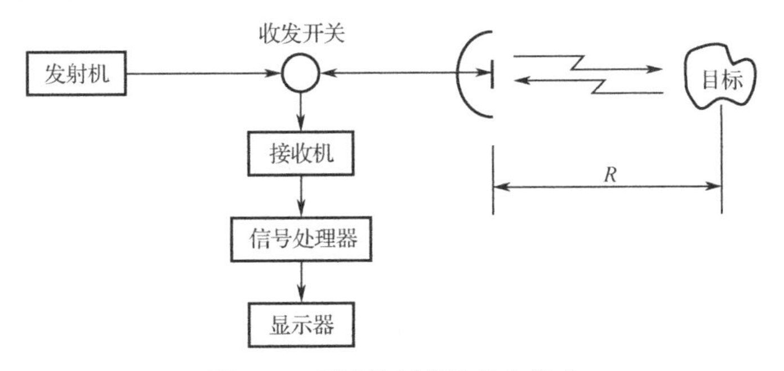

图 14-4　雷达的原理及基本组成

14.2.1　测距原理

雷达到目标的距离是由接收信号与发射信号的时间间隔来确定的。雷达工作时，发射机经天线向空中发射一串重复周期一定的射频脉冲，如果在电磁波传播的途径中有目标存在，那么雷达就可以接收到由目标反射回来的回波。回波信号往返于雷达与目标之间，它将滞后于发射脉冲一个时间 t_r，如图 14-5 所示。由于电磁波是以光速传播的，设目标的距离为 R，则传播的距离等于光速乘以时间间隔，即：

$$R = ct_r/2 \tag{14-1}$$

式中，R 为目标到雷达站的单程距离，c 为光速，t_r 为电磁波往返于目标与雷达之间的时间间隔。

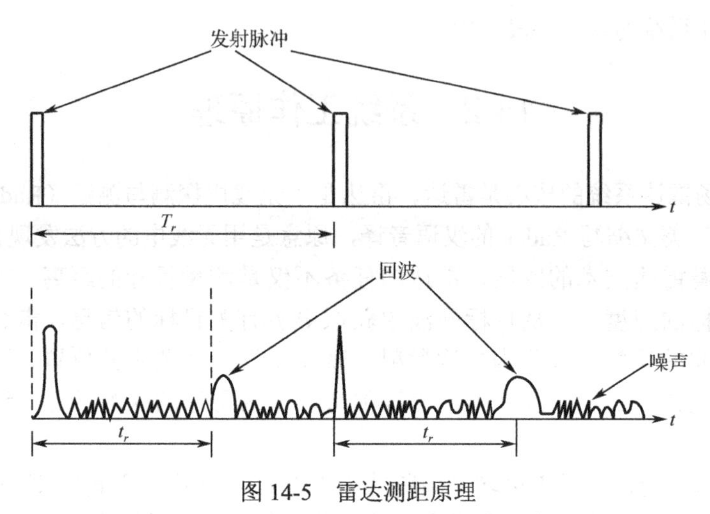

图 14-5　雷达测距原理

14.2.2　测角原理

目标角位置指方位角或俯仰角，在雷达技术中测量这两个角度基本上都是利用天线的方向图来实现的。雷达天线将电磁能量汇集在窄波束内，当天线波束轴对准目标时，回波信号最强，如图 14-6 实线所示。当目标偏离天线波束轴时回波信号减弱，如图 14-6 虚线所示。根据接收回波最强时的天线波束指向，就可确定目标的方向，这就是角坐标测量的基本原理，即导航原理所说的振幅式最大信号法测角原理。

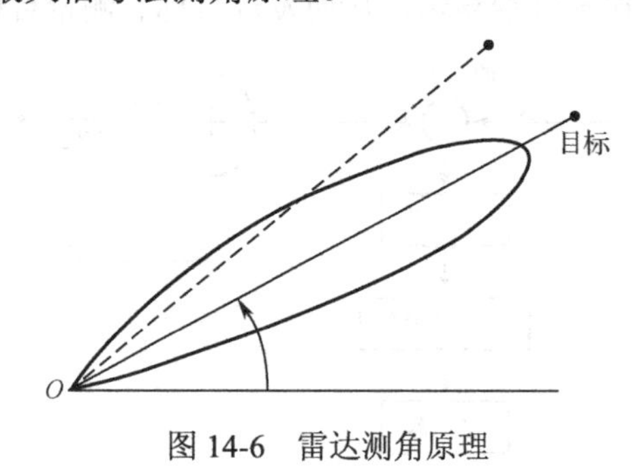

图 14-6　雷达测角原理

14.2.3　测速原理

当目标与雷达站之间存在相对运动时，接收到的回波信号因多普勒效应其载频相对于发射信号的载频产生一个偏移，这个偏移就叫多普勒频移，其值为：

$$f_d \approx 2v_r/\lambda \tag{14-2}$$

式中，f_d 为多普勒频移；λ 为载波波长；v_r 为雷达与目标之间的径向运动速度。当目标向着雷达运动时，$v_r > 0$，回波载频提高；反之 $v_r < 0$，回波载频降低。雷达只要测量出回波的多普勒频移 f_d，就可以确定目标与雷达站之间的相对速度 v_r。

多普勒频移除用作测速外，更广泛地应用于动目标显示（MTI）、脉冲多普勒（PD）雷达等，以区分动目标回波和杂波。

14.2.4　动目标显示（MTI）原理

众所周知，相对于雷达径向速度不为零的动目标回波，由于其行程的变化，存在多普勒效应，回波信号频率与发射信号频率是不一致的；而对于固定目标回波，相对于其发射脉冲的行程相同，因此频率不发生变化。雷达就是利用多普勒效应来实现动目标显示的。

设发射信号为：

$$S(t) = A\cos(\omega_0 t + \phi) \tag{14-3}$$

式中，ω_0 为发射角频率，ϕ 为初相，A 为振幅。在雷达发射站处接收到由目标反射的回波信号为：

$$S_r(t) = kS(t - t_r) = kA\cos[\omega_0(t - t_r) + \phi] \tag{14-4}$$

式中，$t_r = 2R/c$ 为回波滞后于发射信号的时间，其中 R 为目标与雷达间的距离；c 为电波传播速度，在自由空间传播时等于光速；k 为回波的衰减系数。如果目标固定不动，则 $R = R_0$ 为常数，回波和发射信号间有固定相位差：

$$\Delta\phi = -\omega_0 t_r = -\omega_0 2R_0/c \tag{14-5}$$

当目标与雷达站之间有相对运动时，则距离 R 随时间变化。若目标以匀速相对雷达站运动，则在 t 时刻目标与雷达站间的距离 $R(t)$ 为：

$$R(t) = R_0 - v_r t \tag{14-6}$$

式中，R_0 为 $t = 0$ 时刻的距离，v_r 为目标相对雷达站的径向运动速度。式（14-6）说明，在 t 时刻接收到的 $S_r(t)$ 是在 $t - t_r$ 时刻发射的。由于通常 v_r 远小于 c，故时延 t_r 可近似为：

$$t_r = 2(R_0 - v_r t)/c \tag{14-7}$$

回波信号相对发射信号的高频相位差为：

$$\Delta\phi = -\omega_0 t_r = -\omega_0 2(R_0 - v_r t)/c = \omega_d t - \omega_0 2R_0/c = \omega_d t - \varphi_0 \tag{14-8}$$

式中，$\omega_d = 2\pi f_d$，$f_d \approx 2v_r/\lambda$，$\varphi_0 = \omega_0 2R_0/c$。当目标飞向雷达站时，$f_d$ 为正值，接收到的回波信号频率高于发射信号的频率；反之，f_d 为负值，接收到的回波信号频率低于发射信号的频率。

图 14-7 画出了利用多普勒效应的脉冲雷达方框图及各主要波形图。为了取出能够反映目标运动速度的多普勒频移，在接收机中使用了相位检波器。由连续振荡器中取出的电压作为相位检波器的基准电压，基准电压在每一脉冲重复周期均与发射信号有相同起始相位，因而是相参的。相位检波器输入端加有两个电压：连续的基准电压 $u_k = U_k\cos(\omega_0 t + \phi)$，其频率和起始相位均与发射信号相同；回波信号 $u_r = U_r\cos[\omega_0(t - t_r) + \phi]$，当雷达为脉冲工作状态时，回波信号是脉冲电压，只在 $t_r \leqslant t \leqslant t_r + \tau$ 期间才存在，其他时间只有基准电压 u_k 加在相位检波器上。经过相位检波器检波，则在 $t_r \leqslant t \leqslant t_r + \tau$ 时，相位检波器输出信号为：

$$u = k_d U_k(1 + m\cos\Delta\phi) = U_0(1 + m\cos\Delta\phi) \tag{14-9}$$

式中，U_0 为直流分量，为连续波振荡器提供的基准电压经检波后的输出；$\Delta\phi$ 为回波信号与基准信号的相位差，即收发信号之间的相位差；$U_0 m\cos\Delta\phi$ 则代表检波后的信号分量。

在脉冲雷达中，由于回波信号为按一定重复周期出现的脉冲，因此 $U_0 m\cos\Delta\phi$ 表示相位检波器输出回波信号的包络，图 14-8 给出了相位检波器的输出波形图。

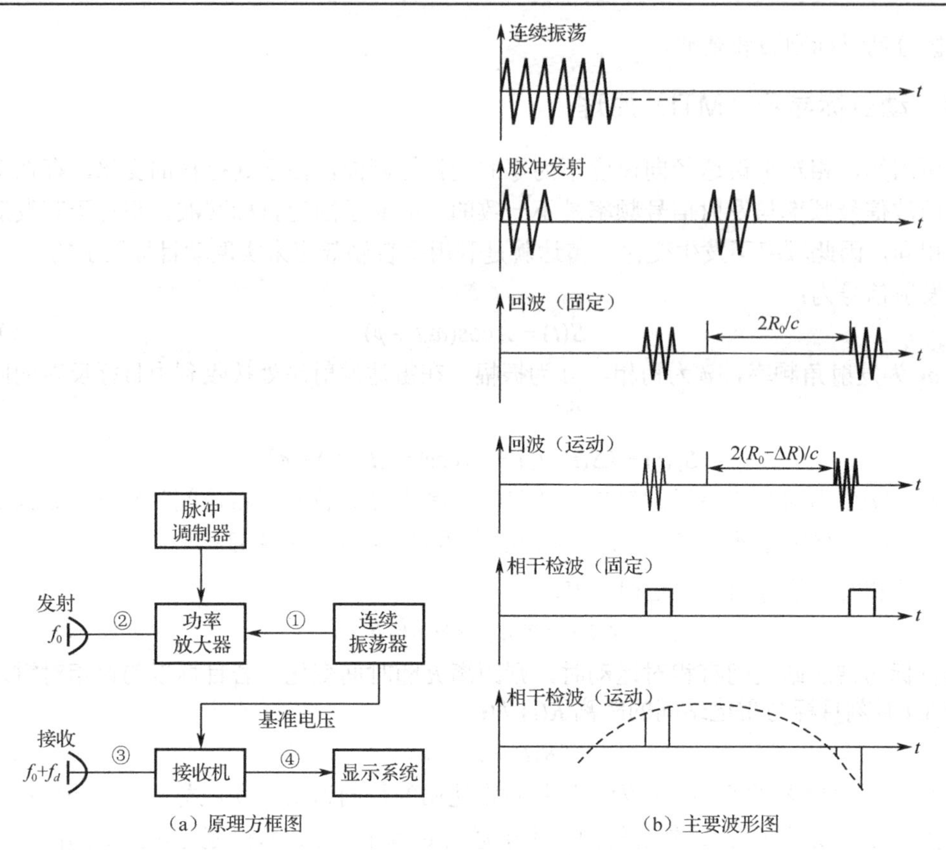

（a）原理方框图　　（b）主要波形图

图 14-7　利用多普勒效应的脉冲雷达方框图及波形图

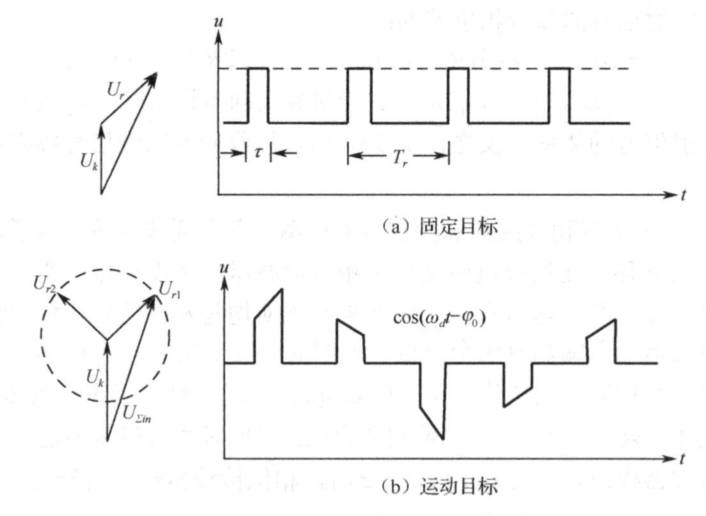

（a）固定目标

（b）运动目标

图 14-8　相位检波器输出波形

对于固定目标来讲，$U_0 m\cos\Delta\phi = U_0 m\cos(\omega_0 2R_0/c)$，由于回波信号与基准信号的相位差$\Delta\phi$为固定值，合成矢量的幅度固定不变化，检波后隔去直流分量可得到一串等幅脉冲。而对动目标回波而言，回波信号与基准信号的相位差$\Delta\phi$随时间t改变，合成矢量为基准电压U_k与回波信号相加，经检波及隔去直流分量后得到脉冲信号的包络为：

$$U_0 m\cos\Delta\phi = U_0 m\cos(\omega_d t - \varphi_0) \tag{14-10}$$

即动目标回波经相位检波器后输出为一串包络受余弦函数调制的脉冲，且包络调制频率为多普勒频率。

由于雷达回波信号中有飞机等动目标，也有固定的地物目标和雨雪等慢速动目标，所以从相干检波器输出的视频脉冲信号中，既有固定杂波的等幅脉冲成分，也有飞机等动目标的调幅脉冲成分，因此在送往终端显示器之前应先将固定杂波消除。最直观的一种办法是将相邻重复周期的信号相减，使固定目标回波由于振幅不变而相互抵消；动目标回波相减后剩下相邻重复周期振幅变化的部分则从相减器输出。

在动目标显示（MTI）雷达中，由于雷达工作于脉冲状态，将发生一些特殊问题，如盲速问题。脉冲工作时，相邻重复周期动目标回波与基准电压之间的相位差是变化的，其变化量为：

$$\Delta\varphi = \omega_d T_r = 2\pi f_d / F_r \tag{14-11}$$

当动目标径向速度 v_r 对应 $f_d = nF_r$ 时（n 为正整数），由此引起相邻重复周期动目标回波与基准电压之间的相位差变化量 $\Delta\varphi = 2n\pi$，即虽然目标是运动的，但相邻周期回波与基准电压矢量间的相对位置不变，其效果正如目标是不运动的一样，这就是盲速。盲速是指目标虽有一定的径向速度 v_r，但经过相位检波器检波以后输出为一串等幅脉冲，与固定目标回波相同，称此时目标的运动速度为盲速。因 $f_d = 2v_r/\lambda$，所以盲速 $v_{r0} = \dfrac{1}{2} n\lambda F_r$。对于以盲速运动的动目标，经动目标显示雷达的对消器都将予以消除。因此，动目标显示雷达在检测“盲速”范围内的动目标时，将会丢失动目标信息，降低检测能力。

盲速与工作波长和脉冲重复频率有关。选择重复频率以便保证第一盲速 $v'_{r0} = \lambda F_r/2$ 大于可能出现的目标最大速度，就能可靠地发现目标。但通常选择重复频率时，首先要满足最大作用距离的要求，保证无测距模糊，而另外设法解决盲速问题。

解决盲速问题的原理就是要破坏产生盲速的条件，若在脉冲重复周期为 T_{r1} 时出现盲速，则此时 $v_{r0} = \dfrac{1}{2} n\lambda F_r$ 或 $T_{r1} v_r = \dfrac{\lambda}{2} n$，如果这时将重复周期改变成 T_{r2}，那么盲速的条件就被破坏，动目标显示雷达就能够检测到这类目标。因此，当雷达工作时，采用两个以上不同重复频率交替工作（称为参差重复频率），就能改善盲速对动目标显示雷达的影响。为此，在精密进场雷达中采用了三参差重复频率。

14.2.5　雷达的探测能力

雷达究竟能在多远距离上发现（检测）目标，这可由雷达方程来估计。雷达方程将雷达的作用距离和雷达发射、接收、天线等因素联系起来，因此它不仅可以用来估计雷达检测目标的最大作用距离，也可以作为了解雷达的工作关系和用作设计雷达的一种工具。

为了简便起见，下面根据雷达的基本工作原理来推导自由空间的雷达方程。设雷达发射功率为 P_t，当用各向均匀辐射的天线发射时，距雷达 R 远处任一点的功率密度 S'_1 等于发射功率被假想的球面积 $4\pi R^2$ 所除，即：

$$S'_1 = \frac{P_t}{4\pi R^2} \tag{14-12}$$

实际雷达总是使用定向天线将发射机功率集中辐射于某些方向上，天线的增益为 G，用来表示相对于各向同性天线，实际天线在辐射方向上功率增加的倍数。因此当发射天线增益为G时，距雷达R远处目标所照射到的功率密度为：

$$S_1 = \frac{P_t G}{4\pi R^2} \tag{14-13}$$

目标截获了一部分照射功率并将它们重新辐射于不同的方向。用目标的雷达截面积σ来表示目标将截获的入射功率再次辐射回雷达处的能力，或用下式表示在雷达处的回波信号功率密度：

$$S_2 = S_1 \frac{\sigma}{4\pi R^2} = \frac{P_t G}{4\pi R^2} \cdot \frac{\sigma}{4\pi R^2} \tag{14-14}$$

σ大小随具体目标而异，它可以表示目标被雷达"看见"的尺寸。雷达接收天线只收集了回波功率的一部分，设天线的有效接收面积为A_e，则雷达接收到的回波功率P_r为：

$$P_r = A_e S_2 = \frac{P_t G A_e \sigma}{(4\pi)^2 R^4} \tag{14-15}$$

当接收到的回波功率P_r等于最小可检测信号$S_{i\min}$时，雷达达到其最大作用距离$R_{\max}$，超过这个距离后，就不能有效地检测到目标。

$$R_{\max} = \left[\frac{P_t G A_e \sigma}{(4\pi)^2 S_{i\min}} \right]^{\frac{1}{4}} \tag{14-16}$$

式中，P_t为发射功率，G为天线增益，A_e为天线有效接收面积，σ为目标散射截面积，$S_{i\min}$为最小可检测信号功率，即接收机灵敏度。单基地脉冲雷达通常收发共用一个天线，由天线理论知：

$$G = 4\pi \frac{A_e}{\lambda^2} \tag{14-17}$$

故（14-16）式可变为：

$$R_{\max} = \left[\frac{P_t G^2 \lambda^2 \sigma}{(4\pi)^3 S_{i\min}} \right]^{\frac{1}{4}} \tag{14-18}$$

或

$$R_{\max} = \left[\frac{P_t A_e^2 \sigma}{4\pi \lambda^2 S_{i\min}} \right]^{\frac{1}{4}} \tag{14-19}$$

雷达方程可以正确反映雷达各参数对其检测能力影响的程度，但并不能充分反映实际雷达的性能。因为影响雷达作用距离的环境因素和设备的实际损耗等在方程中没有包括，而且方程中还有两个不可能准确估算的量：目标有效反射面积σ和最小可检测信号$S_{\min}$，所以它常用来作为一个估算公式，考察雷达各参数对作用距离的影响程度。

14.2.6 系统信号格式

根据雷达体制的不同，可选用各种各样的信号形式，常用的几种信号形式如表14-1所示。雷达信号形式的不同对发射机的射频部分和调制器的要求也各不相同。对于常规雷达的简单脉冲波形而言，调制器主要应满足脉冲宽度、脉冲重复频率和脉冲波形的要求，一般困难不大。但是对于复杂调制，射频放大器和调制器往往要采用一些特殊的措施才能实现。

随着对雷达的作用距离、分辨力和测量精度等性能提出更高的要求，为了解决时宽和带宽、测距精度和距离分辨力、测速精度和速度分辨力以及检测能力之间的矛盾，需采用具有大时宽带宽乘积的更为复杂的信号形式。例如，在宽脉冲内采用附加的频率调制或相位调制，可以增加信号带宽 B，达到同时增大时宽和带宽的目的。在接收信号时，用匹配滤波器进行处理，将宽脉冲压缩成宽度为 $1/B$ 的窄脉冲，这样既可以提高雷达的检测能力，又解决了测距精度、距离分辨力和测速精度、速度分辨力之间的矛盾。通常把这种大时宽带宽信号称为脉冲压缩信号。脉冲压缩雷达较普通的雷达具有下列优点：一是低截获概率。因为在能量相同的情况下，其峰值功率低，扩展了信号的频谱，降低了侦察设备的检测能力。二是高分辨力和远探测距离。在相同的发射脉宽情况下，由于采用了脉冲压缩技术，接收方能得到高峰值的窄脉冲。三是抗干扰能力强。由于对信号进行了相关处理，脉冲压缩雷达就具有了较强的抗噪声干扰和欺骗干扰能力。

表 14-1　雷达常用的信号形式

波　形	调 制 类 型	占空比/%
简单脉冲	矩形振幅调制	0.01～1
脉冲压缩	线性调频	0.1～10
	脉内相位编码	
高工作比多普勒	矩形调幅	30～50
调制连续波	线性调频	100
	正弦调频	
	相位编码	
连续波		100

精密进场雷达采用的是矩形振幅调制的简单脉冲和线性调频的脉冲压缩信号。图 14-9 所示为目前应用较多的三种典型雷达信号波形及调制波形；图 14-9（a）表示简单的固定载频矩形脉冲调制信号波形，图中 τ 为脉冲宽度、T_r 为脉冲重复周期；图 14-9（b）是脉冲压缩雷达中所用的线性调频信号。图 14-9（c）给出了相位编码脉冲压缩雷达中使用的相位编码信号（图中所示为 5 位巴克码信号），这时 τ_o 表示码元宽度。

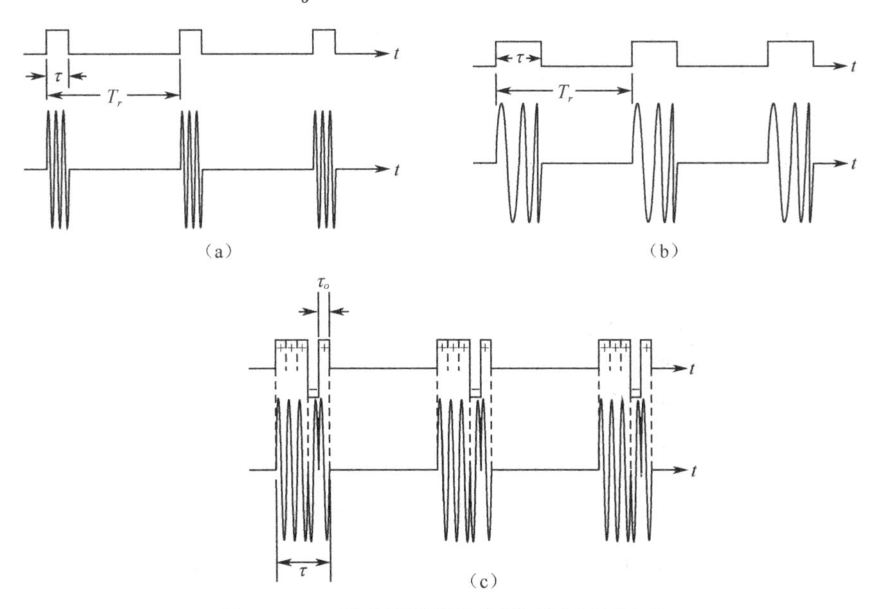

图 14-9　三种典型雷达信号波形及调制波形

图 14-10 所示为某型精密进场雷达采用的三参差重复频率雷达信号波形及调制波形，其脉冲重复频率为 1800～2000Hz，参差比为$T_{r1}:T_{r2}:T_{r3}=7:8:9$。

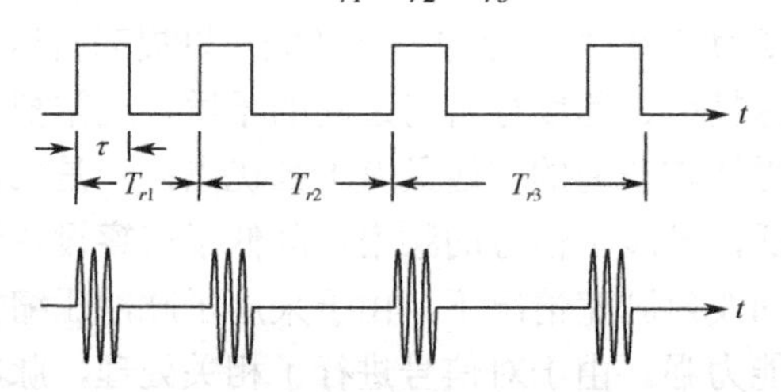

图 14-10 三参差重复频率雷达信号波形及调制波形

图 14-11 所示为某型精密进场雷达采用的线性调频脉冲压缩信号波形及调制波形。

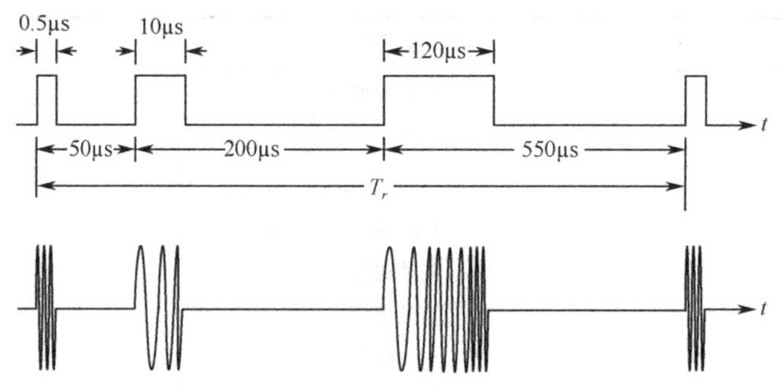

图 14-11 线性调频脉冲压缩信号波形及调制波形

14.3 系统技术实现

14.3.1 机场监视雷达

机场监视雷达用于全方位探测机场周围的各种飞机，以平面位置显示器显示飞机的距离和方位，提供机场周围飞机的活动情况，实现空中交通管制和引导飞机进场。机场监视雷达原理框图如图 14-12 所示，主要包括天线、发射机、接收机、信号处理系统、终端显示系统（平面位置显示器）等。

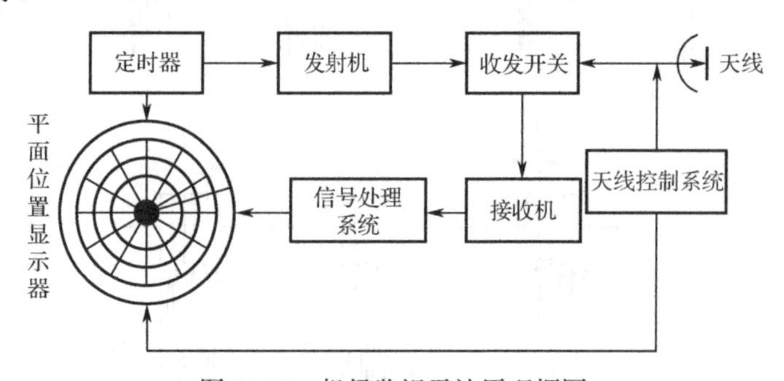

图 14-12 机场监视雷达原理框图

机场监视雷达的工作过程为：由定时器产生同步脉冲，作为全机的时间基准，分别送到雷达的各个分机，雷达发射机产生大功率的射频脉冲信号馈送到天线，而后经天线辐射到空间。天线一般具有很强的方向性，以便集中辐射能量来获得较大的观测距离。同时，天线的方向性越强，天线波瓣宽度越窄，雷达测向的精度和分辨力就越高。天线控制系统控制天线使天线波束在空间进行圆周扫描，控制系统同时将天线的转动数据送到终端设备，以便取得天线指向的角度数据。天线波束为扇形波束，其水平波瓣宽度很窄，约 1.4°，在垂直方向上采用平方余割（$\csc^2\theta$）方向图，能覆盖较大的空域。

雷达的天线是收发共用的，这需要高速开关装置。在发射时，天线与发射机接通，并与接收机断开，以免强大的发射功率进入接收机把接收机高放混频部分烧毁；接收时，天线与接收机接通，并与发射机断开，以免微弱的接收信号因发射机旁路而减弱。天线收发开关属于高频馈线系统中的一部分，通常由高频传输线和放电管组成，或用环行器及隔离器等来实现。

接收机多为超外差式，由高频放大、混频、中频放大等电路组成。接收机的首要任务是把微弱的回波信号放大到足以进行信号处理的电平，同时接收机内部的噪声应尽量小，以保证接收机的高灵敏度，因此接收机的第一级常采用低噪声高频放大器。

信号处理的目的是消除不需要的信号（如杂波）及干扰而通过或加强由目标产生的回波信号，它通常包括动目标显示（MTI），有时也包括复杂信号的脉冲压缩处理。经处理后的目标回波信号由视频放大器放大后送到终端显示器。

机场监视雷达通常采用平面位置显示器，它以极坐标的方式表示目标的距离和方位，其原点表示雷达所在地，光点由中心沿半径向外扫掠为距离扫掠，距离扫掠线与天线同步旋转为方位扫描。为了便于观测目标，显示器画面一般均有距离和方位的电刻度，当距离扫掠线与天线同步旋转时，距离电刻度是一族等间距的同心圆，而方位电刻度为一族等角度的辐射状直线。目标在荧光屏上以一亮点或亮弧出现，在平面位置显示器（PPI）上可根据目标亮弧的位置，测读目标的距离和方位这两个坐标。

早期的终端显示器主要采用模拟技术来显示目标回波的原始图像。随着数字技术的飞速发展以及雷达系统功能不断提高，现代雷达的终端显示器除了显示目标回波的原始图像之外，还要显示经过计算机处理的雷达数据，例如目标的高度、航向、速度、轨迹、架数、机型、批号、敌我属性等，以及人工对雷达进行操作和控制的标志或数据，并进行人机对话。

14.3.2 精密进场雷达

精密进场雷达根据机场监视雷达提供的飞机距离和方位信息，对欲着陆的飞机进行着陆引导。需要测量三个参数：一是飞机相对于跑道中线延长线的航向角（实际上是偏差）；二是飞机相对于跑道平面的下滑角；三是飞机相对于雷达站的距离（或跑道端口的距离）。因而该雷达相当于三坐标雷达，测量的飞机航向角、下滑角及距离分别显示在航向画面和下滑画面上，地面引导指挥人员根据飞机实际进近位置及航迹，通过地空通信电台指挥飞行员调整飞机，沿指定下滑线进近着陆。

精密进场雷达主要由天线传动系统、射频传输系统、天线、发射机、接收机、信号处理系统、显示系统、航迹等高分机、控制系统、电源等部分组成。某型精密进场雷达外形及原理框图如图 14-13 所示。

精密进场雷达的基本工作过程是：由信号处理系统中的定时器产生同步脉冲，作为全机的时间基准，分别送到发射机、接收机、显示系统、航迹等高分机等，从而协调全机各部分同步工作。精密进场雷达可以工作在“正常同步”和“参差同步”两种状态。在“正常同步”

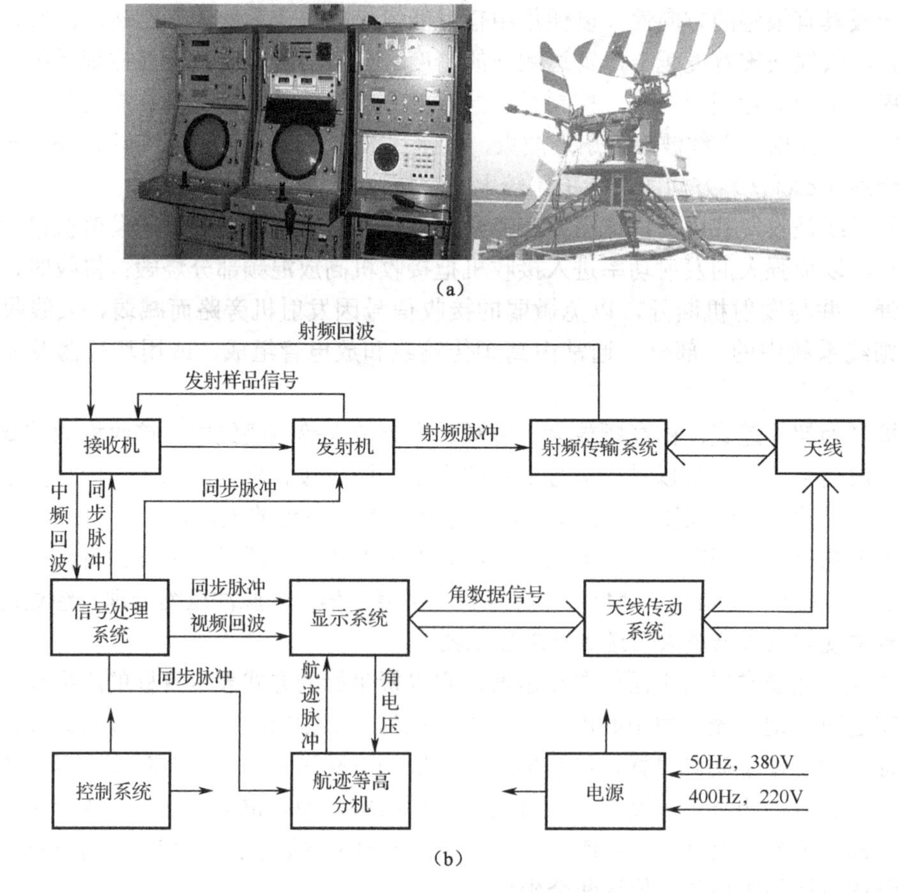

图 14-13　某型精密进场雷达外形及原理框图

状态，同步脉冲重复频率为 2kHz，脉冲宽度为 0.5μs；在“参差同步”状态，同步脉冲为三参差可变重复频率，参差比为7∶8∶9，频率范围为 1.8～2kHz，脉冲宽度也是 0.5μs。发射机在同步脉冲的控制下，产生载频在 X 波段的射频脉冲，经射频传输系统将射频电磁能送到天线。射频脉冲与同步脉冲同步，脉冲宽度也是 0.5μs，脉冲功率大于 50kW。两天线的波束形状类似扁平状。在天线传动系统的驱动下，航向天线在水平方向上左右扫描，下滑天线在垂直方向上下扫描，分别测量飞机的航向角和下滑角。为了使雷达具有一定的覆盖区域，除自动扫描外，还可以人工手动控制扫描。航向天线和下滑天线分别在水平面和垂直面做扇扫运动，在天线转换开关的控制下分时交替地把射频电磁能定向辐射到空中。电磁波在传播途中遇到目标时产生反射回波，被天线接收。由于精密进场雷达的发射与接收共用一套天线，所以需要收发开关来进行收发通道的转换。发射与接收是分时进行的，发射的间歇期为接收工作期，发射射频脉冲经过收发开关送到天线，天线接收的回波信号经过收发开关送到接收机。接收机先对回波信号进行低噪声高频放大，然后与本振混频，得到包含目标幅度和相位信息的中频信号（载频为 30MHz）。信号处理系统对接收机送来的中频信号进行线性/对数放大，分别进行幅度和相位检波，然后利用数字式动目标显示（DMTI）技术进行处理，从而抑制固定目标、云、雨、雪等慢速目标以及异步干扰，给显示系统只送去动目标的视频信号。显示系统通过一系列控制信号的作用，在显示器上形成双 B 显示画面，并给出各种电标志线，以辉度调制的方式显示目标回波，使用人员可以从显示画面判读目标的空间位置。显示器的水平扫描受同步脉冲控制，水扫线的起始点与发射脉冲同步，其时间长度代表距离，由距离标志电路产生距标线（距离刻度），可以帮助判读目标到雷达的距离。如果把 0km 距标线相对于水平扫描起始点延迟一段时间，与飞机着陆点到雷达的距离相对应，则根据距标线所读到的距离值就是飞机到着陆点的距离。显示器的垂直扫描与天线波束扫描运动同步，即垂直扫描代表天线扫描角度。由角标电路产生的角标线可帮助判读目标的角度（方位角和俯仰角）。航向和下滑两个画面的工作分别与航向和下滑天线的辐射工作区相对应，由天线传动系统中的门波凸轮控制交替显示。航迹等高分机根据使用者通过键盘输入的雷达架设参数和飞机着陆参数，在同步脉冲的控制下，采集雷达的角度信息和门波状态，产生理想航向线及其左右纠偏线脉冲、理想下滑线及其上下纠偏线脉冲，还有等高线脉冲，在显示器的航向画面形成理想航迹线及其左右纠偏线；在下滑画面形成理想下滑线及其上下纠偏线，还有等高线。领航员可以据此判断飞机偏离理想航迹的程度，通过地空通信电台向飞行员下达修正口令，从而引导飞机安全进场着陆。控制系统用于全机工作电源的配电及其通断控制、天线运动控制、圆极化控制、搜索和捕捉目标的天线手操纵控制以及电台的控制等。

目前普遍装备的精密进场雷达，利用数字式动目标显示（DMTI）技术来抑制固定目标和其他慢速动目标的干扰，增强了雷达从强背景杂波中检测飞机目标的能力；采用相关技术抑制异步干扰；增加了低噪声场效应管高频放大器，提高了雷达的探测灵敏度；采用微机控制式的航迹等高分机，大大提高了航迹装定的效率和精度；实现了圆极化器连续可调，提高了雷达抑制雨雪干扰的能力。

作　业　题

1. 简述雷达的基本工作原理，写出雷达方程，并说明其物理意义。
2. 精密进场雷达的组成、作用、配置是怎样的？简述其引导飞机的工作过程。
3. 精密进场雷达显示画面上的理想线和纠偏线为何是弯曲的？
4. 精密进场雷达的主要战技性能有哪些？
5. 精密进场雷达动目标显示原理是什么？

附录A 航空飞行与导航

A.1 空 域

俗话说："海阔凭鱼跃，天高任鸟飞。"在一般人眼里，飞机在空中可以随心所欲地飞行，其实不然。空域其实是宝贵的国家资源，为了保证飞行安全提高运行效率，航空器运行的空间被划分为各类空域，用以规范航空器的运行行为及相应的空中交通服务。

1. 空域的分类

依据空域内运行的不同限制和服务，空域可分为管制空域与非管制空域两大类。

管制空域是一个划定范围的空间，在其内按照空域的分类，对IFR（仪表飞行规则）飞行和VFR（目视飞行规则）飞行提供空中交通管制服务。在航图上管制空域以底色为白色的区域来表示。

非管制空域是指飞行情报区内除管制空域以外的空间。在非管制空域内飞行，只需向有关空中交通服务单位报告飞行计划和飞行动态，由空中交通服务单位提供飞行情报服务，飞行间隔由航空器机长自行配备。在航图上非管制空域底色被表示为灰色。

2. 我国空域的划分

我国在航路、航线地带和民用机场空域设置高空管制区、中低空管制区、终端（进近）管制区和机场塔台管制区。通常情况下，高空管制区、中低空管制区、终端（进近）管制区和机场塔台管制区内的空域分别为A、B、C、D四种类型（见表A-1）。

表A-1 四类空域对比

A高空管制区	IFR ATS	6000m以上	仅允许航空器按照仪表飞行规则飞行，对所有飞行中的航空器提供空中交通管制服务
B中低空管制区	IFR/VFR ATS	6000m－最低可用高度层或指定高度	航空器一般按照仪表飞行规则飞行，如果符合目视气象条件，由机长申请并经中低空管制室批准，也可按照目视飞行规则飞行
C终端（进近）管制区	IFR/VFR ATS	衔接A、B类区域和机场管制地带	通常是指在一个或者几个机场附近的航路、航线汇合处划设的、便于进场和离场航空器飞行的管制空域
D机场塔台管制区	IFR/VFR ATS	机场管制地带	

A类空域为高空管制区。在我国境内标准大气压高度6000m（不含）以上的空间，为高空管制空域。在此空域内仅允许航空器按照仪表飞行规则飞行，对所有飞行中的航空器提供空中交通管制服务，并在航空器之间配备间隔。

B类空域为中低空管制区。在我国境内标准大气压高度6000m（含）至其下某指定高度的空间，为中低空管制空域。在此空域内航空器一般按照仪表飞行规则飞行，如果符合目视气象条件，由机长申请并经中低空管制室批准，也可按照目视飞行规则飞行，对所有飞行中的航空器提供空中交通管制服务，并在航空器之间配备间隔。

C 类空域为终端（进近）管制区，通常设置在一个或几个机场附近的航路汇合处，便于进场和离场飞行的民用航空器飞行。其垂直范围通常在高度 6600m（不含）以下，最低高度层以上；水平范围为以机场基准点为中心半径 50km 范围以内或走廊进出口范围以内，其具体范围在航行资料汇编的机场部分内有规定。

D 类空域为机场塔台管制区，包括机场起落航线和最后进近定位点之后的航段以及第一个等待高度层（含）及其以下地球表面以上的空间和机场机动区。

3. 航图上的空域表示

航图上的空域表示如图 A-1 所示。

A 类空域：边界线用一条粗的栗色线表示，在边界线周围的圆圈内可以找到白色的大字字母“A”。

B 类空域：边界线同样用一条粗的栗色线表示，在边界线周围的圆圈内可以找到白色的大字字母“B”。

C 类空域：边界线用一条粗的蓝色线表示，在边界线周围的圆圈内可以找到白色的大字字母“C”。

D/E 类空域：边界线用一条细的蓝色虚线表示，在边界线括号内可以找到大字字母“D”或“E”。D/E 类管制空域的高度下限通常是从地面开始向上延伸的，如果没有特别指明高度上限，则高度上限以 762m 作为标准数值。

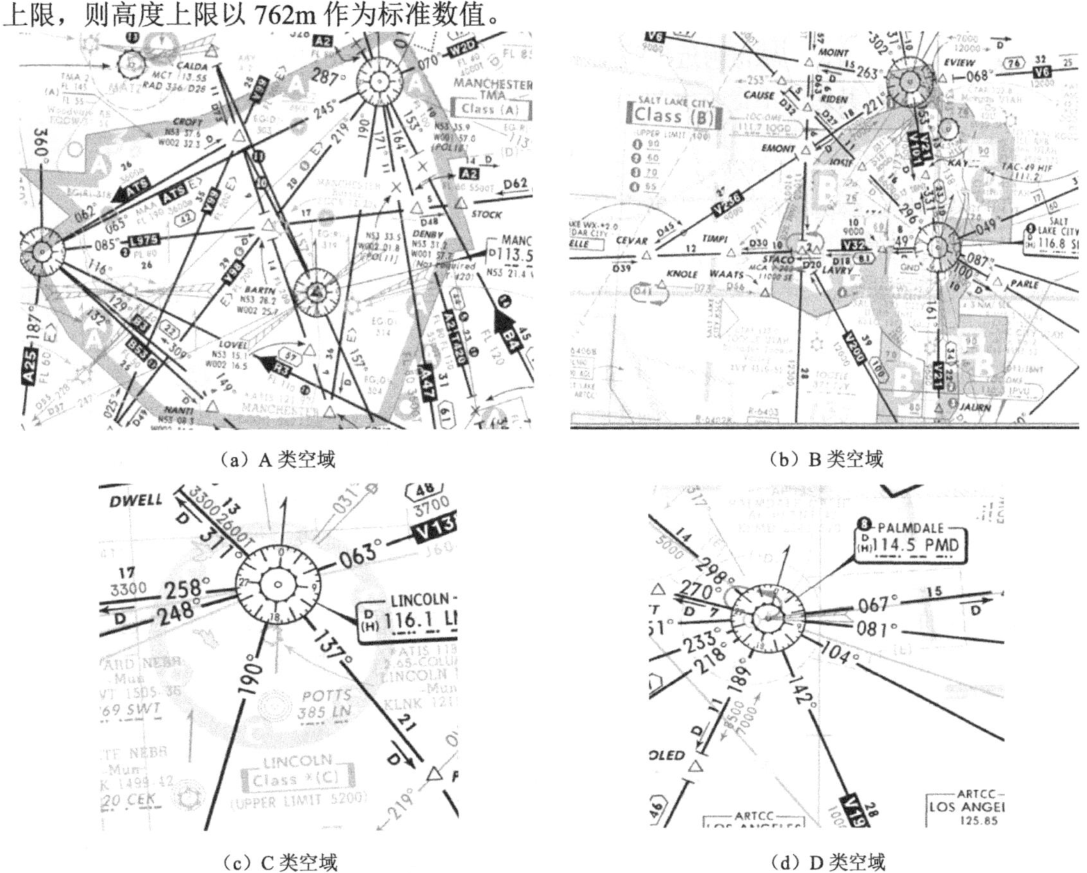

(a) A 类空域

(b) B 类空域

(c) C 类空域

(d) D 类空域

图 A-1　航图上的四类空域

A.2 航路和航线

1. 航路

空中航路是指根据地面导航设施建立的供飞机作为航线飞行之用的具有一定宽度的空域。该空域以连接各导航设施的直线为中心线，规定有上限和下限高度及宽度。

航路的宽度决定于飞机能保持按指定航迹飞行的准确度、飞机飞越导航设施的准确度、飞机在不同高度和速度飞行的转弯半径，并需增加必要的缓冲区。因此，空中航路的宽度不是固定不变的。按国际民用航空公约规定，当两个全向信标台之间的航段距离在 50 海里（92.6km）以内时，航路的基本宽度为航路中心线两侧各 4 海里（7.4km）；如果距离在 50 海里以上时，根据导航设施提供飞机航迹引导的准确度进行计算，可以扩大航路宽度。

对在空中航路内飞行的飞机必须实施空中交通管制。为便于驾驶员和空中交通管制部门工作，空中航路具有明确的名称代号。国际民航组织规定航路的基本代号由一个拉丁字母和 1～999 的数字组成。A、B、G、R 用于表示国际民航组织划分的地区航路网的航路，H、J、V、W 为不属于地区航路网的航路。对于规定高度范围的航路或供特定的飞机飞行的航路，则在基本代号之前增加一个拉丁字母，如用 K 表示直升机使用的低空航路，U 表示高空航路，S 表示超音速飞机用于加速、减速和超音速飞行的航路。

飞机去大城市，都不可随意飞向指定的地点，必须沿着空中走廊飞向机场。空中走廊是指划设在机场密集的大、中城市附近地区上空，宽度通常为 10km（中线两侧各 5km）的空中通道。受条件限制，其宽度不得小于 8km，空中走廊还必须明确走向和飞行高度。

2. 航线

飞机飞行的路线称为航线，航线确定了飞机飞行的具体方向、起止和经停地点。

常听到开辟某航线的新闻报道实际上是有一定技术要求和含义的，它按照飞机性能等一定要求选定飞行的航路，同时必须确保飞机在航路上飞行的整个过程能时时刻刻与地面保持联系。

航线的种类：可分为国际航线、国内航线和地区航线三大类。

国际航线：指飞行的路线连接两个国家或两个以上国家的航线。在国际航线上进行的运输是国际运输，一个航班如果它的始发站、经停站、终点站有一点在外国领土上都叫作国际运输。

国内航线：是在一个国家内部的航线，又可以分为干线、支线和地方航线三大类。

地区航线：指在一国之内，各地区与有特殊地位地区之间的航线，如我国内地与我国港、澳、台地区的航线。

必须明确的是，在一望无际的天空中，实际上有着我们看不见的一条条空中通道，它对高度、宽度、路线都有严格的规定，偏离这条安全通道，就有可能存在失去联络、迷航、与高山等障碍物相撞的危险。

A.3 机场和跑道

机场是指在陆上或水上的一个划定区域，全部或部分用于航空器起飞、降落、滑行、停放和地面活动，包括其中的任何建筑物、设施及设备。

机场按活动范围主要包括航站空间、航站区、飞行区和延伸区四个部分。其中，航站空间的空中保障系统至少包括以下四个部分：空管，保持安全间隔、防撞、提供飞行情报，告警；导航，实施起飞和进近着陆引导；通信，保持地-空、地-地联络；气象，监测、预报航站及航路天气状况。

跑道是机场的重要组成部分，是机场内供飞机起飞和着陆使用的一块特定的场地。在整个机场的平面布局中，跑道的位置和数量是起主导作用的。它不仅影响机场本身的平面布置，而且影响机场在城市中的位置选择。跑道的布置直接影响机场的用地规模、净空限制的范围、噪声影响的范围，也受到机型、风象、运量等因素的影响。

跑道按照使用主次可分为主跑道、次跑道；按照进近程序和提供的助航设备可分为仪表和非仪表跑道（非仪表跑道只能供目视飞行，没有任何仪表引导设备）。仪表跑道分为精密进近和非精密进近跑道。

非精密进近跑道是指装有提供方向引导的助航设备的跑道，如NDB、VOR/DME等，但没有ILS、MLS、PAR等提供下滑精密引导的助航系统。

精密进近跑道是指装有ILS、MLS、PAR等精密的助航系统，目前按照ILS的等级分为Ⅰ、Ⅱ、$Ⅲ_A$、$Ⅲ_B$、$Ⅲ_C$五个等级（见表A-2）。

决断高度：为精密进近规定的相对于跑道入口的高度，飞机驾驶员在这个高度如果不能取得继续进近所需的目视参考就必须开始复飞。

表A-2　精密进近跑道的五个等级

类　别	能见度/m	跑道视程/m	决断高度/m
Ⅰ类	>800	>550	>60
Ⅱ类	>400	>350	60—30
$Ⅲ_A$类		>200	<30—0
$Ⅲ_B$类		200—50	<15—0
$Ⅲ_C$类		0	0

A.4　航　　图

1. 航图的概念

航图表示各种航空要素及必要的自然地理和人文要素的专用地图，是以表现机场、导航台、航线及各种助航设施等一些航行要素的空间分布为主要内容的图，全称为航空地图。

与飞行时航空器的定位方法有关，航图采用一种综合的定位方法，即航图中的所有地物和符号都采用真北定位的方法进行绘制，而所有需要注明方向的数据，都以磁北为基准进行标注。

航空器从起飞机场的停机位开始，到目的地机场的停机位置止，整个飞行过程分为以下几个阶段：从航空器停机位置开始滑行至起飞位置；起飞并爬升至航路的巡航高度；航路飞行；下降至进近开始点；进近着陆至复飞；着陆后滑行至停机位置。不同的阶段需使用不同的航图，当航空器从一个阶段到另一个阶段时，通常需要更换航图，因此，各种类型的航图必须提供与其飞行阶段相关的资料。

2. 航图的分类

根据飞行规则划分为目视飞行用航图、仪表飞行用航图。根据空域划分为航路或航线图（其中又包括高空航路图、中低空航路图）、区域图、航空地形图、终端航图。

3. 空域航图

航路或航线图为飞机进行航路或航线飞行时使用的航图，它主要包括基本地形轮廓、飞行航路信息、航路代码、航路空域划分、航路飞行通信频率、导航台信息、经纬度坐标、限制性空域信息等与航路飞行有关的数据信息；一般分为高空航路图和中低空航路图。

区域图一般都是对某些飞行活动密集、空域复杂的地区的航路图进行的放大图，从而使涵盖的内容更加清晰、细致，内容基本与航路图相同。

航空地形图主要为飞行员进行地标参考使用，航图上立体标画出地形地貌、山河湖海、重要山峰海拔高度、重要地标、重要障碍物海拔高度等，现在这种地图不太常用。

终端航图包括很多种类，如机场平面图、停机位图、标准仪表进离场图、放油区图、机场障碍物图、空中走廊图等。

4. 主要终端航图介绍

1）机场平面图

机场平面图包括机场所在的国家、城市，机场的名称、地理坐标、机场标高、机场各通信频率，跑道及滑行道平面图，进近灯光示意图，比例尺，磁差，跑道信息等内容，如图 A-2 所示。

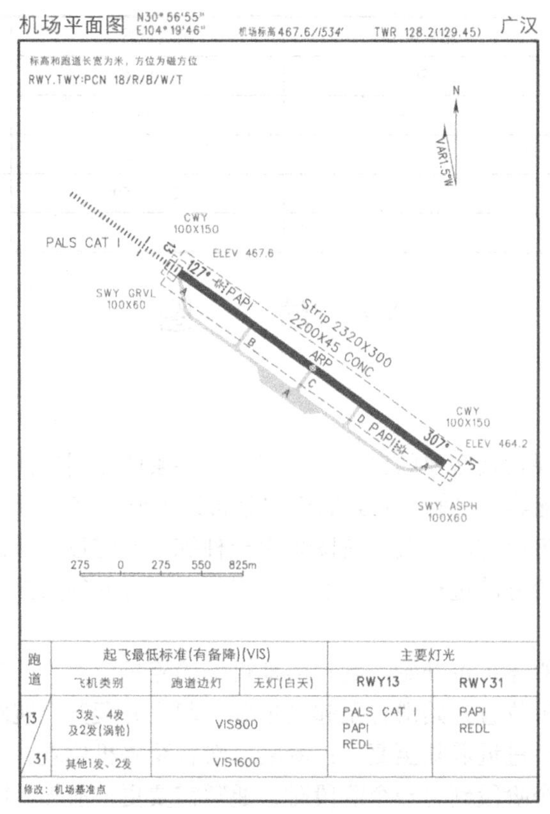

图 A-2 机场平面图

2）标准仪表离场图

标准仪表离场图向机组提供资料，使其在仪表飞行时按规定执行标准仪表离场程序，从起飞（复飞）过渡到航路。制定出的标准仪表离场航线应当：适合飞机的性能；适合通信失效程序；上升和下降的限制减至最少；使用的导航设备数量少；航线代号按统一的规定，如图A-3所示。

3）标准仪表进场图

标准仪表进场图向机组提供资料，使其在仪表飞行时按规定执行标准仪表进场程序，从航路过渡到进近，如图A-4所示。

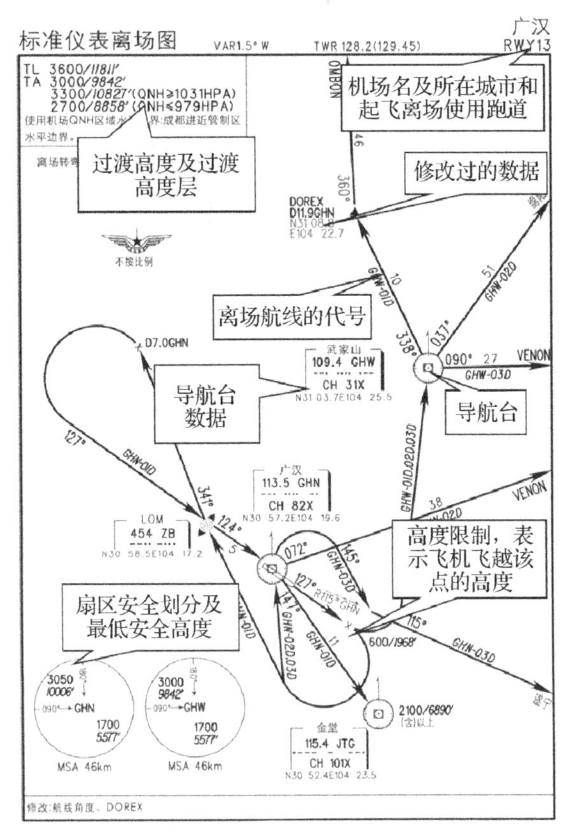

图A-3　标准仪表离场图

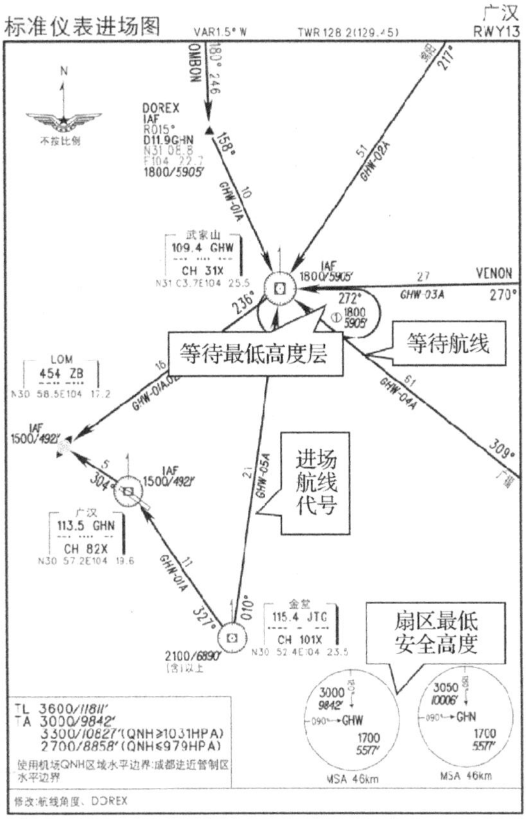

图A-4　标准仪表进场图

标准仪表进场图的航行要素除以下几点外，其他的与标准仪表离场图相同。

（1）进场航线代号；

（2）如进场航线设立有等待航线，则注明等待定位点，等待最低高度层、出航等待时间；

（3）如设立有DME弧，则注明DME距离、进入的径向线和相关的限制。

4）标准仪表进近图。

标准仪表进近图是所有终端航图中内容最丰富，也是最复杂的，而且进近降落阶段又是非常危险和紧张的阶段。标准仪表进近图是飞行员、管制员和签派员等相关人员提供仪表进近和复飞程序以及相应的等待程序而编辑的，如图A-5所示。

5）空中走廊图

空中走廊图的基本制图方法与航路图是一致的，只是在空中走廊所在的位置加上了走廊编号、走廊宽度、进出走廊外口限制等内容。大家可以看出，空中走廊周围有很密集的限制性空域，而且走廊口都有严格的高度限制，另外，每条空中走廊的宽度都在空中走廊图中标画出来，在飞行时要严格执行。

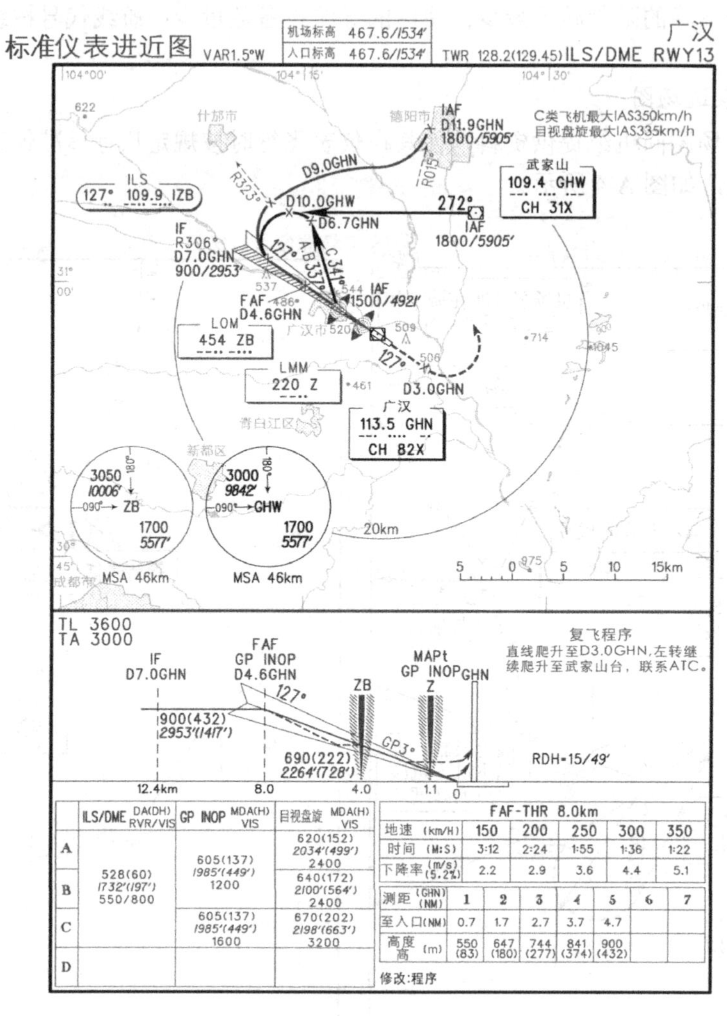

	ILS/DME DA(DH) RVR/VIS	GP INOP MDA(H) VIS	目视盘旋 MDA(H) VIS
A	528(60) 1732'(197') 550/800	605(137) 1985'(449') 1200	620(152) 2034'(499') 2400
B			640(172) 2100'(564') 2400
C		605(137) 1985'(449') 1600	670(202) 2198'(663') 3200
D			

FAF-THR 8.0km					
地速 (km/H)	150	200	250	300	350
时间 (M:S)	3:12	2:24	1:55	1:36	1:22
下降率 (m/s)(5.2%)	2.2	2.9	3.6	4.4	5.1

测距 (GHN)(NM)	1	2	3	4	5	6	7
至入口(NM)	0.7	1.7	2.7	3.7	4.7		
高度 高 (m)	550 (83)	647 (180)	744 (277)	841 (374)	900 (432)		

修改:程序

图 A-5 标准仪表进近图

A.5 飞行程序

1. 飞行程序的基本概念

飞行程序是为航空器运行规定的按顺序进行的一系列机动飞行，包括飞行路线、高度和机动区域（等待空域）。

飞行可分为五个阶段：起飞、爬升、巡航、进近、着陆。除巡航阶段外，其他都属于飞行程序的范畴。飞行程序设计就是科学合理地安排好飞行的四个阶段，保证飞行的安全、顺畅和经济。

2. 飞行程序的发展史

（1）自由飞行时代：依靠目视，无飞行程序。

（2）目视飞行时代：制定依靠地标的导航；无通信要求或者仅具简单通信；无管制，程序主要考虑飞机的起飞和落地。

（3）无线电飞行时代：无线电导航，有通信设施和监视设施，出现了程序管制和雷达管制，出现了真正意义上的仪表飞行程序，飞机上有领航员。

（4）现代飞行：复合导航，有综合的通信设施和监视设施，出现了完善的空中交通管制，综合考虑飞机性能、管制运行、调节流量的飞行程序。

3. 飞行程序的类型

1）离场程序

自起飞跑道末端（DER）至到达航路、等待或进近允许的最低高度的一点为止的仪表飞行程序。

2）进场程序

自脱离航路结构至起始进近定位点（IAF）的飞行程序。

3）起始进近程序

起始进近定位点和中间进近定位点之间，或与最后进近定位点（或最后进近点）之间的仪表进近程序。

4）中间进近程序

从中间进近定位点至最后进近定位点（或最后进近点）的航段，或反向程序、直角程序或推测航迹程序末端至最后进近定位点（或最后进近点）的仪表进近程序。

5）最后进近程序

为完成航迹对正和下降着陆的仪表进近程序。最后进近航段为完成下降、对准着陆航迹的航段，其仪表飞行部分从最后进近定位点（FAF）开始至复飞点（MAPt）为止。

6）复飞程序

如果不能继续进近应遵循的飞行程序。复飞航段是进近程序的一部分，每个仪表进近程序都应规定一个复飞程序。当飞机进近至复飞点上空仍不能建立目视时，必须立即复飞。复飞程序的终止高度应足以允许开始进行一次新的进近、等待或重新开始航线飞行。

附录B 无线电导航系统一览表

系统名称	工作原理	电参量	导航参量	工作频率	波道划分	主/被动
中波导航系统	振幅式M型最小信号法测角	振幅	导航台相对方位角	150～1700kHz	频分	主
超短波定向系统	相位式旋转无方向性天线法测角	相位	飞机方位角	118～150MHz（单频段） 108～174MHz，225～400MHz（双频段）	频分	被
普通伏尔系统	相位式旋转天线方向图法测角	相位	飞机方位角	108～118MHz	频分	主
多普勒伏尔系统	相位式旋转无方向性天线法测角	相位	飞机方位角	108～118MHz	频分	主
测距器系统	询问/回答式脉冲测距	时间	距离	962～1213MHz	频分+码分	主
塔康系统	角度：相位式旋转天线方向图法测角 距离：询问/回答式脉冲测距	相位 时间	飞机/导航台方位角	962～1213MHz	频分+码分	主
俄制近程导航系统	空中极坐标定位（角度：时间式最小信号法测角；距离：询问/回答式脉冲测距）、地面监视定位（角度：时间式最小信号法测角；距离：询问/回答式脉冲测距）、空空定位（角度：振幅式E型比值法测角；距离：询问/回答式脉冲测距）	机上（角度：时间；距离：时间）、地面（角度：时间；距离：时间）、空/空（角度：振幅；距离：时间）	飞机方位角，距离 飞机方位角，距离 相对方位角，距离	700～1000.5MHz	频分+码分	主
罗兰-C系统	双曲线定位	相位，时间	位置（二维），时间	100kHz	频分+码分	主
卫星导航系统	三球相交定位	相位，时间	位置（三维），时间			主
ILS	振幅式M型比值法测角	振幅	航向角，下滑角，距离	航向：108～112MHz 下滑：329～336MHz 指点信标：75MHz	频分	主
分米波仪表着陆系统	角度：振幅式E型比值法测角 距离：询问/回答式脉冲测距	振幅 时间	航向角，下滑角，距离	航向：905.1～932.4MHz 下滑：936.6～966.9MHz 测距器：发936.6～966.9MHz，收772～808MHz	频分+码分	主

续表

系统名称	工作原理	电参量	导航参量	工作频率	波道划分	主/被动
MLS	角度：时间式最大信号法测角 距离：询问/回答式脉冲测距	时间 时间	航向角，下滑角，距离	方位、仰角： 5031～5090.7MHz 测距： 962～1213MHz	方位/仰角： 码分 测距：频分+码分	主
精密进场雷达系统	角度：振幅式E型最大信号法测角 距离：无源反射式脉冲测距	振幅 时间	航向角，下滑角，距离	9370MHz		被

参考文献

1. 张忠兴，等. 无线电导航理论与系统[M]. 西安：陕西科学技术出版社，1999.
2. 李跃，等. 导航与定位——信息化战争的北斗星[M]. 北京：国防工业出版社，2008.
3. 边少锋，等. 卫星导航系统概论[M]. 北京：电子工业出版社，2005.
4. 邱致和，等. GPS 原理与应用[M]. 北京：电子工业出版社，2004.
5. 胡小平. 自主导航技术[M]. 北京：国防工业出版社，2016.
6. 周其焕，等. 现代飞机电子设备知识丛书[M]. 北京：国防工业出版社，1992.
7. 陈克伟，等. 未来空天军事导航[M]. 北京：解放军出版社，2009.
8. 陈高平，等. 无线电导航原理[M]. 西安：陕西科学技术出版社，2009.
9. 马存宝. 民机通信导航与雷达[M]. 西安：西北工业大学出版社，2004.
10. 常显奇. 军事航天学[M]. 北京：国防工业出版社，2005.
11. 周永强，等. 舰船导航系统[M]. 北京：国防工业出版社，2006.
12. 袁建平，等. 卫星导航原理与应用[M]. 北京：中国宇航出版社，2003.
13. 黄智刚. 无线电导航原理与系统[M]. 北京：北京航空航天大学出版社，2007.
14. 倪金生. 导航定位技术理论与实践[M]. 北京：电子工业出版社，2007.
15. 徐绍铨. GPS 测量原理与应用[M]. 武汉：武汉大学出版社，2001.
16. 吴德伟，等. 导航原理[M]. 北京：电子工业出版社，2020.
17. 张伟. 导航定位装备[M]. 北京：航空工业出版社，2010.
18. 刘基余. 全球导航卫星系统及其应用[M]. 北京：测绘出版社，2015.
19. 唐金元. 航空无线电通信导航系统[M]. 北京：国防工业出版社，2017.
20. 陶媚. 航图[M]. 北京：清华大学出版社. 北京交通大学出版社，2015.
21. 北斗卫星导航系统发展报告. 中国卫星导航系统管理办公室（4.0 版），2019.
22. 刘建业，等. 导航系统理论与应用[M]. 北京：电子工业出版社，2010.
23. 高宪军，等. 航空无线电导航系统[M]. 吉林：吉林科学技术出版社，2007.